HENRY DAVID THOREAU

WALDEN
OU
A VIDA NOS BOSQUES

Camelot
EDITORA

ENCONTRE MAIS
LIVROS COMO ESTE

Copyright desta tradução © IBC - Instituto Brasileiro De Cultura, 2024

Título original: Walden, Or, Life in the Woods
Reservados todos os direitos desta tradução e produção, pela lei 9.610 de 19.2.1998.

1ª Impressão 2024

Presidente: Paulo Roberto Houch
MTB 0083982/SP

Coordenação Editorial: Priscilla Sipans
Coordenação de Arte: Rubens Martim (capa)
Produção Editorial: Eliana S. Nogueira
Tradução: Bruna Fortunata
Diagramação: Angela Cordoni Houck
Revisão: Mariângela Belo da Paixão
Apoio de revisão: Leonan Mariano e Lilian Rozati

Vendas: Tel.: (11) 3393-7727 (comercial2@editoraonline.com.br)

Foi feito o depósito legal.
Impresso na China

Dados Internacionais de Catalogação na Publicação (CIP)
de acordo com ISBD

C181w	Camelot Editora
	Walden ou a Vida nos Bosques / Camelot Editora. – Barueri: Camelot Editora, 2024.
	240 p. ; 15,1cm x 23cm.
	ISBN: 978-65-6095-080-1
	1. Filosofia. I. Título.
2024-410	CDD 100
	CDU 1

Elaborado por Odilio Hilario Moreira Junior - CRB-8/9949

IBC — Instituto Brasileiro de Cultura LTDA
CNPJ 04.207.648/0001-94
Avenida Juruá, 762 — Alphaville Industrial
CEP. 06455-010 — Barueri/SP
www.editoraonline.com.br

SUMÁRIO

ECONOMIA 5
ONDE EU VIVI E PARA QUE VIVI 58
LEITURA 71
SONS 78
SOLIDÃO 90
VISITANTES 98
A PLANTAÇÃO DE FEIJÃO 108
A VILA 116
OS LAGOS 120
BAKER FARM 138
LEIS SUPERIORES 144
VIZINHOS BRUTOS 152
INAUGURAÇÃO 162
ANTIGOS HABITANTES E VISITANTES DE INVERNO 173
ANIMAIS DE INVERNO 183
O LAGO NO INVERNO 190
PRIMAVERA 200
CONCLUSÃO 214

ECONOMIA

Quando eu escrevi as páginas seguintes, ou melhor, a maior parte delas, eu morava sozinho, nos bosques, a quase dois quilômetros de qualquer vizinho, em uma casa que eu mesmo construí, às margens do lago Walden, em Concord, Massachusetts, e sustentava-me apenas pelo trabalho das minhas mãos. Morei lá por dois anos e dois meses. No momento, sou novamente um forasteiro na vida civilizada.

Eu não falaria tanto da minha vida com meus leitores se não tivessem sido feitas perguntas muito específicas sobre meu modo de vida pelos meus conterrâneos, o que alguns chamariam de intromissão, embora não me pareçam intromissões, mas, considerando as circunstâncias, muito naturais e pertinentes. Alguns perguntaram o que eu comia; se eu não me sentia solitário; se eu não tinha medo; e coisas assim. Outros ficaram curiosos para saber que parte de minha renda eu destinava à caridade; e alguns, que têm famílias grandes, quantas crianças pobres eu sustentava. Peço, portanto, aos meus leitores que não sentem nenhum interesse particular por mim, que me perdoem se me propuser a responder a algumas dessas perguntas. Na maioria dos livros, o *eu*, ou a primeira pessoa é omitido; neste, será mantido; essa, no que diz respeito ao egoísmo, é a principal diferença. Normalmente, não lembramos de que, afinal, é sempre a primeira pessoa que está falando. Eu não falaria tanto sobre mim mesmo se houvesse mais alguém que eu conhecesse tão bem. Infelizmente, estou limitado a esse tema pela estreiteza de minha experiência. Além disso, eu, de minha parte, exijo de todo escritor, primeiro ou último, um relato simples e sincero de sua própria vida, e não apenas do que ele ouviu sobre a vida de outros homens; algum relato que ele enviaria a seus parentes de uma terra distante; pois, se ele viveu sinceramente, deve ter sido em uma terra distante de mim. Talvez essas páginas sejam mais particularmente dirigidas aos estudantes pobres. Quanto ao resto dos meus leitores, eles aceitarão as partes que lhes dizem respeito. Espero que ninguém estique as costuras ao vestir o casaco, pois ele pode ser de grande ajuda para aqueles a quem couber.

Eu gostaria de dizer algo, não tanto sobre os chineses e os havaianos, mas sobre vocês que leem estas páginas, que dizem viver na Nova Inglaterra; algo sobre sua condição, especialmente sua condição externa ou circunstâncias neste mundo, nessa cidade, o que ela é, se é necessário que seja tão ruim quanto é, se não pode ser melhorada. Viajei bastante em Concord; e em todos os lugares, em lojas, escritórios e campos, os habitantes me pareceram estar fazendo penitência de mil maneiras notáveis. O que ouvi de brâmanes sentados expostos a quatro fogueiras e olhando para o sol; ou pendurados suspensos, com as cabeças para baixo, sobre as chamas; ou olhando para o céu sobre seus ombros "até que se torne impossível para eles retomarem sua posição natural, devido à torção do pescoço nada além de líquidos pode passar para o estômago"; ou morando, acorrentado por toda a vida, ao pé de uma árvore; ou medindo com seus corpos, como lagartas, a extensão de vastos impérios; ou ficando de pé sobre uma perna no topo de pilares — mesmo essas formas de penitência consciente dificilmente são mais incríveis e surpreendentes do que as cenas que testemunho diariamente. Os doze trabalhos de Hércules eram insignificantes em comparação com os que meus vizinhos empreenderam; pois eles eram apenas doze e tiveram um fim; mas nunca pude ver que esses homens mataram ou capturaram qualquer monstro, ou terminaram qualquer trabalho. Eles não têm nenhum amigo Iolau para queimar com ferro quente a raiz da cabeça da Hidra, mas assim que uma cabeça é esmagada, duas brotam.

Vejo jovens, meus conterrâneos, cujo infortúnio é terem herdado fazendas, casas, celeiros, gado e ferramentas agrícolas; pois é mais fácil adquirir essas coisas do que se livrar delas. Seria melhor se tivessem nascido no pasto aberto e amamentados por uma loba, para que pudessem ver com mais clareza em que campo foram chamados para trabalhar. Quem os tornou servos da terra? Por que deveriam devorar seus sessenta acres, quando o homem é condenado a comer apenas seu pedaço de terra? Por que eles deveriam começar a cavar suas sepulturas assim que nascessem? Eles têm que viver a vida de um homem, colocando todas essas coisas diante deles, e se virando da melhor maneira que puderem. Quantas pobres almas imortais eu encontrei quase esmagadas e sufocadas sob seu fardo, arrastando-se pela estrada da vida, empurrando diante de si um celeiro de vinte e três metros por doze, seus estábulos de Áugias nunca limpos, e cem acres de terra, lavoura, roçada, pasto e madeira! Os que não têm dotes, que não lutam com tais ônus, herdados, desnecessários, acham que é trabalho suficiente subjugar e cultivar alguns centímetros cúbicos de carne.

Os homens trabalham enganados. A melhor parte do homem logo é arada no solo para se tornar adubo. Por um suposto destino, comumente chamado de necessidade, eles são empregados, como diz um livro antigo, guardando tesouros que a traça e a ferrugem corroerão e os ladrões arrombarão e roubarão. É uma vida de tolo, como eles descobrirão quando chegarem ao fim dela, se não antes. Diz-se que Deucalião e Pirra criaram os homens jogando pedras sobre suas cabeças, para trás deles:

> *Inde genus durum sumus, experiens que laborum,*
> *Et documenta damus quâ simus origine nati.*

Ou, como Raleigh[1] rima em seu jeito sonoro:

> "Daí nossa espécie de coração duro, dor e cuidado suportarão,
> Comprovando que nossos corpos de natureza pétrea são."

Tanto para uma obediência cega a um oráculo desajeitado, jogando as pedras, sobre suas cabeças, atrás e não vendo onde elas caíam.

A maioria dos homens, mesmo neste país comparativamente livre, por mera ignorância e erro, está tão ocupada com as preocupações falsas e trabalhos supérfluos da vida que seus melhores frutos não podem ser colhidos por eles. Seus dedos, devido ao trabalho excessivo, são muito desajeitados e tremem demais para isso. Na verdade, o trabalhador não tem tempo para uma verdadeira integridade diária, ele não pode se dar ao luxo de manter relações mais viris com os homens, seu trabalho seria depreciado no mercado. Ele não tem tempo para ser nada além de uma máquina. Como pode se lembrar bem de sua ignorância — o que seu crescimento requer aquele que tem que usar seu conhecimento tantas vezes? Devemos alimentá-lo e vesti--lo de graça às vezes, e reanimá-lo com nossos estímulos, antes de julgá-lo. As melhores qualidades da nossa natureza, como o brilho das frutas, podem ser preservadas pelo manuseio mais delicado. No entanto, não nos tratamos uns aos outros com ternura.

Alguns de vocês, todos sabemos, são pobres, têm dificuldades para viver, às vezes, por assim dizer, sentem que é difícil respirar. Não tenho dúvidas de que alguns de vocês que leem este livro são incapazes de pagar por todos os jantares que realmente comeram, ou pelos casacos e sapatos que se desgastam rapidamente ou já estão gastos, e vieram a esta página para gastar tempo emprestado ou roubado, roubando uma hora de seus credores. É muito evidente a vida mesquinha e furtiva que muitos de vocês levam, pois minha visão foi aguçada pela experiência; sempre nos limites, tentando começar um negócio e tentando sair das dívidas, um pântano muito antigo, chamado

---

[1] Capital do estado americano da Carolina do Norte, EUA. (N. do R.)

pelos latinos de *æs alienum*, o cobre alheio, pois algumas de suas moedas eram de cobre; ainda vivendo, e morrendo, e enterrados por esse cobre; sempre prometendo pagar, prometendo pagar amanhã, e morrendo hoje insolventes; buscando favores, buscando clientes, de tantas maneiras, desde que não crimes passíveis de prisão; mentindo, bajulando, votando, reduzindo-se a uma concha de civilidade ou expandindo-se em uma atmosfera de fina e vaporosa generosidade, para que possam persuadir seu vizinho a deixá-los cuidar de seus sapatos, ou seu chapéu, ou seu casaco, ou sua carruagem, ou importar seus mantimentos para ele; fingindo-se doentes para economizarem algo para um dia de doença, algo para ser guardado em um baú antigo, ou em uma meia atrás do reboco, ou, mais seguro, no banco de tijolos; não importa onde, não importa quanto ou quão pouco.

Às vezes me pergunto como podemos ser tão frívolos, posso dizer, a ponto de atentar-nos contra à forma grosseira e um tanto estranha, de servidão chamada Escravidão Negra, enquanto existem tantos senhores perspicazes e sutis que escravizam tanto ao Norte quanto ao Sul. É difícil ter um superintendente do Sul; é pior ter um do Norte; mas o pior de tudo é ser escravo de si mesmo. Fale de uma divindade no homem! Olhe para o carroceiro na estrada, indo ao mercado de dia ou de noite; alguma divindade o move? Seu maior dever é alimentar e dar água a seus cavalos! Qual é o seu destino para em comparação com os lucros do carregamento? Ele não dirige para um senhor poderoso? Quão divino, quão imortal ele é? Veja como ele se encolhe e se esgueira; como vagamente o dia todo ele teme; não sendo imortal nem divino torna-se escravo e prisioneiro de sua opinião sobre si mesmo — uma fama conquistada por seus próprios atos. A opinião pública é uma opressora fraca em comparação com a nossa própria opinião. O que um homem pensa de si mesmo é o que determina, ou melhor, indica seu destino. Há libertação de si mesmo, ainda que nas terras da fantasia ou na imaginação. Será que Wilberforce[2] conseguirá provocá-lo? Pensem, também, nas senhoras, de certa terra, que tecem almofadas de *toilette* até o último dia, para dominarem um interesse muito forte em seus destinos! Como se você pudesse matar o tempo sem ferir a eternidade.

A massa de homens leva uma vida de desespero silencioso. O que se chama de resignação é o desespero confirmado. Da cidade desesperada a massa vai para o país desesperado e têm de se consolar com a bravura das martas e dos ratos-almiscarados. Um desespero estereotipado, mas inconsciente, está oculto até mesmo sob os chamados jogos e diversões da humanidade. Não

---

[2] Parlamentar inglês que lutou pela libertação dos escravos nas Antilhas Inglesas.

há diversão neles, pois isso vem depois do trabalho. É uma característica da sabedoria não permitir o desespero.

Quando consideramos o que, para usar as palavras do catecismo, é o fim principal do homem, e quais são as verdadeiras necessidades e meios de vida, parece que os homens escolheram deliberadamente o modo de vida comum porque o preferiram a qualquer outro. No entanto, eles honestamente pensam que não há escolha. As naturezas alertas e saudáveis lembram que o sol nasceu claro. Nunca é tarde para abandonar nossos preconceitos. Nenhuma maneira de pensar ou fazer, por mais antiga que seja, pode ser confiável sem provas. O que todos ecoam, ou em silêncio ignoram, como verdade hoje, pode se tornar mentira amanhã, mera fumaça de opinião, que alguns haviam confiado como uma nuvem que espalharia chuva fertilizante em seus campos. O que os velhos dizem que não pode, fazer, alguns tentam e descobrem que pode. Velhas ações para os velhos e novas para os novos. Os velhos não sabiam, há algum tempo, o que fazer para manter o fogo aceso; os jovens põem lenha na fogueira e giram ao redor do globo com a velocidade dos pássaros; como se diz: "Quase matam o velho". A idade não é a melhor, nem tão boa razão para qualificar instrutores jovens ou velhos, já que esses perdem mais do que ganham e aqueles podem ser experientes. Quase pode-se duvidar que o homem mais sábio tenha aprendido alguma coisa de valor absoluto apenas vivendo. Praticamente, os velhos não têm nenhum conselho muito importante para dar aos jovens. Suas experiências têm sido parciais e suas vidas têm sido tão miseráveis fracassos, por motivos particulares, como eles devem acreditar. Pode ser que ainda tenham alguma fé que desminta essas experiências, e sejam apenas menos jovens do que eram. Eu vivi cerca de trinta anos neste planeta e ainda não ouvi a primeira sílaba de conselhos valiosos ou mesmo sinceros de meus superiores. Eles não me disseram nada e provavelmente não podem me dizer nada com esse propósito. Aqui está a vida, uma experiência em grande parte não experimentada por mim; mas não me adianta que eles tenham tentado. Se eu tiver alguma experiência que considero valiosa, tenho certeza que meus mentores nada disseram sobre isso.

Um fazendeiro me disse: "Você não pode viver apenas de comida vegetal, pois não fornece nada para fazer ossos"; e assim ele devota religiosamente uma parte de seu dia para suprir seu sistema com a matéria-prima dos ossos; caminhando o tempo todo, ele fala atrás de seus bois, que, com ossos feitos de vegetais, empurram ele e seu pesado arado apesar de todos os obstáculos. Algumas coisas são realmente necessárias à vida em alguns círculos mais desamparados e doentes, em outros são apenas luxos e em outros ainda são totalmente desconhecidas.

Para alguns, todo o terreno da vida humana parece ter sido percorrido por seus predecessores, tanto as alturas quanto os vales, e todas as coisas já foram cuidadas. De acordo com Evelyn, "o sábio Salomão prescreveu ordenanças para as próprias distâncias das árvores; e os pretores romanos decidiram quantas vezes você pode ir à terra do seu vizinho para colher as frutas que nela caíam sem transgressão, e que parte pertenceria a esse vizinho". Hipócrates deixou inclusive instruções de como devemos cortar as unhas, ou seja, até as pontas dos dedos, nem mais curtas nem mais compridas. Sem dúvida, o próprio *ennui*[3] e amolações que presumem ter esgotado a variedade e as alegrias da vida são tão antigos quanto Adão. Mas as capacidades do homem nunca foram medidas; nem devemos julgar o que ele pode fazer por quaisquer precedentes, tão pouco foi tentado. Quaisquer que tenham sido suas falhas até agora, "não se aflija, meu filho, pois quem cobrará o que você deixou de fazer?".

Podemos testar nossas vidas por mil maneiras simples; como, por exemplo, que o mesmo sol que amadurece meus feijões ilumina ao mesmo tempo um Sistema semelhante ao nosso. Se eu tivesse me lembrado disso, teria evitado alguns erros. Não era por essa luz que eu os via. As estrelas são as pontas de triângulos maravilhosos! Que seres distantes e diferentes nas várias moradas do universo contemplam a mesma estrela agora!? A natureza e a vida humana são tão variadas quanto nossas várias constituições. Quem dirá que perspectiva a vida oferece ao outro? Poderia acontecer um milagre maior do que olharmos com os olhos do outro por um instante? Deveríamos viver todas as eras do mundo em uma hora; sim, em todos os mundos das eras. História, Poesia, Mitologia! Não haveria nenhuma leitura da experiência de outra pessoa tão surpreendente e informativa quanto essa.

A maior parte do que meus vizinhos chamam de bom, acredito em minha alma que seja ruim e, se me arrependo de alguma coisa, é muito provável que seja do meu bom comportamento. Que demônio me possuiu para me comportar tão bem? Você pode dizer a coisa mais sábia que puder, velho — você que viveu setenta anos, não sem uma espécie de honra —, ouço uma voz irresistível que me convida para longe de tudo isso. Uma geração abandona os empreendimentos de outra como navios encalhados.

Acho que podemos confiar com segurança muito mais do que confiamos. Podemos renunciar a tanto cuidado conosco e concedê-lo a outros.

---

3 Do inglês: tédio. (N. do R.)

A natureza está tão bem adaptada à nossa fraqueza quanto à nossa força. A incessante ansiedade e tensão de alguns é uma forma quase incurável de doença. Somos feitos para exagerar a importância do trabalho que fazemos; e ainda, quantas coisas não são feitas por nós! Ou, e se estivéssemos doentes? Como somos vigilantes! Determinados a não viver pela fé se pudermos evitá-la; passamos o dia inteiro em alerta, à noite rezamos a contragosto e nos entregamos às incertezas. Tão completa e sinceramente somos compelidos a viver, reverenciando nossa vida e negando a possibilidade de mudança. Esta é a única maneira, dizemos; mas há tantas maneiras quantos os raios que podem ser traçados a partir de um centro. Toda mudança é um milagre a ser contemplado, mas é um milagre que está acontecendo a cada instante. Confúcio disse: "O que sabemos, saber que o sabemos. Aquilo que não sabemos, saber que não o sabemos: eis o verdadeiro saber". Quando um homem souber reduzir um fato da imaginação a um fato de seu entendimento, prevejo que todos os homens finalmente estabelecerão suas vidas sobre essa forte base.

Consideremos por um momento os motivos da maior parte dos problemas e da ansiedade a que me referi, e quanto é necessário que sejamos preocupados, ou, pelo menos, cuidadosos. Seria vantajoso viver uma vida primitiva e fronteiriça, mesmo no meio de uma civilização externa, apenas para aprender quais são as necessidades básicas da vida e quais métodos foram adotados para obtê-las, ou até mesmo examinar os antigos livros-caixa dos comerciantes para ver o que as pessoas costumavam comprar nas lojas, o que elas armazenavam, ou seja, quais são os mantimentos mais básicos. Pois as melhorias ao longo dos tempos tiveram pouca influência nas leis essenciais da existência humana, assim como nossos esqueletos, provavelmente, não podem ser distinguidos dos de nossos ancestrais.

Com as palavras "necessidades básicas da vida", quero dizer tudo aquilo que o ser humano obteve pelos seus próprios esforços, desde o princípio, ou que se tornou tão importante para a vida humana devido ao longo uso, que poucos, se é que há algum, seja por selvageria, pobreza ou filosofia, tentam viver sem ela. Para muitas criaturas, existe apenas uma necessidade básica da vida: a comida. Para o bisão das pradarias, trata-se de alguns centímetros de grama saborosa, com água para beber; a menos que ele busque o abrigo da floresta ou da sombra da montanha. Nenhuma das criações brutais requer mais do que comida e abrigo. As necessidades básicas da vida para o ser humano nesse clima podem ser distribuídas de forma precisa em várias categorias: comida, abrigo, vestuário e combustível; pois somente após garantirmos essas necessidades é que estamos preparados para lidar com os verdadeiros problemas da vida com liberdade e perspectiva de sucesso. O ser humano inventou, não apenas casas, mas roupas e comida quente, e possivelmente da descoberta acidental do fogo, e consequentemente do seu uso, primeiramente um luxo, surgiu a necessidade atual de senta-se perto dele. Observamos cães e gatos adquirindo a mesma segunda natureza. Por abrigo e roupas adequados, retemos legitimamente nosso próprio calor interno; mas com um excesso desses, ou de combustível, isso é, com um calor externo maior do que o nosso próprio interno, não se pode dizer que a culinária começou? Darwin, o naturalista, diz que os habitantes da Terra do Fogo, enquanto seu próprio grupo, que estava bem vestido e sentado perto de uma fogueira, estava longe de sentir-se muito quente, esses selvagens nus, que estavam mais longe, foram observados, para sua grande surpresa, "estavam escorrendo de suor tal grãos em torrefação". Assim, dizem-nos, o neo-holandês anda impunemente nu, enquanto o europeu estremece nas suas roupas. É impossível combinar a resistência desses selvagens com a intelectualidade do homem civilizado? De acordo com Liebig, o corpo do homem é um fogão e a comida é o combustível que mantém a combustão interna nos pulmões. No frio comemos mais, no calor menos. O calor animal é o resultado de uma combustão lenta, e a doença e a morte ocorrem quando essa é muito rápida; ou falta combustível, ou, por algum defeito na tiragem, o fogo se apaga. É claro que o calor vital não deve ser confundido com o fogo, é apenas uma analogia. Parece, portanto, no exposto acima, que a expressão "vida animal" é quase sinônimo da expressão "calor anima", pois enquanto o alimento pode ser considerado como o combustível que mantém o fogo dentro de nós — e o combustível serve apenas para preparar aquele alimento ou para aumentar o calor dos nossos corpos adicionando-se por fora — abrigo e vestes também servem apenas para reter o calor assim gerado e absorvido.

A grande necessidade, então, para nossos corpos, é manter-se aquecido, manter o calor vital em nós. Que esforços, portanto, tomamos, não apenas com nossa comida, roupas e abrigo, mas com nossas camas, que são nossas vestes noturnas, roubando dos ninhos e peitos dos pássaros penas para preparar esse abrigo dentro de um abrigo, como a toupeira tem cama de grama e folhas no final de sua toca! O pobre costuma reclamar que este é um mundo frio; e ao frio, não menos físico que social, remetemos diretamente grande parte de nossas mazelas. O sol, em alguns climas, possibilita ao homem uma espécie de vida elísia. Combustível, exceto para cozinhar sua comida, é então desnecessário; o sol é seu fogo, e muitos dos frutos são suficientemente cozidos por seus raios; também a comida geralmente é mais variada e mais facilmente obtida, e roupas e abrigo são totalmente ou em parte desnecessários. Neste país, conforme descobri por experiência própria, alguns implementos, como uma faca, um machado, uma pá, um carrinho de mão etc. e, para os estudiosos, lâmpada, artigos de papelaria e poucos livros, são realmente necessários, e todos podem ser obtidos a um custo insignificante. No entanto, alguns, não sábios, vão para o outro lado do globo, para regiões bárbaras e insalubres, e dedicam-se ao comércio por dez ou vinte anos, a fim de poderem viver — isto é, manter-se confortavelmente aquecidos e morrer, por fim, na Nova Inglaterra. Os luxuosamente ricos não são apenas mantidos confortavelmente aquecidos, mas extraordinariamente quentes, como sugeri antes, eles são cozidos, é claro, à moda.

A maioria dos luxos e muitos dos chamados confortos da vida não são apenas dispensáveis, mas obstáculos para a elevação da humanidade. No que diz respeito a luxos e confortos, os mais sábios sempre viveram uma vida mais simples e pobre do que os pobres. Os antigos filósofos, chineses, indianos, persas e gregos, eram uma classe da qual ninguém foi mais pobre em riquezas externas, nem tão rico em riquezas internas. Não sabemos muito sobre eles. É notável, no entanto, que saibamos tanto sobre eles quanto sabemos. O mesmo se aplica aos reformadores e benfeitores mais modernos de suas regiões. Ninguém pode ser um observador imparcial ou sábio da vida humana senão aquele que vive na pobreza voluntária. De uma vida de luxo, o fruto é o luxo, seja na agricultura, no comércio, na literatura ou na arte. Há hoje professores de filosofia, mas não filósofos. No entanto, é admirável professar, porque já foi admirável vivê-la. Ser filósofo não é apenas ter pensamentos lúcidos, nem mesmo fundar uma escola, mas amar a sabedoria a ponto de viver de acordo com seus preceitos, uma vida de simplicidade, independência, condescendência e confiança. É resolver alguns dos problemas da vida, não só teoricamente, mas na prática. O sucesso de grandes estudiosos e pensadores assemelha-se ao de um, não ao do rei, não ao do homem comum. Eles mudam para viver meramente pela conformidade, praticamente como seus pais viveram, e não são de forma alguma os progenitores de uma raça mais nobre de homens. Por que os homens degeneram sempre? O que faz as famílias esgotarem? Qual é a natureza do luxo que enerva e destrói as nações? Temos certeza de que não há nada dessa natureza em nossas próprias vidas? O filósofo está à frente de sua idade, mesmo na forma externa de sua vida. Ele não é alimentado, protegido, vestido, aquecido, como seus contemporâneos. Como pode um homem ser um filósofo e não manter seu calor vital por métodos melhores do que os dos outros homens?

Quando um homem é aquecido pelos vários modos que descrevi, o que ele quer a seguir? Certamente não mais calor da mesma natureza; como comida mais farta e mais rica; casas maiores e mais esplêndidas; roupas mais finas e abundantes; fogos incessantes e mais quentes e mais numerosos, e coisas afins. Depois de obter as coisas necessárias à vida, há outra alternativa além de obter as supérfluas; e isto é, aventurar-se na vida agora, tendo começado suas férias do trabalho mais humilde. O solo, ao que parece, é adequado para a semente, pois enviou sua radícula para baixo e agora pode enviar seu broto para cima também com confiança. Por que o homem se enraizou tão firmemente na terra, se não for para que ele possa subir na mesma proporção aos céus acima? As plantas mais nobres são valorizadas pelos frutos que finalmente produzem à luz, longe do solo, e não são tratados como as esculentas mais humildes, que, embora possam ser bienais, são cultivadas apenas até que tenham aperfeiçoado sua raiz e, muitas vezes, cortadas no topo para esse fim. A maioria não consegue revelar a sua estação de floração.

Não pretendo prescrever regras às naturezas fortes e valentes, que cuidarão de seus próprios assuntos, seja no Céu ou no Inferno, e talvez construam mais magnificamente e gastem mais generosamente do que os mais ricos, sem nunca empobrecem e sem saber como vivem — se, de fato, existem tais seres, como foram sonhados; ou aqueles que encontram seu encorajamento e inspiração precisamente na condição atual das coisas, e as apreciam com o carinho e entusiasmo dos amantes — e, até certo ponto, eu me considero desse núcleo. Não falo para aqueles que estão bem, em quaisquer circunstâncias, e eles sabem se estão bem empregados ou não, mas principalmente para a massa de homens que estão descontentes e reclamando ociosamente da dureza da sua sorte ou dos tempos, quando poderiam melhorá-los. Há alguns que se queixam de forma mais enérgica e inconsolável que outros, porque estão, como dizem, cumprindo seu dever. Também tenho em mente aquela classe aparentemente rica, mas a mais terrivelmente empobrecida de todas, que acumulou escória e não sabe como usá-la ou se livrar dela e, assim, forjou seus próprios grilhões de ouro ou prata.

Se eu tentasse contar como desejei passar minha vida nos últimos anos, provavelmente surpreenderia aqueles meus leitores que estão um pouco familiarizados com a história real, certamente surpreenderia aqueles que nada sabem sobre ela. Vou apenas pincelar alguns dos empreendimentos aos quais me dediquei.

Em qualquer clima, a qualquer hora do dia ou da noite, estou sempre ansioso para melhorar o tempo e o entalhe em minha bengala também; estar no encontro de duas eternidades, o passado e o futuro, que é precisamente o momento presente; vivendo-o intensamente. Vocês perdoarão algumas obscuridades, pois há mais segredos em meu ofício do que no da maioria dos homens, e não são mantidos voluntariamente, são inseparáveis por sua própria natureza. Eu gostaria de contar com prazer tudo o que sei e nunca precisar pintar: "Proibida a entrada", no meu portão.

Há muito tempo perdi um cão de caça, um cavalo baio e um pombo, e ainda estou no encalço deles. Muitos são os viajantes a quem falei a respeito deles, descrevendo seus rastros e a quais chamados eles respondiam. Encontrei um ou dois que ouviram o cão e o andar do cavalo, e até mesmo viram o pombo desaparecer atrás de uma nuvem, e pareciam tão ansiosos para recuperá-los como se os tivessem perdido.

Antecipar não apenas o amanhecer e o pôr do sol se possível, a própria natureza! Quantas manhãs, verão e inverno, antes mesmo de qualquer vizinho começar a cuidar de seus negócios, eu estive cuidando dos meus! Sem dúvida muitos de meus concidadãos me encontraram voltando desses empreendimentos, eram fazendeiros partindo para Boston no crepúsculo ou lenhadores indo para o trabalho. É verdade que nunca ajudei literalmente o sol a nascer, mas, não duvide, era de extrema importância apenas estar presente.

Tantos dias de outono, sim, e de inverno, passados fora da cidade, tentando ouvir, e entender o que o vento queria dizer! Quase afundei todo o meu capital nisso e perdi o fôlego correndo em face disso. Se eu tivesse a ver com qualquer um dos partidos políticos, podem ter certeza, teria aparecido na *Gazeta* as primeiras informações. Em outras ocasiões, olhando do observatório de algum penhasco ou árvore, para notificar qualquer recém-chegado, ou esperando, à noite no topo das colinas, que o céu caísse para que eu pudesse pegar alguma coisa, embora nunca tenha pegado muito, e isso, como o maná, se dissolveria ao sol.

Por muito tempo fui repórter de um jornal, de circulação não muito ampla, cujo editor nunca achou por bem imprimir o volume de minhas contribuições e, como é muito comum aos escritores, tive apenas sofrimento como pagamento dos meus esforços. No entanto, nesse caso, minhas dores foram a própria recompensa.

Por muitos anos intitulei-me inspetor de tempestades de neve e tempestades de chuva e cumpri meu dever fielmente; agrimensor, se não de rodovias, então de caminhos florestais e de todas as rotas por meio dos lotes, mantendo-os abertos, e ravinas com pontes e transitáveis em todas as estações, onde o calcanhar público testemunhou suas utilidades.

Eu cuidei do rebanho selvagem da cidade, que causa muitos problemas a um pastor fiel ao pular cercas, e fiquei de olho nos recantos não frequentados da fazenda, embora eu nem sempre soubesse se Jonas ou Solomon trabalhavam em um determinado campo naquele dia, não era da minha conta. Reguei o mirtilo vermelho, a cerejeira e a urtiga, o pinheiro vermelho e o freixo preto, a uva branca e a violeta amarela, que poderiam ter murchado nas estações secas.

Em suma, continuei assim por um longo tempo, posso dizer sem me gabar, cuidando fielmente dos meus negócios, até que se tornou cada vez mais evidente que meus concidadãos não iriam, afinal, me admitir na lista de oficiais da cidade, nem dar-me uma sinecura. Minhas contas de serviços prestados, que posso jurar ter mantido regularizadas, nunca foram, de fato, auditadas, muito menos aceitas, menos ainda pagas e liquidadas. No entanto, não me dediquei esperando por isso.

Não faz muito tempo, um indígena foi vender cestos na casa de um advogado conhecido no meu bairro. "Você deseja comprar alguma cesta?"— ele perguntou. "Não, não queremos nenhum", foi a resposta. "O quê!" — exclamou o índio ao sair pelo portão. "Quer nos matar de fome?" Tendo visto seus industriosos vizinhos brancos tão bem de vida — que o advogado só precisava tecer argumentos e, por alguma mágica, riqueza e posição seguiram-lhe, ele disse a si mesmo. Vou ao negócio. Tecerei cestos, é uma coisa que eu posso fazer. Achando que quando tivesse feito as cestas teria feito a sua parte; e então caberia ao branco comprá-las. Ele não havia entendido que era necessário fazer com que o outro sentisse valer a pena comprá-las, ou pelo menos fazê-lo pensar que sim, e levá-lo a comprar. Eu também tecera uma espécie de cestas de textura delicada, mas não fizera ninguém achar que valeria a pena comprá-las. Ainda assim, no meu caso, acho que valeu a pena tecê-las, pois em vez de estudar o que fazer para os homens comprarem minhas cestas, procurei antes, como evitar a necessidade de vendê-las. A vida que os homens elogiam e consideram bem-sucedida é apenas uma entre tantas. Por que deveríamos exagerar o seu em detrimento das outras?

Tendo a certeza que meus concidadãos não me ofereceriam nenhuma sala no tribunal, ou um lugar na cúria, ou um emprego em qualquer outro lugar, e que deveria cuidar de mim mesmo, voltei-me mais exclusivamente do que nunca para a floresta, onde eu era mais conhecido. Resolvi entrar imediatamente no negócio e não esperar para adquirir o capital, como é usual, usando os escassos meios que já possuía. Meu objetivo ao ir para o lago Walden não era viver ali gastando pouco ou muito, mas realizar alguns negócios privados com o menor número de obstáculos; ser impedido de realizar o que pretendia, por falta de bom senso, pouca iniciativa ou falta de talento para os negócios, parecia tão triste quanto tolo.

Sempre me esforcei para adquirir hábitos comerciais rígidos, pois são indispensáveis a todo homem. Se o comércio é com o Império Celestial, então uma pequena casa de contabilidade na costa, em algum porto de Salem, será suficiente. Haverá a exportação dos artigos que o país oferece, produtos puramente nativos, muito gelo e madeira de pinheiro e um pouco de granito, sempre em cargueiros nativos. Esses serão bons empreendimentos. Supervisionar pessoalmente todos os detalhes; ser, ao mesmo tempo, piloto e capitão, proprietário e subscritor; comprar e vender e manter as contas; ler todas as cartas recebidas e escrever ou ler todas as cartas enviadas; supervisionar a descarga de importações noite e dia; estar em muitas partes da margem quase ao mesmo tempo (muitas vezes o frete mais caro será descarregado na costa de Jersey); ser seu próprio telégrafo, varrendo incansavelmente o horizonte, falando com todos os navios que passam rumo à costa; manter um envio constante de mercadorias, para o abastecimento de um mercado tão distante e exorbitante; manter-se informado sobre o estado dos mercados, perspectivas de guerra e paz em todos os lugares e antecipar as tendências do comércio e da civilização, aproveitando os resultados de todas as expedições exploratórias, usando novas passagens e todas as melhorias na navegação; estudar a posição dos recifes e novas luzes e boias ao serem percebidas, e sempre, sempre, as tabelas logarítmicas precisam ser corrigidas, pois pelo erro em um cálculo o navio pode se partir em uma rocha em vez de aportar em um cais tranquilo — há o destino desconhecido de *La Perouse*; — ciência universal deve ser acompanhada estudando as vidas de todos os grandes descobridores e navegadores, grandes aventureiros e mercadores, de Hanno e os fenícios até nossos dias; enfim, um balanço de estoque deve ser feito de tempos em tempos, para saber como estão as reservas É um trabalho que instiga as faculdades de um homem — tais problemas de lucro e perda, de juros, de tara e avaria, e aferição de todos os tipos, exigem um conhecimento universal.

Achei que no lago Walden seria um bom lugar para fazer negócios, não apenas por causa da ferrovia e do comércio de gelo; o local oferece vantagens que pode não ser uma boa política divulgar; é um bom porto e uma boa base. Nenhum pântano, como na região do Neva, a ser preenchido, embora estacas devem ser postas em todos os lugares por iniciativa própria. Diz-se que uma cheia do Neva, com vento oeste e gelo, varreria São Petersburgo da face da terra.

Como esse negócio ia ser feito sem o capital habitual, não seria fácil conjecturar onde conseguir aqueles meios, que ainda eram indispensáveis a qualquer atividade. Quanto ao vestuário, para chegarmos imediatamente à parte prática da questão, ao comprá-lo somos levados mais pelo amor à novidade e pela consideração das opiniões dos homens, ao comprá-lo, do que por sua verdadeira utilidade. Aquele que tem trabalho a fazer deve priorizar os objetivos da roupa: primeiro, reter o calor vital depois, neste estado de sociedade, cobrir a nudez; então ele pode julgar quanto de qualquer trabalho, necessário ou importante, pode ser feito sem adicionar ao seu guarda-roupa. Reis e rainhas que usam um terno apenas uma vez, embora feito por algum alfaiate ou costureira, exclusivamente para Suas Majestades, não podem conhecer o conforto de usar uma roupa aconchegante. Eles são como cabides de madeira que servem para pendurar as roupas limpas. A cada dia nossas vestes se tornam mais assimiladas ao nosso corpo, recebendo a impressão do nosso caráter e por isso hesitamos em colocá-las de lado, ainda que sem a demora e sem o uso dos aparelhos médicos e sem a solenidade com que abandonamos nossos corpos. Nenhum homem jamais foi, por mim, desprezado por ter um remendo em suas roupas; no entanto, tenho certeza de que geralmente há maior ansiedade em ter roupas da moda, ou pelo menos limpas e sem remendos, do que ter uma consciência sã. Mesmo que o estrago não seja consertado, talvez o pior vício delatado seja a imprudência. Às vezes testo meus conhecidos com perguntas como esta: quem não se importaria de usar um remendo, ou duas costuras extras, sobre o joelho? A maioria se comporta como se acreditasse que suas perspectivas de vida seriam arruinadas se o fizessem. Seria mais fácil para eles mancar até a cidade com uma perna quebrada do que com uma calça rasgada. Na maioria das vezes, se um acidente acontece com as pernas de um cavalheiro, elas podem ser consertadas, mas se um acidente semelhante acontecer com as pernas de suas calças, não há remédio; pois ele considera não o que é verdadeiramente respeitável, mas o que é respeitado. Conhecemos poucos homens, muitos casacos e calças. Vista um espantalho com sua roupa fique parado, nu, ao seu lado. Quem não saudaria primeiro o espantalho? Passando outro dia por um milharal, perto de um chapéu e casaco em uma estaca, reconheci o dono da fazenda. Ele estava apenas um pouco mais castigado pelo mau tempo do que quando o vi pela última vez. Eu ouvi falar de um cachorro que latia para todo estranho que se aproximasse, vestido, da propriedade de seu dono, mas era facilmente silenciado por um ladrão nu. É uma questão interessante imaginar até que ponto os homens manteriam sua posição social se fossem privados de suas roupas. Você poderia, em tal caso, dizer com certeza, dentro de um grupo de homens civilizados, quais pertenciam à classe mais respeitada? Quando Madame Pfeiffer, em suas viagens aventureiras ao redor do mundo, vindo do Oriente para o Ocidente, chegou à Rússia Asiática, próximo a sua terra natal, ela diz que sentiu a necessidade de usar algo diferente de um vestido de viagem, quando foi ao encontro das autoridades, pois "estava agora em um país civilizado, onde (...) as pessoas são julgadas por suas roupas". Mesmo em nossas cidades democráticas da Nova Inglaterra, a posse acidental de riqueza, e a manifestação apenas em roupas e equipamentos, obtêm para o possuidor respeito quase universal. O que recebe tanto respeito, por mais numerosos que sejam, são tão pagãos que precisam que um missionário seja enviado a eles. Além disso, as roupas introduziram a costura, um tipo de trabalho que pode-se chamar de interminável; o vestido de uma mulher, pelo menos, nunca está pronto.

Um homem que finalmente encontrou algo para fazer não precisará comprar um vestuário novo para trabalhar; para ele o velho servirá, pois jaz empoeirado no sótão por um período indeterminado. Sapatos velhos servirão a um herói por mais tempo do que serviram a seu criado — se o herói tiver um criado —, pés descalços são mais velhos que sapatos, e podem servi-lo também. Só aqueles que vão a saraus e salões legislativos precisam ter casacos novos, casacos para trocar com a frequência com que o homem os troca. Mas se minha jaqueta e calças, meu chapéu e sapatos são adequados para adorar a Deus, eles servirão para muitas ocasiões, não servirão? Quem nunca viu suas roupas velhas, seu casaco velho, realmente gasto, reduzido ao trapo, de modo que não seria um ato de caridade doá-lo a um menino pobre, que talvez o doasse a algum ainda mais pobre, ou, devemos dizer, mais rico, que poderia viver com menos? Eu digo, cuidado com todos os empreendimentos que exigem roupas novas, e não um novo usuário de roupas. Se não houver um novo homem, como as roupas novas podem ser ajustadas? Se tem algum empreendimento diante de você, experimente-o com suas roupas velhas. Todos os homens querem não algo para fazer, mas algo para ter, ou melhor, algo para ser. Talvez nunca devêssemos adquirir um novo traje, por mais esfarrapado ou sujo que fosse o velho, até que tivéssemos conduzido, empreendido ou navegado de alguma forma que nos sentíssemos como novos homens com roupas velhas, e que mantê-las seria como guardar o novo vinho em garrafas velhas. Nossa época de muda, como a das aves, deve ser uma crise em nossas vidas. O mergulhão se retira para lagoas solitárias nesse período. Assim também a cobra lança seu tegumento, e a lagarta seu casaco de verme, por meio de um movimento interno de expansão. As roupas são apenas nossa cutícula externa e nosso invólucro mortal. Se nisso não acreditarmos, seremos encontrados navegando sob bandeiras falsas e, inevitavelmente, descartados por nossa própria opinião ou pela da humanidade.

Usamos vestimenta após vestimenta, como se crescêssemos como plantas exógenas por adição externa. Nossas roupas externas, muitas vezes finas e fantasiosas, são nossa epiderme, ou pele falsa, que não participa de nossa vida e pode ser arrancada aqui e ali sem ferimentos fatais; nossas roupas mais grossas, constantemente usadas, são nosso tegumento celular, ou córtex e nossas camisas são nosso líber ou casca verdadeira, que não pode ser removida sem cingir e assim destruir o homem. Acredito que todas as raças, em algum momento, usam algo equivalente à camisa. É desejável que um homem esteja vestido de maneira tão simples que possa impor as mãos sobre si mesmo no escuro e que viva em todos os aspectos de maneira tão compacta e preparada que, se um inimigo tomar a cidade, ele possa, como o velho filósofo, sair pelo portão de mãos vazias, sem ansiedade. Uma roupa grossa é, para a maioria dos propósitos, tão boa quanto três roupas finas, que podem ser compradas por preços adequados aos clientes. Um casaco grosso pode ser comprado por cinco dólares, mas durará muitos anos, pantalonas grossas por dois dólares, botas de couro por um dólar e meio, um chapéu de verão por um quarto de dólar e um gorro de inverno por sessenta e dois centavos e meio. Peças do vestuário podem ser feitas em casa a um custo baixo. Quem será tão pobre que, vestido à custa de seu próprio ganho, não encontrará sábios para lhe fazer reverência?

Quando peço uma de roupa de uma determinada forma, minha alfaiate me diz gravemente: "Não as fazem assim agora", sem enfatizar o "eles" de forma alguma, como se ela citasse uma autoridade tão impessoal quanto as Parcas, e fica difícil conseguir o que eu quero, simplesmente porque ela não consegue acreditar que eu seja tão liberto. Quando ouço essa sentença oracular, fico por um momento absorto em pensamentos, enfatizando cada palavra separadamente para que eu possa chegar ao significado dela, para que eu possa descobrir em que grau de consanguinidade "eles" estão relacionados comigo e que autoridade podem ter em um caso que me afeta tanto; e, finalmente, estou pronto para responder a ela com igual mistério, e sem ênfase do "eles". "É verdade, não faziam assim recentemente, mas agora o fazem." De que adianta me medir se ela não mede meu caráter, mas apenas a largura dos meus ombros, como se fosse um cabide para pendurar o casaco? Nós adoramos não as Graças, nem as Parcas, mas a Moda. Ela gira, tece e corta com total autoridade. O macaco chefe de Paris põe um chapéu de viajante e todos os macacos na América fazem o mesmo. Às vezes, perco a esperança de conseguir que qualquer coisa simples e honesta seja feita neste mundo com a ajuda de homens. Esses teriam que passar por uma prensa poderosa para espremer suas velhas noções jogando-as para fora e para tão longe que elas não voltassem a se levantar em breve. Trabalho vão, pois haveria alguém com um verme na cabeça, chocado de um ovo depositado lá ninguém sabe quando, pois nem o fogo mata essas coisas, começaria tudo novamente. No entanto, não vamos esquecer que algum trigo egípcio nos foi transmitido por uma múmia.

No geral, acho que não se pode afirmar que vestir-se neste ou em qualquer outro país ascendeu à dignidade de uma arte. Os homens se ajeitam com que conseguem. Como náufragos, vestem-se com o que encontram na praia e, a pouca distância, seja de espaço ou de tempo, riem-se das farsas. Cada geração ri das velhas modas, mas segue religiosamente as novas. Divertimo-nos ao contemplar o traje de Henrique VIII, ou da Rainha Elizabeth, tanto quanto se fosse o do Rei e da Rainha das Ilhas Canibais. Todo traje de um homem é lamentável ou grotesco. É apenas o olhar sério que espreita e a vida sincera que nele se passa, que reprimem o riso e consagram o traje de qualquer povo. Deixe Arlequim ser tomado por um ataque de cólica e suas graças também terão que servir a esse estado de espírito. Quando o soldado é atingido por uma bala de canhão, os trapos ficam tão bem quanto um manto vermelho.

O gosto infantil e selvagem de homens e mulheres por novos padrões faz com que muitos se mexam e espreitem com caleidoscópios para que possam descobrir a figura particular que esta geração requer hoje. Os fabricantes aprenderam que esse gosto é meramente caprichoso. De dois padrões que diferem apenas por alguns fios, mais ou menos, de uma determinada cor, um será vendido prontamente, o outro ficará na prateleira, embora frequentemente aconteça que, após o lapso de uma estação, o último se torne o mais elegante. Comparativamente, a tatuagem não é um costume hediondo como é chamad, também é bárbaro porque a impressão é superficial e inalterável.

Não posso acreditar que nosso sistema fabril seja o melhor modo pelo qual os homens possam obter roupas. A condição dos operários torna-se cada dia mais parecida com a dos ingleses; e não é de se admirar, pois, tanto quanto ouvi ou observei, o objetivo principal não é que a humanidade possa se vestir bem e honestamente, mas, inquestionavelmente, que as corporações possam ser enriquecidas. Em longo prazo os homens atingem apenas o que visam. Embora devam falhar imediatamente, é melhor mirar em algo alto.

Quanto a um abrigo, não vou negar que agora é uma necessidade da vida, embora haja casos de homens que ficaram sem ele por longos períodos em países mais frios do que este. Samuel Laing diz que "o lapão, em suas vestes de pele e com uma bolsa de pele que ele coloca sobre a cabeça e os ombros, dorme noite após noite na neve — em um grau de frio que extinguiria a vida de alguém exposto a ele em qualquer roupa de lã". Ele os vira dormindo assim. No entanto, acrescenta: "Eles não são mais resistentes do que as outras pessoas". Mas, provavelmente, o homem não viveu muito na terra sem descobrir a conveniência que existe em uma casa, os confortos domésticos, cujo dito pode ter significado originalmente nas satisfações com a casa mais do que com a família. Embora satisfação são extremamente parciais e ocasionais naqueles climas nos quais a casa está associada, em nossos pensamentos, principalmente ao inverno ou à estação chuvosa, pois em dois terços do ano, exceto como guarda-sol, são desnecessárias. Em nosso clima, no verão, antigamente era quase apenas uma cobertura à noite. Nas mensagens dos indígenas, uma tenda era o símbolo de um dia de marcha, e uma fileira delas cortada ou pintada na casca de uma árvore significava quantas vezes haviam acampado naquele local. O homem não foi feito com membros tão grandes e robustos à toa, mas sim para estreitar seu mundo e emparedá-lo em um espaço que lhe caiba. Ele esteve, a princípio, nu e fora de casa, mas embora isso fosse bastante agradável em clima sereno e quente, à luz do dia, na estação chuvosa e no inverno, para não falar do sol tórrido, talvez tivesse cortado sua raça pela raiz se não se apressado em se vestir com o abrigo de uma casa. Adão e Eva, segundo a fábula, usaram, como primeiras roupas, folhas de figueira. O homem queria um lar, um lugar de aconchego e conforto, primeiro com o calor físico, depois com o calor dos afetos.

Podemos imaginar uma época em que, na infância da raça humana, algum mortal corajoso rastejou por uma cavidade em uma rocha para se abrigar. Toda criança começa o mundo de novo, até certo ponto, e adora ficar ao ar livre, mesmo na umidade e no frio. Brinca de casinha, assim como de cavalo, tendo instinto para isso. Quem não se lembra do interesse com que, quando jovem, olhava para rochas escarpadas, ou qualquer abordagem de uma caverna? Era o anseio natural daquela porção de nosso ancestral mais primitivo que ainda sobrevive em nós. Da caverna avançamos para telhados de folhas de palmeira, de casca e galhos, de linho tecido e esticado, de grama e palha, de tábuas e telhas, e pedras. Por fim, não sabemos o que é viver ao ar livre e nossas vidas são domésticas em mais sentidos do que pensamos. Da lareira ao campo há uma grande distância. Seria bom, talvez, se passássemos mais dias e noites sem qualquer obstrução entre nós e os corpos celestes, se o poeta não falasse tanto debaixo de um teto, ou o santo morasse tanto tempo lá. Os pássaros não cantam nas cavernas, nem as pombas acariciam sua inocência nos pombais.

Caso alguém pretenda construir uma casa, convém-lhe exercer um pouco de astúcia ianque, para não acabar por se encontrar num asilo, num labirinto sem pistas, num museu, numa prisão ou num esplêndido mausoléu. Considere primeiro como um pequeno abrigo é absolutamente necessário. Eu vi indígenas Penobscot, nesta cidade, vivendo em tendas de tecido de algodão fino, enquanto a neve tinha quase trinta centímetros de profundidade ao redor deles, e pensei que eles ficariam felizes em tê-las mais profundas para protegê-los do vento. Antigamente, quando me sustentar honestamente e com liberdade de sobra para minhas buscas pessoais, era uma questão que me preocupava ainda mais do que agora, pois infelizmente estou ficando um tanto insensível, costumava ver uma grande caixa na ferrovia, tinha um metro e oitenta de comprimento por noventa centímetros de largura, onde os trabalhadores trancavam suas ferramentas à noite, e isso me sugeriu que todo homem que fosse pobre poderia conseguir uma dessas por um dólar e, depois de fazer alguns furos nela para deixar passar o ar, entrar ali quando chovesse e à noite; e fechada a tampa, teria liberdade para espairecer o espírito. Isso não parecia o pior, nem de forma alguma uma alternativa desprezível. O dono poderia ficar acordado até a hora que quisesse e sempre sair sem nenhum proprietário perseguindo-o pelo aluguel. Muitos homens são atormentados até a morte para pagar o aluguel de uma caixa maior e mais luxuosa, contudo, não morreriam congelados em uma caixa como essa. Estou longe de brincar. Economia é um assunto que admite ser tratado com leviandade, mas não pode ser descartado. Uma casa confortável para uma raça rude e resistente, que vivia principalmente ao ar livre, já foi feita quase inteiramente de materiais que a natureza forneceu ao alcance das suas mãos. Gookin, que era superintendente dos índios sujeitos à colônia de Massachusetts, escrevendo em 1674, diz: "As melhores casas, aconchegantes e quentes, são cobertas com muito cuidado com cascas de árvores, arrancadas de seus corpos nas estações em que a seiva é para cima, unidas feito em grandes flocos, com pressão de madeira pesada, quando elas são verdes... O tipo mais simples é coberto com esteiras que eles fazem de uma espécie de junco, e também são aconchegantes e quentes, mas não tão boas quanto as anteriores... Algumas eu vi, com cinco a dez metros de comprimento e nove metros de largura... Frequentemente hospedei-me nessas moradas e as achei tão quentes quanto as melhores casas inglesas". Ele acrescenta que eram comumente acarpetadas e forradas por dentro com tapetes bordados bem trabalhados e eram mobiliadas com vários utensílios. Os indígenas haviam avançado a ponto de regular o efeito do vento por meio de uma esteira suspensa sobre o buraco do telhado e movida por um barbante. Tal alojamento era construído, pela primeira vez, em um ou dois dias, no máximo, e desmontado e montado, novamente, em poucas horas; e cada família possuía um, ou tinha parte em um.

No grupo dos selvagens toda família possui um abrigo tão bom quanto e suficiente para suas necessidades mais simples e cotidianas; mas acho que falo dentro dos limites quando digo que, embora os pássaros tenham seus ninhos, as raposas suas tocas e os selvagens suas tendas, na sociedade civilizada moderna não mais da metade das famílias possui um abrigo digno. Nas grandes vilas e cidades, onde a civilização prevalece especialmente, o número daqueles que possuem uma moradia própria é uma fração muito pequena do total. O resto paga um imposto anual, por essa vestimenta externa indispensável no verão e no inverno, o que compraria uma vila inteira e que só contribui para mantê-los pobres enquanto viverem. Não pretendo insistir aqui na desvantagem de alugar em vez de ter a posse, mas é evidente que o selvagem é dono de seu abrigo porque custa-lhe pouco, enquanto o homem civilizado aluga o seu, comumente, porque não pode comprá-lo; nem pode, a longo prazo, se dar ao luxo de contratar uma moradia melhor. Alguém diz: Pagando esse imposto, o pobre homem civilizado garante uma morada que é um palácio comparada à do selvagem. Um aluguel anual de vinte e cinco a cem dólares, essas são as taxas do país, dá-lhe o direito de se beneficiar das melhorias de séculos, apartamentos espaçosos, pintura e papel limpos, lareira Rumford, estuques, venezianas, bomba de cobre, fechadura de mola, um porão espaçoso e muitas outras coisas. Como se explica que aquele que se diz gostar dessas coisas é tão comumente um pobre homem civilizado, enquanto o selvagem, que não as tem, é rico em sua condição? Se for afirmado que a civilização é um avanço real na condição do homem — e penso que é, embora apenas os sábios usufruem de suas vantagens — deve-se mostrar que ela produziu habitações melhores sem torná-las mais caras. O custo de uma coisa é a quantidade do que chamarei de vida que deve ser trocada por ela, imediatamente ou em longo prazo. Uma casa média neste bairro custa talvez oitocentos dólares, e acumular essa quantia levará de dez a quinze anos da vida do trabalhador, mesmo que ele não esteja sobrecarregado com uma família — estimando o valor pecuniário do trabalho de cada homem em um dólar por dia, pois se alguns recebem mais, outros recebem menos — de modo que ele já terá passado mais da metade de sua vida antes que sua casa própria seja conquistada. Se supusermos que ele pague um aluguel, isso será apenas uma escolha duvidosa de males. Teria sido sensato o selvagem trocar sua tenda por um palácio nessas condições?

Pode-se supor que reduzo quase toda a vantagem de manter essa propriedade supérflua como um fundo reservado para o futuro, no que diz respeito ao indivíduo, principalmente para custear as despesas do funeral. Talvez um homem não precise se enterrar. Isso, no entanto, aponta para uma importante distinção entre o homem civilizado e o selvagem; e, sem dúvida, existem projetos sobre nós, para nosso benefício, em fazer da vida de um povo civilizado uma instituição, na qual a vida do indivíduo é em grande parte absorvida, a fim de preservar e aperfeiçoar a da raça. Desejo mostrar com que sacrifício essa vantagem é obtida no momento e sugerir que podemos viver de modo a garantir todas as vantagens sem sofrer nenhuma desvantagem. O que o homem quer dizer ao falar do pobre que está nele, ou pais que comeram uvas verdes e os dentes dos filhos estão embotados?

"Tão certo como eu vivo, diz o Senhor Deus, não tereis mais oportunidade de usar este provérbio em Israel."

"Eis que todas as almas são minhas; como a alma do pai, assim também a alma do filho é minha: a alma que pecar, essa morrerá."

Quando considero meus vizinhos, os fazendeiros de Concord, que estão pelo menos tão bem quanto as outras classes, descubro que, em sua maioria, eles vêm trabalhando arduamente vinte, trinta ou quarenta anos para se tornarem os verdadeiros donos de suas fazendas, que comumente herdaram com ônus, ou então compraram com dinheiro contratado — e podemos considerar um terço dessa labuta como o custo de suas casas — mas a maioria ainda não pagou por elas. É verdade que os ônus às vezes superam o valor da propriedade, de modo que ela se torna um grande peso, e ainda assim sempre há um homem que a queira herdar, mesmo estando ciente dos problemas. Ao me candidatar aos avaliadores, fiquei surpreso ao saber que eles não conseguem nomear imediatamente uma dúzia de pessoas na cidade que possui suas fazendas livres e limpas. Quem quiser conhecer a história dessas propriedades, pergunte no banco onde elas estão hipotecadas.

O homem que realmente pagou por sua fazenda com seu trabalho na terra, é tão raro que qualquer vizinho pode apontar para ele. Duvido que existam três homens assim em Concord. O que é dito sobre os comerciantes, que uma grande maioria, mesmo noventa e sete em cem, certamente fracassará, é igualmente verdadeiro para os fazendeiros. Com relação aos comerciantes, porém, um deles diz, com pertinência, que grande parte de suas dívidas não são verdadeiras, mas apenas descumprimento de seus compromissos inconvenientes, quer dizer: é o caráter moral que se decompõe. Isso coloca uma face infinitamente pior sobre o assunto e sugere, além disso, que provavelmente nem mesmo os outros três conseguem salvar suas almas, mas talvez estejam falidos em um sentido pior do que aqueles que falham honestamente. Falência e repúdio são os trampolins dos quais grande parte de nossa civilização salta e dá cambalhotas, mas o selvagem permanece na prancha inelástica da fome. No entanto, o *Middlesex Cattle Show* acontece aqui com *éclat* anualmente, como se todas as juntas da máquina agrícola estivessem funcionando.

O agricultor está se esforçando para resolver o problema de subsistência por meio de uma fórmula mais complicada do que o próprio problema. Para conseguir seus cadarços, ele especula em rebanhos de gado. Com habilidade consumada, ele armou sua armadilha com uma mola de cabelo para capturar conforto e independência e, ao se virar, colocou sua própria perna nela. Essa é a razão pela qual ele é pobre; e por razões semelhantes somos todos pobres em relação a mil confortos selvagens, embora cercados de luxos. Enquanto Chapman[4] canta:

> "A falsa sociedade dos homens...
> ... pela grandeza terrena
> todos os confortos celestiais faz dissipar no ar."

E quando o fazendeiro tem sua casa, ele não fica mais rico, mas mais pobre, já que é a casa que o tem. Entendo como uma objeção válida a levantada por Momo[5] contra a casa que Minerva fez: "Não a tornou móvel, o que significa que uma vizinhança ruim poderia ser evitada"; e ainda pode-se alegar que nossas casas são propriedades tão difíceis de cuidar que muitas vezes somos presos ao invés de alojados nelas; e a má vizinhança a ser evitada é o nosso próprio eu desprezível. Conheço uma ou duas famílias, pelo menos, nesta cidade, que há quase uma geração desejam vender suas casas na periferia e se mudar para a vila, mas não conseguem, e só a morte as libertará.

Como que a maioria das pessoas pode, finalmente, possuir ou alugar uma casa moderna com todas as suas melhorias. Embora a civilização tenha melhorado as casas, não melhorou igualmente os homens que vão habitá-las. Criou palácios, mas não foi tão fácil criar nobres e reis. E se as atividades do homem civilizado não valem mais do que as do selvagem, se ele emprega a maior parte de sua vida apenas na obtenção de necessidades e confortos grosseiros, por que ele deveria ter uma moradia melhor do que a deles?

Como a minoria pobre vive? Talvez se descubra que, na mesma proporção em que alguns foram colocados, por circunstâncias externas, acima do selvagem, outros foram degradados abaixo dele. O luxo de uma classe

---

4   George Chapman (1559-1634), dramaturgo e poeta inglês. Destacou-se por suas peças de tradição shakespeareana e como tradutor de Homero.
5   É considerado a personificação do sarcasmo na mitologia grega. (N. do R.)

é contrabalançado pela indigência de outra. De um lado está o palácio, do outro estão o asilo e os "pobres silenciosos". As miríades que construíram as pirâmides para serem as tumbas dos faraós foram alimentadas com alho, e pode ser que não tenham sido enterradas decentemente. O pedreiro que termina a cornija do palácio retorna à noite a uma cabana que não é tão boa quanto uma tenda. É um erro supor que, em um país onde existem as evidências usuais de civilização, a condição de um corpo muito grande de habitantes pode não ser tão degradada quanto a dos selvagens. Refiro-me aos pobres degradados, e não aos ricos que o são. Para saber disso, eu não preciso olhar além dos barracos que por toda parte margeiam as ferrovias, o último avanço da civilização; vejo em minhas caminhadas diárias seres humanos vivendo em chiqueiros, e todo o inverno com a porta aberta, devido à falta de luz, sem nenhuma pilha de madeira visível e as formas de velhos e jovens estão permanentemente contraídas pelo hábito de encolher-se de frio e miséria, e o desenvolvimento de todos os seus membros e faculdades é afetado. Certamente é justo valoriza a classe cujo trabalho realizou as obras que distinguem esta geração. Tal também é o, em maior ou menor grau, os obreiros de todas as denominações da Inglaterra, que é o grande laboratório do mundo. Ou posso encaminhá-lo para a Irlanda, que está marcada como um porto de brancos iluminados no mapa. Compare a condição física do irlandês com a do índio norte-americano, ou com a do ilhéu dos Mares do Sul, ou com a de qualquer outra raça selvagem antes de ser degradada pelo contato com o homem civilizado. Não tenho, no entanto, dúvidas de que os governantes desse povo são tão sábios quanto a média dos governantes civilizados. Sua condição apenas prova que a sordidez pode consistir na civilização. Não preciso me referir agora aos trabalhadores em nossos estados do sul que produzem os produtos básicos de exportação deste país e são eles próprios uma produção básica do sul. Vou me limitar àqueles que dizem estar em circunstâncias moderadas.

A maioria dos homens parece nunca ter considerado o que é uma casa e, na verdade, são desnecessariamente pobres durante toda a vida porque pensam que devem ter uma casa igual à que seus vizinhos têm. Agem como alguém obrigado a usar qualquer tipo de casaco que o alfaiate corte para ele, ou, gradualmente deixa de lado o chapéu de folha de palmeira ou gorro de pele de marmota, e reclama dos tempos difíceis porque não tem dinheiro para comprar uma coroa para ele! É possível construir uma casa ainda mais aconchegante e luxuosa do que a que temos, mas todos admitem que o homem não poderia pagar por ela. Devemos sempre tentar obter as melhores coisas, e não, às vezes, nos contentar-nos com menos? O cidadão respeitável deve ensinar, formalmente, por preceito e exemplo, a necessidade de o jovem ter sapatos brilhantes, guarda-chuvas supérfluos e quartos vazios para convidados também vazios, antes de morrer? Por que nossos móveis não deveriam ser tão simples quanto os dos árabes ou dos indianos? Quando penso nos benfeitores da raça, a quem apoteosamos como mensageiros do Céu, portadores de dádivas divinas para o homem, não vejo em minha mente nenhum séquito em seus calcanhares, nenhum vagão carregado de móveis da moda. Ou se eu admitisse — não seria uma concessão singular? — que nossa mobília fosse mais complexa que a do árabe, na medida em que somos moral e intelectualmente superiores a ele! Nossas casas estão cheias e contaminadas com isso, e uma boa dona de casa varreria a maior como lixo e não deixaria seu trabalho matinal inacabado. Trabalho matinal! Pelos rubores de Aurora e pela música de Mêmnon, qual deve ser o trabalho matinal do homem neste mundo? Eu tinha três pedaços de calcário em minha mesa, e fiquei apavorado ao descobrir que precisavam ser espanados diariamente, enquanto a mobília de minha mente ainda estava toda cheia de pó, então joguei-os pela janela com desgosto. Como, então, eu poderia ter uma casa mobiliada? Eu prefiro sentar ao ar livre, pois nenhuma poeira se acumula na grama, a menos que o homem tenha quebrado o solo.

São os luxuosos e libertinos que estabelecem as modas que o rebanho segue tão diligentemente. O viajante que para nas melhores pousadas, assim chamadas, logo descobre isso, pois os proprietários presumem que ele seja um sardanapalo, e se ele resigna-se a suas ternas misericórdias, logo estará completamente emasculado. Acho que no vagão estamos inclinados a gastar mais com luxo do que com segurança e comodidade, e ele corre o risco de, sem alcançá-los, tornar-se nada mais do que uma moderna sala de estar, com seus divãs, puffs, guarda-sóis e uma centena de outras coisas orientais, que estamos levando conosco para o oeste, inventadas para as damas de haréns e os nativos efeminados do Império Celestial, cujos nomes Jônatas deveria ter vergonha de saber. Prefiro sentar em uma abóbora e tê-la só para mim do que ficar amontoado em uma almofada de veludo. Prefiro andar na terra em um carro de boi com circulação livre, do que ir para o céu no carro chique de um trem de excursão respirando malária o tempo todo.

A própria simplicidade e nudez da vida do homem nas eras primitivas implicam, pelo menos, a vantagem que ele era como um peregrino na natureza. Quando era revigorado com comida e sono, ele iniciava sua jornada novamente. Ele morava, por assim dizer, neste mundo como se fosse numa tenda e estava cruzando os vales, cruzando as planícies ou escalando os topos das montanhas. Olhe! Os homens tornaram-se as ferramentas das suas ferramentas. O homem que colheu as frutas quando estava com fome tornou-se um fazendeiro; e aquele que ficava debaixo de uma árvore para se abrigar, um granjeiro. Agora não acampamos mais por uma noite, mas nos estabelecemos na terra e esquecemos o Céu. Adotamos o cristianismo meramente como um método aperfeiçoado de agricultura. Nós construímos para este mundo uma mansão e para o próximo um túmulo de família. As melhores obras de arte são a expressão da luta do homem para se libertar dessa condição, mas o efeito de nossa arte é apenas tornar confortável esse estado inferior e esquecer aquele estado superior. Na verdade, não há lugar nesta vila para uma obra de arte, se é que alguma chegou, para ficar, pois nossas vidas, nossas casas e ruas não fornecem um pedestal adequado para ela. Não há prego para pendurar um quadro, nem estante para receber o busto de um herói ou de um santo. Quando considero como nossas casas são construídas e pagas, ou não pagas, e sua economia interna administrada e sustentada, me pergunto se o piso não cede sob o visitante, enquanto ele admira as bugigangas sobre a lareira, deixe-o entrar no porão ao encontro de um alicerce sólido e honesto. Não posso deixar de perceber que a chamada vida rica e refinada é algo que se atinge com um salto, e não me entrego ao prazer das belas artes que a adornam, a atenção totalmente ocupada com o salto, pois eu me lembro que o maior salto genuíno, devido apenas aos músculos humanos, registrado, é o de certos árabes errantes, que dizem ultrapassar vinte e cinco pés em terreno plano. Sem apoio, o homem certamente voltará batendo as costas no chão. A primeira pergunta que me sinto tentado a fazer ao proprietário de tamanha impropriedade é: quem o apoia? Você é um dos noventa e sete que falharam ou dos três que tiveram sucesso? Responda-me a essas perguntas, e então talvez eu possa olhar para os seus cacarecos e achá-los ornamentais. A carroça na frente dos bois não é bonita nem útil. Antes que possamos adornar nossas casas com belos objetos, as paredes devem ser despojadas, e nossas vidas devem estar despidas, as tarefas e vidas domésticas bem dirigidas devem ser lançadas como alicerce: porém o gosto pelo belo é mais cultivado ao ar livre, onde não há casa nem caseiro.

No livro *Johnson's Wonder-working providence*, o autor fala dos primeiros colonos desta cidade, dos quais ele foi contemporâneo, diz que "eles se enterram no solo para seu primeiro abrigo, sob alguma encosta e, lançando terra sobre a madeira, faziam um fogo fumegante no lado mais alto. Eles não "proveram casas", diz ele, "até que a terra, pela bênção do Senhor, produziu pão para alimentá-los", mas a colheita do primeiro ano era tão leve que eles foram forçados a cortar o pão muito fino por uma longa temporada". O secretário da Província de

New Netherland, escrevendo em holandês, em 1650, para informação daqueles que ali desejavam ocupar terras, afirma mais particularmente que: "Aqueles em minha província, e especialmente em Nova Inglaterra, que não têm meios para construir casas de fazenda, a princípio, de acordo com seus desejos, devem cavar um buraco quadrado no chão, em forma de porão, com seis ou sete pés de profundidade, tão longo e largo quanto acharem adequado: cobrir a terra com madeira ao redor todas as paredes e forrar a madeira com casca de árvore ou outra coisa para evitar o desmoronamento da terra; revestir o chão desse porão com tábuas e com lambris fazer um teto; levantar um telhado sobre vergas limpas e cobri-lo com cascas ou grama verde, para que possam viver secos e aquecidos nessas casas com suas famílias por dois, três e até quatro anos, entendendo-se que as divisórias são feitas, na cave, adaptadas à dimensão da família. Os homens ricos e importantes na Nova Inglaterra, no início das colônias, iniciaram suas primeiras residências dessa maneira por duas razões: em primeiro lugar, para não perder tempo construindo e não ter comida na próxima estação; em segundo lugar, para não desencorajar os pobres trabalhadores que trouxeram em grande número da Pátria. No curso de três ou quatro anos, quando o país se adaptou à agricultura, eles construíram belas casas, gastando nelas vários milhares".

Nesse curso que nossos ancestrais seguiram, houve pelo menos uma demonstração de prudência, como se seu princípio fosse satisfazer primeiro as necessidades mais urgentes. Essas estão realizadas agora? Quando penso em adquirir uma de nossas luxuosas habitações, desisto, pois, por assim dizer, o país ainda não está adaptado à cultura humana, e ainda somos forçados a cortar nosso pão espiritual muito mais fino do que nossos antepassados faziam com o de trigo. Não que todo ornamento arquitetônico deva ser negligenciado, mesmo nos períodos mais rudes, mas que nossas casas sejam primeiro forradas com a beleza, que esteja em contato com nossas vidas, como a morada do marisco. Ai de mim! Infelizmente já estive dentro de uma ou duas delas e sei com o que estão forradas.

Embora não sejamos, hoje, tão degenerados que possamos viver em uma caverna ou em uma tenda ou usar peles, certamente é melhor aceitar as vantagens, embora tão caras, que a invenção e a indústria oferecem à humanidade. Em uma vizinhança como a minha, tábuas e telhas, cal e tijolos são mais baratos e mais facilmente obtidos do que cavernas adequadas, toras inteiras, casca em quantidades suficientes, ou mesmo argila bem temperada e pedras planas. Falo com compreensão sobre esse assunto, pois me familiarizei com ele tanto teórica quanto praticamente. Com um pouco mais de inteligência, poderíamos usar esses materiais para nos tornarmos mais ricos do que os mais ricos agora, e tornar nossa civilização uma bênção. O homem civilizado é um selvagem mais experiente e sábio. Agora vou me apressar no relato do meu próprio experimento.

Perto do final de março de 1845, peguei emprestado um machado e desci para a floresta perto do lago Walden, próximo de onde pretendia construir minha casa, e comecei a cortar alguns pinheiros altos e finos, ainda jovens para madeira. É difícil começar sem pedir emprestado, mas talvez seja o caminho mais generoso para permitir que seus semelhantes tenham interesse em seu empreendimento. O dono do machado, ao soltá-lo, disse que era a menina dos seus olhos, então devolvi-o mais afiado do que o recebi. Era uma encosta agradável onde trabalhei, coberta de pinheirais através dos quais avistava-se o lago e um pequeno campo aberto na mata onde brotavam pinheiros e nogueiras. O gelo do lago ainda não estava dissolvido, embora houvesse alguns espaços abertos, escuros e cheios de água. Houve algumas leves rajadas de vento e de neve durante os dias em que trabalhei lá; mas, na maior parte do tempo, quando saía para a ferrovia, a caminho de casa, montes de areia amarela se estendiam cintilantes na atmosfera nebulosa, os trilhos brilhavam ao sol da primavera, e eu ouvia a cotovia e outros pássaros que vinham iniciar outro ano conosco. Eram agradáveis dias de primavera, nos quais o inverno do descontentamento do homem estava derretendo, assim como a terra, e a vida que estava entorpecida começou a despertar. Um dia, a folha do meu machado caiu quando eu cortava uma nogueira verde para fazer uma cunha; cravando-a no cabo com uma pedra, coloquei tudo de molho em um buraco no lago para inchar a madeira; vi, nesse momento, uma cobra listrada correr na água e ele deitar-se no fundo, aparentemente sem inconvenientes enquanto eu permaneci lá: mais de um quarto de hora; talvez porque ela ainda não tivesse saído completamente do seu estado de torpor. Pareceu-me que por uma razão semelhante os homens permanecem em sua atual condição inferior e primitiva, entretanto, se eles sentissem a influência da primavera despertando-os, necessariamente desabrochariam para uma vida mais elevada e mais etérea. Já havia visto cobras em manhãs geladas, em meu caminho, com partes de seus corpos ainda dormentes e inflexíveis, esperando que o sol as aquecesse. No dia 1º de abril choveu e derreteu o gelo, e no início do dia, que estava muito nublado, ouvi um ganso tateando sobre o lago e cacarejando como se estivesse perdido, ou como se fosse o espírito do nevoeiro.

Então continuei por alguns dias cortando e rachando madeira, fazendo vigas e caibros com meu machado estreito, não tendo pensamentos para expor ou eruditos, cantando para mim mesmo:

> Os homens dizem que sabem muitas coisas;
> Mas veja! Ganharam asas,
> As artes e as ciências,
> E mil adornos;
> O vento que sopra
> É tudo o que qualquer corpo sabe.

    Desbastei as madeiras principais que tinham quarenta centímetros quadrados, a maioria das vigas apenas em dois lados, e os caibros e a madeira do piso de um lado só, deixando o resto com casca, de modo que ficassem retas e muito mais fortes do que as serradas. Cada madeira foi cuidadosamente encaixada na outra, pois nessa época eu já havia pedido emprestado outras ferramentas. Meus dias na floresta não eram muito longos; ainda assim, eu geralmente comia um pão com manteiga, e lia o jornal em que estava embrulhado, ao meio-dia, sentado em meio aos galhos verdes do pinheiro que havia cortado, e ao meu pão era dado um pouco de sua fragrância, pois minhas mãos estavam cobertas por uma espessa camada de resina. Antes de acabar minha tarefa, eu era mais amigo do que inimigo dos pinheiros, embora tivesse cortado alguns deles, dos pinheiros. Às vezes, um andarilho era atraído pelo som do meu machado, e conversávamos agradavelmente entre as lascas que eu havia feito.

    Em meados de abril, pois não apressei meu trabalho, e sim o aproveitei ao máximo, minha casa estava alicerçada e pronta para a construção. Eu já tinha comprado a cabana de James Collins, um irlandês que trabalhava na Fitchburg Railroad, para aproveitar as tábuas. A cabana de James Collins era considerada excepcionalmente boa. Quando fui vê-la ele não estava em casa. Eu andei pelo lado de fora, a princípio, sem ser observado de dentro, a janela era recusa e alta. A cabana era de pequenas dimensões, com um telhado pontiagudo de chalé, e não havia muito mais para ser visto, o lixo elevava-se a mais de um metro e meio ao redor como se fosse uma pilha de compostagem. O telhado era a parte mais sólida, embora bastante deformado e ressecado pelo sol. Não tinha soleira de porta, mas uma passagem perene para as galinhas sob o batente da porta. A Sra. C. veio até a porta e me chamou para ver a cabana por dentro. As galinhas foram atraídas pela minha aproximação. Estava escuro e o chão era de terra, na maior parte úmida, fria e pegajosa, apenas aqui e ali que não suportaria a remoção. Ela acendeu uma lamparina para me mostrar o interior do telhado e das paredes, e também o piso de tábuas que se estendia sob a cama, avisando-me para evitar cair no porão, uma espécie de buraco de meio metro de profundidade. Em suas próprias palavras, eram "boas tábuas acima, boas tábuas ao redor e uma boa janela", originalmente de dois painéis, mas ultimamente servia como passagem para os gatos. Havia um fogão, uma cama e um lugar para sentar, um bebê que ali nascera, uma sombrinha de seda, um espelho de moldura dourada e um moinho de café, novinho em folha, pregado em uma peça de carvalho; isso era tudo. A barganha logo foi concluída, pois James havia retornado nesse ínterim. Eu tinha que pagar quatro dólares e vinte e cinco centavos naquela noite para que ele a desocupasse às cinco da manhã, sem vender nada para mais ninguém; eu tomaria posse às seis. Seria bom, disse ele, chegar cedo e antecipar certas reivindicações aleatórias e totalmente injustas, sobre o aluguel do terreno e o combustível. Isso ele me garantiu que era o único ônus. Às seis, passei por ele e sua família na estrada. Levavam tudo em um grande fardo: cama, moedor de café, espelho, galinhas — tudo menos o gato, ele; foi para a floresta e se tornou um gato selvagem e, como descobri depois, pisou em uma armadilha preparada para marmotas, e assim tornou-se finalmente um gato morto.

Desmontei a casa na mesma manhã, arranquei os pregos, e a levei para o lado do lago transportando as tábuas, em várias viagens, em um carrinho de mão. Espalhei as tábuas na grama para branquearem e aplainarem novamente ao sol. Um tordo madrugador deu um ou dois trinados enquanto eu seguia meu caminho pela floresta. Fui informado, traiçoeiramente, por um jovem, de nome Patrick que o vizinho Seeley, um irlandês, na minha ausência, transferiu para o bolso os cavilhas, grampos e pregos ainda reaproveitáveis. Seeley lá permaneceu até a minha volta. Olhava para cima, despreocupado, com pensamentos primaveris, para a devastação; disse-me que lá se encontrava por haver escassez de trabalho. Ele estava lá para representar o espectador e ajudar a tornar esse evento, aparentemente insignificante, um espetáculo a remoção dos deuses de Troia.

Cavei meu porão na encosta de uma colina inclinada para o sul, onde uma marmota havia cavado sua toca, através de raízes de sumagre e amora. Ele tinha $1,80m^2$ por dois metros de profundidade. Cavei até encontrar uma areia fina onde as batatas não congelariam em nenhum inverno. Os lados foram deixados para as prateleiras e não foram cobertos de pedras, mas o sol não batia ali, a areia ficaria no lugar. Foram apenas duas horas de trabalho. Tive um prazer especial em abrir o terreno, pois em quase todas as latitudes os homens escavam a terra em busca de uma temperatura uniforme. Sob a casa mais esplêndida da cidade ainda se encontra um porão onde são guardadas as raízes, como antigamente, e muito tempo depois, quando a superestrutura desaparece, a posteridade nota sua marca na terra. A casa ainda é apenas uma espécie de portal na entrada de uma toca.

Por fim, no início de maio, com a ajuda de alguns conhecidos, mais para aproveitar a chance de boa vizinhança do que por necessidade, montei a estrutura de minha casa. Nenhum homem foi mais honrado no caráter de seus ajudantes do que eu. Eles estão destinados, acredito, a ajudar na construção de estruturas bem maiores um dia. Mudei para a minha casa no dia 4 de julho, assim que ela foi assoalhada e atelhada, pois as tábuas foram cuidadosamente biseladas e colocadas, de modo que era perfeitamente impermeável à chuva. Antes de colocar no assoalho, lancei os alicerces de uma chaminé em uma das extremidades, trazendo, em meus braços, o que corresponderia a duas carroças cheias, pedras, morro acima, do lago para erguê-la. Construí a chaminé depois de capinar no outono e antes que o fogo se tornasse necessário para me aquecer, cozinhava ao ar livre, no chão, de manhã cedo: modo que ainda acho que é, em alguns aspectos, mais conveniente e agradável do que o habitual. Quando chovia antes de meu pão estar assado, colocava algumas tábuas protegendo o fogo e sentava-me sob elas para vigiar meu pão, e assim passava algumas horas agradáveis. Naqueles dias, minhas mãos estavam muito ocupadas e eu lia pouco, mas os menores pedaços de papel que estavam no chão, alguma embalagem ou uma toalha de mesa me proporcionavam entretenimento e, na verdade, respondiam ao mesmo propósito que *Ilíada*.

Valeria a pena construir ainda mais deliberadamente do que eu, considerando, por exemplo, que função uma porta, uma janela, um porão, um sótão têm na natureza do homem, e talvez nunca levantando nenhuma superestrutura até encontrar uma razão melhor, para isso, do que as condições climáticas. Há a mesma aptidão em um homem construindo sua própria casa e em um pássaro construindo seu próprio ninho. Quem sabe se os homens construíssem suas moradas com as próprias mãos e fornecessem comida para si e suas famílias de maneira simples e honesta, a faculdade poética seria universalmente desenvolvida e os homens cantariam como os pássaros cantam mesmo estando tão ocupados? Infelizmente, fazemos como os chupins e os cucos, que põem seus ovos em ninhos que outros pássaros construíram e não animam nenhum viajante com suas notas tagarelas e nada musicais. Devemos restringir para sempre ao carpinteiro o prazer da construção? O que significa a arquitetura na experiência da maioria dos homens? Nunca em todas as minhas caminhadas encontrei um homem envolvido em uma ocupação tão simples e natural como construir sua casa. Nós pertencemos à comunidade. Não é apenas o alfaiate que é a nona parte de um homem; é tanto o pregador, quanto o comerciante e o fazendeiro. Onde termina essa divisão do trabalho? E a que objeto ela serve? Sem dúvida, outro homem também pode pensar por mim, mas não é, portanto, desejável que ele o faça para que eu mesmo pense por mim.

É verdade que existem arquitetos neste país, e ouvi falar de um possuído pela ideia de fazer com que os ornamentos arquitetônicos tenham autenticidade uma necessidade e, portanto, uma beleza, como se fosse uma revelação. Tudo bem, talvez, do seu ponto de vista, mas apenas um pouco melhor do que o diletantismo comum. Um reformador sentimental na arquitetura, começa seu trabalho não na fundação. A questão apenas colocar um detalhe especial nos enfeites, assim como toda iguaria deve ter uma amêndoa ou semente de alcaravia — embora eu afirme que as amêndoas são mais saudáveis sem o açúcar — e não definir como o habitante, o morador interno, deve construir por dentro e por fora, deixá-los cuidar do seu bem-estar. Que homem sensato imaginou que os ornamentos eram apenas algo exterior e sem sentimentos... que a tartaruga teve sua casca manchada, ou o molusco seus matizes de madrepérola, por um contrato como os habitantes da Broadway com a Igreja Trinity? Um não tem mais a ver com o estilo de arquitetura de uma casa do que uma tartaruga com o de seu casco, nem o soldado precisa ser tão ocioso a ponto de tentar pintar a cor exata de sua virtude em seu estandarte. O inimigo descobrirá. Ele pode empalidecer quando chegar o julgamento. O arquiteto precisa inclinar-se sobre a cornija e sussurrar timidamente sua meia verdade aos rudes ocupantes da moradia. São esses que realmente a conhecem melhor do que ele. A beleza arquitetônica que vejo agora, sei que cresceu gradualmente de dentro para fora, das necessidades e do caráter do morador interno — que é o único construtor — de alguma veracidade e nobreza inconscientes, sem nunca pensar na aparência; e qualquer beleza adicional destinada a ser produzida, será precedida por uma beleza de vida semelhante. As habitações mais interessantes deste país, como o pintor sabe, são as mais despretensiosas e humildes cabanas de toras e os chalés dos pobres; é a vida dos habitantes que define a moradia, como os moluscos, as conchas, e não é qualquer peculiaridade em suas superfícies que as tornam pitorescas. Igualmente interessante será a habitação suburbana do cidadão quando sua vida for bem simples e agradável à imaginação, e precisar de pouco esforço para causar efeito no seu. Uma grande proporção de ornamentos arquitetônicos é literalmente oca, e um vendaval de setembro os arrancaria, como plumas emprestadas, sem prejudicar o que é essencial. Pode prescindir da arquitetura quem não tem azeitonas nem vinhos na adega. E se um barulho igual fosse feito sobre os ornamentos de estilo na literatura, e os arquitetos de nossas bíblias gastassem tanto tempo com suas cornijas quanto os arquitetos de nossas igrejas? Assim surgem as belas-letras e as belas-artes e seus professores. Muito pouco interessa a um homem, na verdade, como alguns gravetos são inclinados sobre ou sob ele, e de que cores pintam os rebocos da sua casa. Significaria algo se, em qualquer sentido sério, ele os tivesse inclinado ou pintado, mas o seu espírito de inquilino, também não o faz construir seu próprio caixão — a arquitetura do túmulo, e "carpinteiro" é apenas outro nome para "fabricante de caixão". Um homem diz, em seu desespero ou indiferença pela vida: Pegue um punhado de terra aos seus pés e pinte sua casa dessa cor. Ele está pensando em sua última e estreita casa? Pode apostar que sim! Que escassez de lazer ele deve ter! Por que pegar um punhado de terra? Melhor pintar sua casa com sua própria aparência; deixe-o empalidecer ou corar por você. Um empreendimento para aprimorar o estilo da arquitetura do chalé! Quando você tiver meus enfeites prontos, eu os usarei.

Antes do inverno construí uma chaminé e forrei as laterais da minha casa, já impermeáveis à chuva, com telhas imperfeitas feitas com a primeira parte do tronco, cujas arestas fui obrigado a alisar com uma plaina.

Tenho, portanto, uma casa pequena de telhas e reboco, com três metros de largura por quinze de comprimento e pilares de dois metros e meio, com um sótão e um armário, uma grande janela de cada lado, dois alçapões, uma porta de um lado e do outro uma lareira. O custo exato da minha casa, pagando o preço normal pelos materiais que usei, mas sem contar o trabalho, todo feito por mim, foi o seguinte; e dou os detalhes porque muito poucos são capazes de dizer exatamente quanto custou sua casa, e menos ainda, com o custo separado dos vários materiais que a compõem:

Tábuas	8,03 ½ Na maioria ripas.
Telhas nas laterais do telhado	4,00
Ripas	1,25
Duas janelas usadas, com vidro	2.43
Mil tijolos velhos	4,00
Dois barris de cal	2,40 Usei muito.
Corda	0,31 Mais do que eu precisava.
Ferro para a lareira	0,15
Pregos	3,90
Dobradiças e parafusos	0,14
Ferrolho	0,10
Gesso	0,01
Transporte	1,40 Carreguei boa parte nas costas.
Ao todo	$28,12

Esses são todos os materiais, exceto as pedras, a madeira e a areia, que reivindiquei por direito de posse. Tenho também um pequeno depósito, feito principalmente com o material que sobrou da construção da casa.

Pretendo construir para mim uma casa que supere qualquer outra, da rua principal de Concord, em tamanho e luxo, assim que tiver vontade e não me custará mais do que a atual.

Assim descobri que o estudante que deseja um abrigo pode conseguir um por toda a vida a um custo não superior ao aluguel que agora paga anualmente. Se pareço me gabar mais do que convém, minha desculpa é que me gabo mais pela humanidade do que por mim mesmo; e minhas deficiências e inconsistências não afetam a verdade da minha afirmação. Apesar de muito papo e hipocrisia — joio que acho difícil separar do meu trigo, mas pelo qual lamento tanto quanto qualquer homem — respirarei livremente e falarei mais a esse respeito, pois é um grande alívio para o sistema moral e o físico; e estou decidido a não me tornar, por meio da humildade, o advogado do diabo. Vou me esforçar para falar em bem da verdade. No Cambridge College, o mero aluguel do quarto de um estudante, que é apenas um pouco maior que o meu, é de trinta dólares por ano, embora a empresa tenha a vantagem de construir trinta e dois lado a lado e sob o mesmo teto, e o ocupante sofra a inconveniência de muitos vizinhos barulhentos, e talvez uma residência no quarto andar. Não posso deixar de pensar que se tivéssemos mais sabedoria nesses assuntos, não apenas menos educação seria necessária, porque, de fato, já teria sido adquirida e a despesa pecuniária para obter uma educação, desapareceria em grande parte. As conveniências que um estudante em Cambridge ou outra pessoa exige em qualquer outro lugar, lhe custam um sacrifício de vida dez vezes maior do que faria com o gerenciamento adequado de ambos os lados. Aquelas coisas pelas quais se exige mais dinheiro nunca são as coisas que o estudante mais deseja. A taxa de matrícula, por exemplo, é um item importante no termo custo, ao passo que pela educação muito mais valiosa que ele obtém ao associar-se com o mais culto de seus contemporâneos, não é cobrado nenhum valor. O modo de se fundar uma faculdade é, geralmente, vendendo cotas em dólares e centavos e, em seguida, seguir cegamente os princípios de uma divisão de trabalho ao extremo, um princípio que nunca deveria ser seguido senão com cautela — chamar um construtor que faz disso um assunto de especulação e emprega irlandeses e outros trabalhadores para estabelecerem as fundações, enquanto os alunos que por vir estão se preparam para isso; e por esses descuidos gerações sucessivas têm de pagar. Eu acho que seria melhor para os alunos, ou para aqueles que desejam ser beneficiados, lançarem eles mesmos os alicerces. O estudante que assegura seu cobiçado lazer e aposentadoria evitando sistematicamente qualquer trabalho necessário ao homem obtém apenas um lazer ignóbil e inútil, defraudando-se da experiência que sozinha pode tornar o lazer frutífero. "Mas — diz alguém —você não quer dizer que os alunos devem trabalhar com as mãos em vez de com a cabeça?" Não quero dizer exatamente isso, mas quero dizer algo bem parecido. Quero dizer que eles não devem brincar de viver, ou apenas estudar a vida, enquanto a comunidade os apoia nesse jogo caro, mas devem vivê-la sinceramente do começo ao fim. Como os jovens poderiam aprender melhor a viver do que buscando, diariamente, a experiência de viver? Acho que isso exercitaria suas mentes tanto quanto a matemática. Se eu desejasse que um menino soubesse alguma coisa sobre artes e ciências, por exemplo, não seguiria o caminho comum, que é simplesmente mandá-lo para o grupo de alguns professores, onde qualquer coisa é ensinada e praticada, exceto a arte da vida; onde ele vai observar o mundo através de um telescópio ou microscópio, e nunca a olho nu; estudar química e não aprender como se faz seu pão, ou mecânica, e não aprender como atuam as forças; descobrir novos satélites de Netuno, e não perceber ciscos em seus olhos, ou para qual vagabundo ele serve de satélite; ou ser devorado pelos monstros que o cercam, enquanto contempla os monstros em uma gota de vinagre. Quem teria avançado mais, ao final de um mês, o menino que fez seu próprio canivete com o minério que cavou e fundiu, lendo o quanto fosse necessário para isso, ou o menino que frequentou palestras sobre metalurgia no instituto nesse mesmo tempo, e ganhou um canivete Rodgers do seu pai? Quem teria mais chance de cortar os dedos?... Para meu espanto, fui informado ao sair da faculdade que havia estudado navegação! Se tivesse feito um turno no porto, saberia mais a respeito. Mesmo o aluno pobre estuda e lhe é ensinado apenas economia política, enquanto aquela economia de vida, que é sinônimo de filosofia, nem mesmo é sinceramente professada em nossas escolas. A consequência é que, enquanto ele está lendo Adam Smith, Ricardo e Say, ele endivida seu pai irremediavelmente.

Assim como acontece com nossas escolas, ocorre também com cem "melhorias modernas"; há uma ilusão sobre elas, pois nem sempre há um avanço positivo. O diabo continua exigindo juros compostos, até o fim, por sua participação inicial e sobre os numerosos investimentos sucessivos e ela. Nossas invenções costumam ser brinquedos bonitos, que desviam nossa atenção das coisas sérias. Eles são apenas meios aprimorados para um fim desalinhado, um fim ao qual já era muito fácil chegar, como as ferrovias levam a Boston ou Nova York. Estamos com muita pressa para construir um telégrafo magnético de Maine ao Texas, mas pode ser que Maine e Texas não tenham nada de importante a comunicar. Qualquer um dos dois pode estar em uma situação tão difícil quanto o homem que estava ansioso para ser apresentado a uma distinta mulher surda, mas quando a ocasião chegou e um ampliador de som foi colocado em suas mãos, não tinha nada a dizer. Como se o objetivo principal fosse falar rápido, e não com sensatez. Estamos ansiosos para abrir um túnel sob o Atlântico e aproximar-nos do velho mundo — deixá-lo algumas semanas mais perto — mas talvez a primeira notícia que chegue aos ouvidos americanos seja a de que a princesa Adelaide está com coqueluche. Afinal, o homem cujo cavalo trota um quilômetro em um minuto não carrega as mensagens mais importantes, ele não é um evangelista, nem anda comendo gafanhotos e mel silvestre. Duvido que Flying Childers alguma vez tenha levado um grão de milho para o moinho.

Alguém me diz: "Eu me pergunto se você não guarda dinheiro, você adora viajar e poderia pegar o trem e ir para Fitchburg hoje visitar o campo". Sou mais sábio do que isso. Aprendi que o viajante mais rápido é aquele que vai a pé. Digo ao meu amigo: imagine que testemos quem chega lá primeiro. A distância é de quarenta e oito quilômetros, a passagem é noventa centavos. Isso é quase o salário de um dia. Lembro-me de quando os salários eram de sessenta centavos por dia para os trabalhadores dessa mesma estrada. Bem, começo agora a pé e chego lá antes de anoitecer, viajando no meu ritmo habitual. Nesse ínterim, você terá recebido seu pagamento e chegará lá em algum momento amanhã, ou possivelmente esta noite, se tiver a sorte de conseguir um emprego a tempo. Em vez de ir para Fitchburg, você trabalhará aqui a maior parte do dia. E, assim, se a ferrovia desse a volta ao mundo, acredito que eu ficaria na sua frente, e para conhecer o país por meio de experiências desse tipo, teria de acabar de vez com o nosso contato.

Tal é a lei universal, que nenhum homem jamais pode burlar, e no que diz respeito à ferrovia, podemos dizer que ela é tão larga quanto longa. Colocar uma ferrovia ao redor do mundo ao alcance de toda a humanidade equivale a nivelar toda a superfície do planeta. Os homens têm uma noção vaga de que, se mantiverem em atividade ações conjuntas e pás, por tempo suficiente, todos finalmente irão para algum lugar, em pouco tempo e de graça; mas embora uma multidão corra para a estação e o condutor grite "Todos a bordo!" quando a fumaça for soprada e o vapor condensado, será percebido que alguns embarcam enquanto o resto foi atropelado, e isso será chamado, e de fato será "um acidente trágico". Sem dúvida, podem continuar trem os que tiverem a passagem, isto é, se sobreviverem a tanto, mas provavelmente terão perdido o entusiasmo e o desejo de viajar. Gastar a melhor parte da vida ganhando dinheiro para desfrutar de uma liberdade questionável durante a parte menos valiosa dela, me lembra o inglês que foi para a Índia para fazer fortuna a fim de poder voltar para a Inglaterra e viver a vida de um poeta. Ele deveria ter subido ao sótão imediatamente. "O quê! — exclamam um milhão de irlandeses levantando-se de todos os lugares da terra — esta ferrovia que construímos não é uma coisa boa?" Sim, eu respondo, relativamente bom, isto é, poderiam ter feito algo pior, mas eu gostaria, como vocês são meus irmãos, que pudessem ter gastado seu tempo com algo melhor do que cavando nesta terra.

Antes de terminar minha casa, desejando ganhar dez ou doze dólares de alguma forma honesta e agradável, a fim de cobrir minhas despesas extras, plantei em cerca de dois acres e meio de solo leve e arenoso, perto dela, principalmente feijão, mas também, em uma pequena parte, batatas, milho, ervilhas e nabos. O lote inteiro contém onze acres, a maioria ocupado por pinheiros e nogueiras, e foi vendido na temporada anterior por oito dólares e oito centavos o acre. Um fazendeiro disse que "não servia para nada além de criar esquilos barulhentos". Não coloquei estrume nessa terra, não sendo o proprietário, mas apenas um ocupante, e não esperando cultivá-la novamente, não capinei tudo, de uma vez. Arranquei vários tocos de árvore com o arado, que me forneceram combustível por muito tempo, e deixei pequenos círculos de terra intocada, facilmente distinguíveis durante o verão pelo contraste à abundância dos feijões ali presentes. A madeira morta e na maior parte não comercializável atrás da minha casa, e a madeira flutuante do lago, forneceram o restante do meu combustível. Fui obrigado a contratar uma parelha de bois e um homem para lavrar, embora eu mesmo comandasse o arado. As despesas da minha fazenda na primeira temporada foram, para implementos, sementes, trabalho etc., de $14,72 A semente de milho me foi dada. Isso nunca custa nada, a menos que você plante mais do que o suficiente. Colhi doze alqueires de feijão e dezoito alqueires de batatas, além de algumas ervilhas e milho doce. O milho amarelo e os nabos demoraram demais para dar alguma coisa. Toda a minha renda da fazenda foi: $ 23,44

    Deduzindo as despesas.....................14,72
    Restaram $8,71

Sem considerar os produtos consumidos e os disponíveis, fiz uma estimativa de lucro no valor de $4,50 — a quantia disponível mais do que compensava o pouco de pasto que não cultivei. Considerando todas as coisas, isto é, considerando a importância da alma de um homem e o dia de hoje, não obstante o pouco tempo ocupado por meu experimento, ou melhor, em parte até por causa de seu caráter transitório, acredito que fui melhor do que qualquer fazendeiro em Concord naquele ano.

No ano seguinte, melhorei ainda mais, pois remexi toda a terra que precisava, cerca de um terço de acre, e aprendi com a experiência de ambos os anos a não ficar nem um pouco impressionado com muitos trabalhos célebres sobre agricultura, como o de Arthur Young, entre outros. Entendi que se algum homem vivesse com simplicidade e comesse apenas o que planta e não plantasse mais do que come, para trocar o excedente por uma quantidade de coisas luxuosas e caras, ele precisaria cultivar apenas alguns metros de terra, e que seria mais barato cavar com a pá do que usar bois para arar, e escolhendo um novo local em vez de adubar o antigo, ele poderia fazer todo o trabalho necessário, com facilidade, em poucas horas no verão; e assim ele não dependeria de um boi, cavalo, vaca ou porco, como acontece atualmente. Desejo falar imparcialmente sobre esse ponto, e como alguém que está desvinculado do sucesso ou fracasso dos atuais arranjos econômicos e sociais. Eu era mais independente do que qualquer fazendeiro em Concord, pois não estava ancorado em uma casa ou fazenda e podia seguir a tendência de meu gênio, que é muito forte, a cada momento. Além de estar melhor do que eles, se minha casa fosse queimada ou minhas colheitas dessem errado, eu estaria quase tão bem quanto antes.

Costumo pensar que os homens não são tanto os guardiões dos rebanhos quanto os rebanhos são os guardiões dos homens, pois os rebanhos são os mais livres. Homens e bois trocam trabalho, mas se considerarmos apenas o trabalho necessário, os bois terão grande vantagem, pois o descanso deles é muito maior. O homem ocupa-se continuamente no trabalho de troca nas seis semanas de ceifa, e não é brincadeira! Certamente nenhuma nação que vivesse com simplicidade em todos os aspectos, isto é, nenhuma nação de filósofos, cometeria um erro tão grande a ponto de usar o trabalho de animais. É verdade que nunca houve e provavelmente não haverá uma nação de filósofos; nem estou certo de que seja desejável que haja. Eu, no entanto, nunca domaria um cavalo ou touro e nem o alimentaria em troca qualquer trabalho que ele pudesse fazer para mim; tenho medo de me tornar um cavaleiro ou apenas um pastor. Se a sociedade parece ganhar com essa prática temos certeza de que o que é o ganho de um homem não é, necessariamente, a perda de outro, e o cavalariço não tem motivos iguais aos de seu patrão para ficar satisfeito? Admitido que algumas obras públicas não teriam sido construídas sem essa ajuda, e que o homem compartilha a glória de tais obras com o boi e o cavalo; segue-se que ele não pode realizar obras ainda mais dignas de si mesmo? Quando os homens começam a fazer, com a ajuda dos animais, não apenas trabalhos desnecessários ou artísticos, mas luxuosos e ociosos, é inevitável que alguns façam todo o trabalho de troca com os bois, ou, em outras palavras, tornem-se escravos dos mais fortes. O homem, portanto, não apenas trabalha para o animal que existe dentro dele, mas, como símbolo disso, ele trabalha para o animal que está fora dele. Embora tenhamos muitas casas substanciais de tijolo ou pedra, a prosperidade do fazendeiro ainda é medida pelo grau em que o estábulo ofusca a casa. Diz-se que esta cidade tem as maiores estrebarias e os melhores estábulos da região, e que esses não deixam a desejar quando comparados aos prédios públicos, porém, há muito poucos salões para a realização de cultos livres ou para as manifestações da liberdade de expressão neste condado. Não deveria ser por sua arquitetura, mas pelo poder de seu pensamento abstrato que as nações deveriam buscar comemorar a si mesmas! O *Bhagvat-Gita* é mais admirável do que todas as ruínas do Oriente! Torres e templos são o luxo dos príncipes. Uma mente simples e independente não trabalha sob as ordens de príncipe nenhum. O gênio não é serviçal de nenhum imperador, nem seu material é prata, ouro ou mármore, exceto em uma extensão insignificante. Para que, ora, tanta pedra é martelada? Em Arcádia, quando lá estive, não vi nenhuma pedra lavrada. Nações estão possuídas com uma ambição insana de perpetuar a memória de si mesmas pela quantidade de pedra martelada que deixam. E se esforços iguais fossem tomados para suavizar e polir suas maneiras? Um pouco de bom senso é mais memorável do que um monumento tão alto quanto a lua aparece no céu. Eu admiro mais as pedras quando elas estão no seu lugar de origem. A grandeza de Tebas era uma grandeza vulgar. Mais sensato é um muro de pedras que limita o campo de um homem honesto do que uma Tebas com cem portões estendendo-se além do verdadeiro fim da vida. A religião e a civilização que são bárbaras e pagãs constroem templos esplêndidos, mas os valores cristianismo não. A maior parte das pedras que uma nação martela vai apenas para sua tumba. Ela se enterra viva. Quanto às pirâmides, não há nada para se admirar nelas tanto quanto o fato de que milhares de homens foram degradados a ponto de passarem suas vidas construindo uma tumba para algum idiota ambicioso, que de modo mais sábio e viril poderia ter sido jogado no Nilo ou jogado aos cães. Eu poderia inventar alguma desculpa para os operários e para o faraó, mas não tenho tempo para isso. Quanto à religião e amor à arte dos construtores, ocorrem praticamente da mesma forma em todo o mundo; seja o edifício um templo egípcio ou um banco nos Estados Unidos. Custa mais do que vale. O motor é a vaidade, auxiliada pelo amor ao alho e ao pão com manteiga. O Sr. Balcom, um jovem arquiteto promissor, desenha no verso da obra *De*

Architectura de Vitruvius, com lápis duro e régua, e o trabalho é entregue a Dobson & Sons, lapidários. Quando trinta séculos começam a olhar a obra a partir do alto, a humanidade começa a contemplá-la de baixo a cima. Quanto às altas torres e monumentos, houve uma vez um sujeito maluco nesta cidade que se comprometeu a cavar até a China, e ele foi tão longe que, como disse, ouviu o barulho de panelas e chaleiras chinesas; não vou sair do meu caminho para admirar o buraco que ele fez. Muitos estão preocupados com os monumentos do Ocidente e do Oriente, querem saber quem os construiu. De minha parte, gostaria de saber quem não os construiu naqueles dias, quem estava acima de tais ninharias. Vou prosseguir com minhas estatísticas.

Fazendo estudos topográficos, serviços de carpintaria e trabalho diário de vários outros tipos na vila, nesse meio tempo, pois tenho tantos ofícios quanto dedos, ganhei $13,34. A despesa com alimentação durante oito meses, ou seja, de 4 de julho a 1º de março, época em que foram feitas essas estimativas, embora eu tenha morado lá mais de dois anos — sem contar as batatas, um pouco de milho-verde e algumas ervilhas, que eu havia plantado, foi:

Arroz	1.73 ½	
Melaço	1.73	Forma mais barata de sacarina.
Farinha de centeio	1,04 ¾	
Farinha de milho	0,99 ¾	Mais barata que a de centeio.
Carne de porco	0,22	

Alguns experimentos que falharam:

Farinha de trigo.....0,88 Custa mais que a farinha de milho, em dinheiro e mão de obra.

Açúcar	0,80
Banha	0,65
Maçãs	0,25
Maçãs secas	0,22
Batatas-doce	0,10
Uma abóbora	0,06
Uma melancia	0,02
Sal	0,03

Sim, eu comi $8,74, ao todo; não publicaria minha culpa sem vergonha, se não soubesse que a maioria dos meus leitores é igualmente culpada e que seus atos não ficariam melhores impressos. No ano seguinte, algumas vezes pesquei uma porção de peixe para o jantar, e uma vez cheguei a abater e devorar uma marmota que devastou meu campo de feijão — efetuei sua transmigração, como diria um tártaro — em parte estimulado pela curiosidade; mas embora tenha me dado um prazer momentâneo, apesar de um sabor almiscarado, vi que em longo prazo aquela não seria uma boa prática.

Vestuário e algumas despesas extras no mesmo período embora pouco se possa inferir, totalizaram:$8,40¾

        Óleo e alguns utensílios domésticos..........2,00

De modo que todas as despesas — exceto para lavar e remendar, o que, na maior parte, foi feito fora de casa, e as contas ainda não recebi — são estas e aqui também estão todas as maneiras pelas quais o dinheiro é gasto nesta parte do mundo:

        Casa .... 28.12 ½
        Agricultura, 1 ano. .... 14,72 ½
        Alimentos, 8 meses....................... 8.74
        Vestuário etc., 8 meses................... 8,40 ¾
        Óleo etc., 8 meses......................... 2,00
        Total .... $61,99 ¾

Dirijo-me agora aos meus leitores que têm de ganhar a vida. E para isso, presto contas:

        Produtos agrícolas vendidos..................... $23,44
        Recebido por dia de trabalho.................. 13.34
        Total $36,78

Subtraindo a soma das despesas fica um saldo de $25,21¾ de um lado — sendo esse valor muito próximo das minhas economias iniciais, o que dá a dimensão das despesas incorridas — e do outro lado ficam o lazer, a independência e saúde assim garantidos e, uma casa confortável para mim enquanto eu decidir ocupá-la.

Essas estatísticas, por mais acidentais e, portanto, pouco instrutivas que possam parecer, têm certa integridade, também têm certo valor. Nada me foi dado de que eu não tenha prestado contas. Pela estimativa acima, minha alimentação custou cerca de vinte e sete centavos por semana. Foi, por quase dois anos, constituída por centeio e farinha de milho sem fermento, batatas, arroz, um pouco de carne de porco salgada, melaço e sal, e, para beber, água. Era justo que eu vivesse principalmente de arroz, já que tanto amava a filosofia da Índia. Para atender às objeções de alguns inveterados, posso também afirmar, que, se eu jantava fora ocasionalmente, como às vezes fiz, e acredito que terei oportunidades de fazê-lo novamente, isso prejudicava meus arranjos domésticos. O jantar fora, sendo, como afirmei, um elemento descontinuado, não afeta em nada uma pauta comparativa como essa.

Aprendi em meus dois anos de experiência que custaria incrivelmente pouco obter a alimentação necessária, mesmo nesta latitude; e que um homem pode ter uma dieta tão simples quanto a dos animais e, ainda assim, manter a saúde e a força. Fiz um jantar satisfatório sob vários aspectos, simplesmente com um prato de beldroega (*Portulaca oleracea*) que colhi em meu milharal, fervi e salguei. Digo o nome em latim por causa do saboroso nome trivial. E o que mais pode um homem sensato desejar, em tempos de paz, em um dia comum, do que um número suficiente de espigas de milho-verde cozidas, com adição de sal? A pouca variedade que tive foi exigência do apetite, e não da saúde. No entanto, os homens chegaram a um ponto que frequentemente passam fome, não por falta do indisponível, mas por falta supérfluo; conheço até uma boa mulher cujo filho perdeu a vida porque passou a beber apenas água.

O leitor perceberá que estou tratando o assunto mais por um ponto de vista econômico do que dietético, e não se aventurará a testar minha abstinência a menos que tenha uma despensa bem abastecida.

A princípio, fiz pão com pura farinha de milho e sal, bolos de milho genuínos, que assei sobre o meu fogo ao ar livre em uma telha ou na ponta de uma vara de madeira serrada no meu depósito, mas ficava com gosto de fumaça e tinha um sabor de pinho. Experimentei farinha de trigo também, e finalmente testei uma mistura de centeio e farinha milho que ficou prática e de sabor agradável. No frio era divertido moldar e assar vários pães pequenos em sucessão, estendendo-os e virando-os com o mesmo cuidado que um egípcio dispensa aos ovos de uma ninhada. Eram verdadeiros frutos de cereais que aperfeiçoei e tinham para os meus sentidos uma fragrância como a de outras frutas nobres. Eu os consertava, por muito tempo, envolvendo-as em panos. Fiz um estudo da antiga e indispensável arte de fazer pão, consultando as autoridades que se ofereceram, voltando aos dias primitivos e à primeira invenção do tipo sem fermento, quando, da natureza selvagem das nozes e carnes, os homens alcançaram pela primeira vez a suavidade e o refinamento dessa dieta, e viajando gradualmente em meus estudos por meio daquela fermentação, acidental da massa onde, supostamente, observou-se o processo de levedação, e, após várias fermentações subsequentes, chegou-se ao "pão bom, doce e saudável", o sustento da vida. A levedura que alguns consideram a alma do pão, o *spiritus* que preenche sua massa, que é religiosamente preservada como o fogo de Vesta — algum precioso frasco trazida pela primeira vez no *Mayflower*, para realizar sua missão na América; sua utilização ainda está aumentando, espalhando-se em ondas sobre a terra — eu regularmente e fielmente pegava vila, até que uma manhã eu esqueci as regras e escaldei meu fermento; por acaso, descobri que ele não era indispensável — minhas descobertas não foram pelo processo sintético, mas analítico — e deixei de usá-lo desde então, embora a maioria das donas de casa me garantisse sinceramente que o pão saudável e seguro sem fermento não existe, e as pessoas idosas profetizassem uma rápida decadência das forças vitais de quem o consumisse. Acho que não é um ingrediente essencial e, depois de passar um ano sem ele, ainda estou na terra dos vivos; e fico feliz por escapar da trivialidade de carregá-lo, numa garrafa, no bolso, que às vezes estourava e descarregava seu conteúdo para meu desconforto. É mais simples e respeitável não usá-lo. O homem é um animal que mais do que qualquer outro, pode adaptar-se a todos os climas e circunstâncias. Também não colocava bicarbonato de sódio, ou outro ácido, ou álcali, em meu pão. Parece até que seguia a receita que Marcus Porcius Cato usava cerca de dois séculos antes de Cristo. "*Panem depsticium sic facito. Manus mortariumque bene lavato. Farinam in mortarium indito, aquæ paulatim addito, subigitoque pulchre. Ubi bene subegeris, defingito, coquitoque sub testu.*" O que entendo significar: "Faça pão sovado assim: lave bem as mãos e o pote. Coloque a farinha no pote, acrescente a água aos poucos e amasse bem. Depois de sovar bem, molde-o e asse-o sobre uma tampa", isto é, em uma assadeira. Nem uma palavra sobre fermento. Nem sempre usei esse sustento da vida. Certa vez, devido ao vazio de minha bolsa, não comi pão por mais de um mês.

Qualquer habitante da Nova Inglaterra poderia facilmente produzir os seus próprios pães nesta terra de centeio e milho e não depender de mercados distantes e incertos para obtê-los. Estamos, no entanto, tão longe da simplicidade e da independência que, em Concord, farinha fresca e doce raramente é vendida nas lojas, e canjica e milho em forma mais grosseira dificilmente são usados por alguém. Na maioria das vezes, o fazendeiro dá ao seu gado e porcos os grãos de sua própria produção e compra farinha, que não é mais saudável e tem custo maior, na loja. Vi que poderia facilmente cultivar um alqueire ou dois de centeio e milho, pois o primeiro cresce até na terra mais pobre, e o segundo não requer a melhor, depois moê-los em um moinho manual, e ficar sem arroz e carne de porco; e se eu precisasse de algum adoçante concentrado, descobri, por experiência, que poderia fazer um melaço muito bom com abóboras ou beterrabas, e sabia que precisava plantar apenas alguns bordos para obtê-lo ainda mais facilmente, e enquanto estivessem crescendo, eu poderia usar vários substitutos além daqueles que mencionei. Como cantavam os antepassados:

> "Para dar a nossos lábios um doce sabor, com
> abóboras, nabo e lascas de nogueira fazemos licor"

Finalmente, quanto ao sal, o mais grosseiro dos mantimentos, obtê-lo pode ser uma boa ocasião para uma visita à praia ou, se eu o dispensasse totalmente, provavelmente beberia menos água. Não sei se os índios se preocuparam em ir atrás dele.

Assim eu poderia evitar todo o comércio e escambo, no que diz respeito à minha alimentação, e tendo já um abrigo, só me restaria obter roupas e combustível. As calças que agora uso foram tecidas na família de um fazendeiro — graças a Deus ainda há tanta virtude no homem; pois acho que a queda do fazendeiro para o operário é tão grande e memorável quanto a do homem para o fazendeiro; e em um país novo o combustível é um estorvo. Quanto a um habitat, se não me fosse permitido continuar ocupando estas terras, poderia comprar um acre pelo mesmo preço que a terra que cultivei foi vendida — ou seja, oito dólares e oito centavos. Do jeito que estava, considerei que aumentaria o valor da terra ocupando-a.

Há uma certa classe de incrédulos que às vezes me perguntam se eu acho que posso viver apenas com alimentos vegetais, e para atacar a raiz da questão de uma vez — pois a raiz é a fé —, estou acostumado a responder que posso viver até comendo pregos. Se eles não conseguem entender isso, não entendem muito do que tenho a dizer. Fico feliz em saber que experiências estão sendo feitas; como aquele jovem que, por quinze dias, se alimentou somente com milho duro e cru na espiga, usando apenas os dentes como moedor. A tribo dos esquilos o mesmo e conseguiu. A raça humana está interessada nesses experimentos, embora algumas velhas que estão incapacitadas para fazê-los ou que possuem seus terços no uso dos moinhos, possam ficar alarmadas.

Minha mobília, parte da qual eu mesmo fiz, e o resto, não me custou nada, do que já prestei contas, consistia em uma cama, uma mesa, uma escrivaninha, três cadeiras, um espelho de sete centímetros de diâmetro, um par de pinças, um ferro de passar, uma chaleira, uma caçarola e uma frigideira, uma concha, uma tigela, duas facas e dois garfos, três pratos, um copo, uma colher, um jarro para óleo, um jarro para melaço e uma lâmpada japonesa. Ninguém é tão pobre que precise sentar-se em uma abóbora. Isso seria inatividade. Há uma abundância de cadeiras, como as que eu gosto, nos sótãos da vila; basta carregá-los. Mobília! Graças a Deus, posso sentar-me e levantar-me sem o auxílio de um arrimo. Que homem, senão um filósofo, não se envergonharia de ver seus móveis empilhados em uma carroça, andando pelo campo, expostos à luz do céu e aos olhos dos homens? — uma miserável exposição de caixas vazias. Essa é a mobília de Spaulding. Eu nunca soube dizer, inspecionando similar carga, se pertencia a um chamado homem rico ou pobre; o dono sempre parecia um necessitado. Na verdade, quanto mais se tem coisas, mais pobre se é. Cada carga parece conter os apetrechos de uma dúzia de barracos; e se um barraco é pobre, a carga é uma dúzia de vezes mais pobre. Para que nos mudamos senão para nos livrarmos de nossos móveis, de nossas exúvias; finalmente ir deste mundo para outro recém-mobiliado e deixar este para ser queimado? É como se todas essas tralhas estivessem presas ao cinto de um homem, e ele não pudesse se mover sobre o terreno acidentado onde suas linhas foram lançadas sem arrastá-las — arrastando sua armadilha. Ele foi uma raposa sortuda que deixou o rabo na armadilha. O rato-almiscarado roerá sua terceira perna para se libertar. Não é de admirar que o homem tenha perdido sua elasticidade. Quantas vezes se vê preso! "Senhor, se me permite a ousadia, o que quer dizer estar preso?" Aquele que é um vidente, sempre que encontrar um homem, verá tudo o que ele possui, sim, e muito do que ele finge renegar, até mesmo os móveis da cozinha e todos os trunfos que ele guarda e não queima, e ele parecerá equipado e fará o progresso que puder. Um homem está preso quando passa por um buraco ou portal e seu transporte carregado de móveis não pode segui-lo. Não posso deixar de sentir compaixão quando ouço um homem de boa aparência, aparentemente livre, muito ativo e pronto, fala de sua "mobília", estando segurada ou não. "O que devo fazer com meus móveis?" A borboleta feliz está enredada em uma teia de aranha. Mesmo aqueles que por um longo tempo parecem não ter nada, se investigados mais minuciosamente, acabarão expondo algo guardado no celeiro de alguém. Eu vejo a Inglaterra hoje como um velho cavalheiro que está viajando com muita bagagem, trunfos que acumulou em longas tarefas domésticas e não tem coragem para queimar; baú grande, baú pequeno, caixas para chapéu e trouxa. Jogue fora os três primeiros, pelo menos. Ultrapassa a capacidade de um homem saudável pegar sua cama e andar, e eu certamente aconselharia um doente a deitar-se na cama e correr. Quando encontrei um imigrante cambaleando sob uma trouxa que continha tudo — parecendo um enorme calombo que havia crescido em sua nuca — tive pena dele, não porque isso era tudo, mas porque ele tinha tudo isso para carregar. Se tiver que arrastar minha armadilha, cuidarei para que seja leve e não me prenda em uma parte vital. Talvez seja mais sensato nunca meter a mão na cumbuca.

Gostaria de observar, a propósito, que não gastei nada em cortinas, pois não tenho observadores para excluir, exceto o Sol e a Lua, e desejo que eles olhem para dentro. A lua nem o sol danificam minha mobília ou desbotam meu carpete, e se às vezes ele é um amigo muito caloroso, acho ainda melhor economizar refugiando-me atrás de alguma cortina que a natureza fornece, do que adicionar um único item às inutilidades da casa. Certa vez, uma senhora me ofereceu um tapete, mas como eu não tinha espaço sobrando dentro de casa, nem tempo ocioso dentro ou fora, para sacudi-lo, recusei, preferindo limpar os pés no gramado diante da porta. É melhor evitar o início do mal.

Não faz muito tempo que estive presente no leilão dos pertences de um diácono, pois sua vida havia sido exitosa:

"O mal que os homens fazem perdura depois deles."

Como de costume, grande parte era de tralhas que começaram a se acumular nos dias do pai dele. Entre os restos havia uma tênia seca. Depois de ficarem meio século no sótão e em outros buracos de poeira, essas coisas não foram queimadas; em vez de uma fogueira, ou destruição purificadora delas, houve um leilão, ou aumento de bens de outros. Os vizinhos ansiosamente se reuniram para vê-las, compraram todas e cuidadosamente as transportaram para seus sótãos e buracos de poeira, para ficarem lá até que seus bens sejam liquidados, quando tudo começa de novo. Quando um homem morre, ele chuta o pó.

Os costumes de algumas nações selvagens podem, talvez, ser proveitosamente imitados por nós, pois pelo menos uma vez ao ano procedem como se dispensassem sua pele velha. Eles têm a intuição, quer tenham a realidade ou não. Não seria bom se celebrássemos um *busk* ou "Festa das Primícias", como Bartram descreve ter sido o costume dos indígenas Mucclasse? "Quando uma cidade celebra o busk — diz ele — tendo previamente se provido de roupas novas, novas panelas, frigideiras e outros utensílios domésticos e móveis, eles recolhem todas as suas roupas usadas e outras coisas desprezíveis, varrem e limpam suas casas, praças e toda a cidade, e com todos os grãos que sobram e outras provisões velhas eles fazem uma pilha comum e colocam fogo. Depois de tomarem remédios e jejuarem por três dias, todo o fogo é extinto. Durante esse jejum, eles se abstêm de atender todo tipo de apetite e paixão. Uma anistia geral é proclamada; todos os malfeitores podem retornar a sua cidade".

Na quarta manhã, o sumo sacerdote, esfregando lenha seca, produz novo fogo na praça pública, e todas as habitações da cidade são abastecidas com chamas novas e puras tiradas desse fogo.

Eles então se banqueteiam com milho-verde, e frutas, dançam e cantam por três dias, e nos quatro dias seguintes eles recebem visitas e se alegram com seus amigos de cidades vizinhas que da mesma maneira se purificaram e se prepararam.

Os mexicanos também praticavam uma purificação semelhante a cada cinquenta e dois anos, acreditando que era hora de o mundo acabar.

Raramente ouvi falar de um sacramento mais verdadeiro, isto é, como o dicionário o define: "Sinal externo e visível de uma graça interior e espiritual" e não tenho dúvidas de que eles foram originalmente inspirados diretamente do Céu para fazerem isso, embora não tenha nenhum registro bíblico da revelação.

Por mais de cinco anos me mantive apenas com o trabalho de minhas mãos, e descobri que, trabalhando cerca de seis semanas por ano, poderia cobrir todas as despesas necessárias. Durante todos os meus invernos, assim como na maior parte dos meus verões, tive tempo livre para estudar. Tentei me manter na escola e descobri que minhas despesas não eram proporcionais a minha renda, pois era obrigado a me vestir, treinar, para não dizer pensar e acreditar, conforme todos e perdia meu tempo nessa barganha. Como eu não ensinava para o bem de meus semelhantes, mas simplesmente para ganhar a vida, isso foi um fracasso. Eu tentei o comércio; mas descobri que levaria dez anos para ficar bom nisso, e então, provavelmente, já teria vendido a alma para o diabo. Na verdade, eu estava com medo de fazer o que se chama de um bom negócio. Há tempos, quando procurava o que fazer para viver, com a triste experiência de atender os desejos de amigos ainda fresca em minha mente, pensei muitas vezes e seriamente em colher mirtilos. Isso certamente eu poderia fazer, e meus pequenos lucros poderiam ser suficientes — minha maior habilidade era querer pouco —, e tão pouco capital exigia... poderá contribuir para a melhora de meus humores habituais, pensei tolamente. Enquanto meus conhecidos entravam sem hesitação no comércio ou em outras profissões, eu considerava essa ocupação como a deles; via-me percorrendo as colinas durante todo o verão para colher as bagas que surgissem em meu caminho e, depois disso, descartá-las descuidadamente; enfim, manter os rebanhos de Admeto. Também sonhei que poderia colher as ervas silvestres ou levar sempre-vivas para os aldeões que adoravam ser lembrados da floresta, até mesmo para a cidade, em carrinhos de feno. Mas eu tenho desde que aprendi que o comércio amaldiçoa tudo com que lida; e embora você negocie mensagens do céu, toda a maldição do comércio está ligada ao negócio.

Como eu preferia algumas coisas a outras e valorizava especialmente minha liberdade, não queria gastar meu tempo tentando juntando dinheiro para comprar tapetes chiques ou móveis finos, ou culinária delicada, ou uma casa de estilo clássico ou gótico. Se houver alguém para quem adquirir essas coisas não seja uma interrupção e que saiba como usá-las quando adquiridas, eu as renuncio. Alguns são "industriosos" e parecem amar o trabalho por si só, ou talvez porque os mantém longe de travessuras piores; para tais não tenho nada a dizer no momento. Àqueles que não sabem o que fazer com mais lazer do que agora desfrutam, eu posso aconselhar que trabalhem duas vezes mais — trabalhem até obterem sua liberdade. Por mim mesmo descobri que a ocupação trabalhador contratado como diarista é a mais independente de todas, especialmente porque exige apenas trinta ou quarenta dias por ano para sustentá-lo. O dia do trabalhador termina com o pôr do sol, e ele fica então livre para se dedicar à atividade que escolheu, independentemente de seu trabalho; mas seu patrão, que especula mês a mês, não tem trégua do começo ao final do ano.

Em suma, estou convencido, tanto pela fé quanto pela experiência, de que manter-se nesta terra não é uma dificuldade, mas um passatempo, se vivermos com simplicidade e sabedoria; observe que as atividades das nações mais simples são esportes nas mais artificiais. Não é necessário que um homem ganhe a vida com o suor de seu rosto, a menos que sue mais do que eu.

Um jovem conhecido meu, que herdou alguns acres, disse-me que viveria como eu, se tivesse os meios. Eu não gostaria que ninguém adotasse o meu modo de vida de forma alguma; pois, além do mais, antes que ele tenha aprendido completamente, eu posso ter descoberto outro estilo para mim; desejo que haja tantas pessoas diferentes no mundo quanto possível; gostaria que cada um tomasse muito cuidado para descobrir e seguir seu próprio caminho, e não seguisse o de seu pai, de sua mãe ou de seu vizinho. O jovem pode construir, plantar ou navegar, desde que não seja impedido de fazer o que ele gostaria de fazer. É apenas pelo ponto de vista matemático que somos sábios, como o marinheiro ou o escravo fugitivo mantém seus olhos na Estrela no Norte; ela é, para eles, uma orientação suficiente para toda a vida. Podemos não chegar ao nosso porto dentro de um período determinado, mas precisamos seguir o verdadeiro curso.

 Sem dúvida, nesse caso, o que vale para um, vale ainda mais para mil, pois uma casa grande não é proporcionalmente mais cara que uma pequena, porque um só telhado pode cobri-la, apenas um porão atendê-la, e uma única parede separa várias casolas. Eu, no entanto, prefiro a morada solitária. De modo geral é mais barato você mesmo construir tudo do que convencer o outro das vantagens de dividir uma parede; e quando se consegue isso, a divisória comum, para ficar muito mais barata, deve ser fina, e o outro pode se mostrar um mau vizinho e não manter seu lado em boas condições. A única cooperação comumente possível é excessivamente parcial e superficial; e quando pouca cooperação verdadeira existe, é como se não existisse, e a harmonia torna-se inaudível aos homens. Se um homem tiver fé, ele cooperará com igual fé em todos os lugares; se não tiver fé, continuará a viver como o resto do mundo, qualquer que seja a empresa a que se associe. Cooperar, tanto no sentido mais elevado como no mais comum, significa alcançar o sucesso juntos. Ouvi recentemente que dois jovens iriam viajar juntos pelo mundo; um sem dinheiro, ganhando seu sustento, à medida que avançava, diante do mastro e atrás do arado, o outro carregando dinheiro no bolso. Era fácil ver que eles não poderiam ser companheiros ou cooperadores por muito tempo, já que um deles não operaria. Eles se separariam na primeira crise de suas aventuras. Acima de tudo, como todos sabem, o homem que vai sozinho pode partir hoje, mas aquele que viaja com outro deve esperar até que o outro esteja pronto, e pode demorar muito até que eles saiam.

 Tudo isso é muito egoísmo, ouço alguns de meus concidadãos dizerem. Confesso que até agora me dediquei muito pouco a empreendimentos filantrópicos. Fiz alguns sacrifícios pelo senso do dever e até sacrifiquei o prazer. Há quem tenha usado todas as suas artimanhas para me persuadir a sustentar alguma família pobre da cidade e se eu não tivesse nada para fazer — pois o diabo encontra emprego para os ociosos — eu poderia tentar ajudar a uma dessas. No entanto, quando pensei em me entregar a esse respeito, e considerei assumir a obrigação de manter certas pessoas pobres, em todos os aspectos, tão confortavelmente como faço comigo, e até mesmo me aventurei a fazer-lhes a oferta, eles todos prefeririam, sem hesitar, permanecer pobres. Enquanto meus concidadãos se dedicam de tantas maneiras ao bem de seus semelhantes, acredito que pelo menos um pode ser poupado para outras atividades menos humanas. Existe vocação para a caridade, assim como para qualquer outra ação. Quanto a fazer o bem, essa é uma das ocupações mais concorridas. Tentei com sinceridade e, por mais estranho que pareça, estou satisfeito de não ter conseguido por causa da minha natureza. Provavelmente eu não deveria abandonar, consciente e deliberadamente, meu chamado particular para fazer o bem que a sociedade exige de mim, tencionado salvar o universo da aniquilação; e acredito que uma fortaleza semelhante, mas infinitamente maior, em outro lugar, é tudo o que agora o preserva. Eu nunca ficaria entre nenhum homem e a sua vocação; e para aquele que faz esse trabalho, que eu recuso, com todo o seu coração, alma e vida, eu diria: persevere, mesmo que o mundo chame essa ação de má, como é muito provável que o façam.

Estou longe de supor que meu caso seja peculiar; sem dúvida, muitos dos meus leitores fariam uma defesa semelhante. Ao fazer algo — não garanto que meus vizinhos o considerem bom —, não hesito em dizer que sou um excelente operário; mas isso cabe ao meu empregador descobrir. O bem que eu faço, no sentido comum da palavra, deve estar fora do meu caminho principal e, na maior parte, totalmente sem intenção. Os homens dizem: Comece onde você está e como você é, sem visar principalmente tornar-se mais valioso, e com bondade premeditada, faça o bem. Se eu fosse pregar nesse sentido, diria: comece a ser bom. Como se o sol parasse quando já tivesse acendido seus fogos até o esplendor de uma lua ou uma estrela de sexta magnitude, e continuasse, como um Robin Goodfellow[6], espiando por cada janela das casas de campo, inspirando lunáticos e contaminando carnes, e tornando a escuridão visível, em vez de aumentar constantemente seu calor e beneficência até que tenha tal brilho que nenhum mortal possa olhá-lo diretamente, e então, e nesse meio tempo também, rodasse pelo mundo, em sua própria órbita, fazendo-o bom, ou melhor, como uma filosofia mais verdadeira descobriu, o mundo girando ao redor dele e ficando bom. Quando Faetonte, desejando provar seu nascimento celestial por sua beneficência, pegou a carruagem do Sol apenas por um dia e saindo do caminho natural, ele queimou várias casas das ruas inferiores do céu e queimou a superfície da Terra e formou o grande deserto do Saara, até que finalmente Júpiter o

---

6 Ser mitológico das Ilhas Britânicas de caráter brincalhão e travesso.

jogou de cabeça para baixo na terra, com um raio, e o Sol pela dor de sua morte, não brilhou por um ano.

Não há odor tão ruim quanto aquele que surge da bondade contaminada. É carniça humana e divina. Se eu soubesse com certeza que um homem viria a minha casa com a intenção consciente de me fazer o bem, eu correria para salvar minha vida, como daquele vento seco e crestado dos desertos africanos chamado *simum*, que nos enche a boca e nariz, orelhas e olhos com poeira até que sejamos sufocados por medo de que algum bem fosse feito para mim — de que esse vírus fosse misturado ao meu sangue. Não, nesse caso eu prefiro sofrer o mal de maneira natural. Não penso que um homem é bom porque vai me alimentar se eu estiver morrendo de fome, ou me aquecer se eu estiver congelando, ou me tirar de uma vala se nela eu cair. Posso encontrar um cachorro terra-nova que fará o mesmo. A filantropia não é o amor ao próximo no sentido mais amplo. Howard foi, sem dúvida, um homem extremamente gentil e digno em seu caminho, e teve sua recompensa; mas de que vale cem Howards, se a filantropia deles não nos ajuda a mudar nossa condição onde somos mais necessitados? Nunca ouvi falar de uma reunião filantrópica na qual se propusesse sinceramente, fazer algum bem a mim ou ao meu semelhante.

Os jesuítas ficaram bastante decepcionados por aqueles índios que, sendo queimados na fogueira, sugeriram novos modos de tortura a seus algozes. Sendo superiores ao sofrimento físico, às vezes acontecia de serem imunes a qualquer consolo que os missionários pudessem oferecer; e a lei de fazer o que gostaria que fizessem com você caiu sem nenhuma persuasão nos ouvidos daqueles que não se importavam com a maneira como eram tratados e que amavam seus inimigos de uma nova maneira e chegavam muito perto de perdoar tudo que eles fizeram.

Certifique-se de dar aos pobres a ajuda que eles mais precisam, embora seja o seu exemplo o que os deixa para trás. Se der dinheiro, doe-se com ele e não apenas o entregue em suas mãos. Cometemos erros curiosos às vezes. Frequentemente, o pobre não está com tanto frio e fome quanto está sujo, esfarrapado e maltrapilho. É em parte seu gosto, e não apenas seu infortúnio. Se você lhe der dinheiro, talvez ele compre mais trapos. Eu costumava ter pena dos desajeitados trabalhadores irlandeses que cortavam gelo no lago, em roupas tão mesquinhas e esfarrapadas, enquanto eu tremia com minhas roupas mais novas e um tanto mais elegantes, até que em um dia muito frio, um que havia escorregado na água veio a minha casa para se aquecer, e eu o vi tirar três pares de calças e dois pares de meias antes de chegar à pele, embora estivessem sujos e esfarrapados, é verdade, no entanto, ele poderia recusar as roupas extras que eu lhe ofereci, pois muitas ele tinha. Essa esquiva era exatamente o que eu precisava. Então comecei a sentir pena de mim mesmo e vi que seria uma caridade maior me dar uma camisa de flanela do que uma loja inteira para ele. Há milhares cortando os galhos do mal para um que ataca pela raiz, e pode ser que aquele que doa a maior quantidade de tempo e dinheiro aos necessitados esteja fazendo o máximo com seu modo de vida para produzir a mesma miséria que ele se esforça em vão para aliviar. É o que acontece quando piedoso senhor de escravos usa os rendimentos de cada décimo escravo para comprar a liberdade em um domingo para o resto. Alguns mostram sua bondade para com os pobres empregando-os em suas cozinhas. Não seriam mais bondosos se trabalhassem, eles mesmos lá? Alguns se vangloriam de gastar um décimo de sua renda em caridade; talvez devessem gastar os nove décimos para acabar com a miséria. A sociedade recupera apenas um décimo da propriedade. Isso se deve à generosidade daquele que tem sua posse ou à negligência dos oficiais de justiça?

A filantropia é quase a única virtude suficientemente apreciada pela humanidade. Ela é superestimada, e é o nosso egoísmo que a superestima. Um homem pobre, mas robusto, em um dia ensolarado aqui em Concord, elogiou um concidadão quando conversava comigo, porque, como disse, ele era bom para os pobres — referia-se a si mesmo. Os bondosos tios e tias dos homens são mais estimados do que seus verdadeiros pais e mães espirituais. Certa vez ouvi um reverendo falar sobre a Inglaterra, era um homem de erudição e inteligência, e depois de enumerar seus méritos científicos, literários e políticos, Shakespeare, Bacon, Cromwell, Milton, Newton e outros, falou em seguida de seus heróis cristãos e, como se sua profissão exigisse isso dele, os elevou a um lugar muito acima de todos os outros eramos maiores entre os grandes. Eles eram Penn, Howard e a Sra. Fry. Sintam a falsidade e a hipocrisia disso! Esses não eram os melhores homens e mulheres da Inglaterra; apenas, talvez, os maiores filantropos.

Eu não subtrairia nada do louvor devido à filantropia, mas apenas exijo justiça para todos aqueles que, por suas vidas e obras, são uma bênção para a humanidade. Não valorizo principalmente a retidão e a benevolência de um homem, que são, por assim dizer, seu caule e folhas. Aquelas plantas que usamos para fazer chá de ervas para os doentes, servem apenas a um uso humilde e são mais empregadas por charlatães. Quero a flor e o fruto de um homem; quer que sua fragrância chegue até mim, e que sua madureza fortaleça nosso relacionamento. A bondade não deve ser um ato parcial e transitório, mas uma operação constante, que nada custe ao homem e da qual ele não tem consciência. A caridade pode esconder uma multidão de pecados. O filantropo muitas vezes envolve o homem com a atmosfera de seus próprios infortúnios e chama isso de compaixão. Devemos transmitir coragem, e não desespero, saúde e tranquilidade, e não doença, e cuidar para que essa não se espalhe por contágio. De que planícies do sul vem a voz de lamento? Em que latitudes residem os pagãos a quem enviaríamos luz? Quem é aquele homem imoderado e brutal que queremos redimir? Se alguma coisa aflige um homem, de modo que ele não consiga desempenhar suas funções, mesmo que seja uma dor nas entranhas — pois essa é a sede da caridade —, ele imediatamente começa a reformar... o mundo. Sendo ele próprio um microcosmo, ele descobre, e é uma verdadeira descoberta, e ele é o homem certo para anunciá-la que o mundo tem comido maçãs verdes. A seus olhos, de fato, o próprio globo é uma grande maçã verde, e há um perigo terrível de pensar que os filhos dos homens o mordiscarem antes que esteja maduro; e imediatamente sua filantropia drástica busca os esquimós e os patagônios, e abraça as populosas vilas indianas e chinesas; e assim, em alguns anos de atividade filantrópica, os poderes no meio enquanto o usam para seus próprios fins, sem dúvida, ele se cura de sua dispepsia, o globo adquire um leve rubor em uma ou ambas as faces, como se começava a amadurecer, e a vida perde sua crueza e volta a ser doce e saudável. Nunca pensei em qualquer maldade maior do que a que cometi. Nunca conheci, e nunca conhecerei, um homem pior do que eu.

    Acredito que o que tanto entristece o reformista não é sua simpatia por seus companheiros em apuros, e sim a sua dor particular, mesmo que ele seja o filho mais santo de Deus. Uma vez que tudo se ajeite, que a primavera chegue até ele, que a manhã se levante sobre seu leito, ele abandonará seus numerosos companheiros sem desculpas. Meu argumento para não fazer palestras contra o uso do tabaco, é que nunca o masquei; essa é uma penalidade que os mascadores reformados têm de pagar; embora conheça muitas coisas que eu mastiguei, contra as quais eu poderia discursar. Se for atraído por qualquer filantropia, não deixe sua mão esquerda saber o que sua mão direita faz, pois não vale a pena. Salve quem se afoga e amarre os cadarços dos sapatos. Não se apresse e comece algum trabalho livre.

    Nossos modos foram corrompidos pela comunicação com os santos. Nossos hinários ressoam com uma melodiosa maldição de um Deus, suportando para sempre. Dizem que até os profetas e redentores preferiram consolar os medos do que confirmar as esperanças do homem. Em nenhum lugar há registro de uma satisfação simples e irreprimível com o dom da vida ou qualquer louvor memorável a Deus. Toda saúde e sucesso me fazem bem, por mais distantes e retraídos que estejam; toda doença e fracasso me entristecem e me fazem mal, apesar de qualquer simpatia que eu possa sentir ou causar Se, então, de fato quisermos restaurar a humanidade por meios verdadeiramente indígenas, botânicos, magnéticos ou naturais, sejamos primeiro tão simples e bons quanto a própria Natureza, dissipemos as nuvens que pairam sobre nossos próprios olhos e dediquemos um pouco de vida a nossos poros. É preciso que não sejamos provedores de pobres, mas que nos esforcemos para tornarmos as mais dignas riquezas do mundo.

Eu li no *Gulistan, ou Jardim das Rosas*, do Sheik Saadi de Shiraz, que perguntaram a um homem sábio: "Das muitas árvores célebres que o Deus Altíssimo criou sublimes e ombrófilas, nenhuma delas é chamada de *azad*, ou livre, exceto o cipreste, que não dá frutos; que mistério é esse? Ele respondeu: cada uma tem sua produção apropriada e estação determinada, durante a qual está fresca e florescendo, e fora dela seca e murcha; o cipreste não deve sofrer variações, está sempre florescendo; e dessa natureza são os *azads*, ou religiosos independentes. Não fixem o coração naquilo que é transitório; pois o Dijlah, ou Tigre, continuará a fluir através de Bagdá depois que a raça dos califas for extinta. Se tiverem abundância, sejam generosos como a tamareira, mas se não têm nada para doar, sejam um *azad*, ou homem livre, como o cipreste.

VERSOS COMPLEMENTARES

As pretensões da pobreza

> "Tu presumes demais, pobre miserável necessitado,
> Ao reclamar uma estação no firmamento
> Porque tua humilde casinha, ou tua banheira,
> Alimenta alguma virtude preguiçosa ou pedante
> Sob o sol barato ou nas fontes sombrias,
> Com raízes e ervas aromáticas; onde a tua mão direita,
> Rasgando as paixões humanas da mente,
> Em cujos troncos florescem belas virtudes,
> Degrada a natureza e entorpece os sentidos,

E, como Górgona, transforma homens ativos em pedra.
Nós não exigimos à sociedade maçante
A sua necessária temperança,
Ou aquela estupidez artificial
Que não conhece alegria nem tristeza; nem sua fortaleza
Passiva falsamente, exaltada
Acima da ativa. Esta ninhada baixa e abjeta,
Que tem seu lugar garantido na mediocridade,
Tornou suas mentes servis; mas avançamos
Apenas com as virtudes que admitem excesso,
Atos corajosos e generosos, magnificência real,
Prudência que tudo vê, magnanimidade
Que não conhece limites, e com a virtude heroica
Para a qual a antiguidade não deixou nome,
Apenas modelos como Hércules,
Aquiles, Teseu... Volta, ó pobre, a tua odiada cela;
E quando vires a nova esfera iluminada,
Estude para saber quais eram esses valores."

T. CAREW

ONDE EU VIVI E PARA QUE VIVI

Em uma determinada época de nossa vida, costumamos considerar cada lugar como o local possível de uma casa. Assim, examinei o país por todos os lados dentro de um raio de vinte quilômetros de onde moro. Na imaginação, comprei todas as fazendas em sucessão, pois todas deveriam ser compradas e eu sabia o preço delas. Caminhei pelas propriedades de cada fazendeiro, provei suas maçãs silvestres, conversei com ele sobre o cultivo, tomei sua fazenda por seu preço, a qualquer preço, hipotecando-a a ele em minha mente; até coloquei um preço mais alto, e fiquei com tudo, menos com a escritura — e aceitei a palavra como garantia pois gosto muito de falar. Cultivei a terra e seu dono também até certo ponto, acredito, e me retirei quando tinha desfrutado por tempo suficiente, deixando-o continuar. Essa experiência fez com que eu fosse considerado uma espécie de corretor de imóveis por meus amigos. Onde quer que eu me sentasse, lá eu poderia viver, e a paisagem irradiava de mim. O que é uma casa senão uma sede?

Melhor ainda se for uma casa de campo. Descobri muitos locais para uma casa que provavelmente não seriam ocupados em breve, alguns diriam ser longe demais da cidade, mas, a meu ver, era a cidade que estava muito longe. Bem, lá eu poderia viver, falei; e lá eu vivi, por uma hora, uma estação de verão e uma de inverno; vi como eu poderia deixar os anos passarem, enfrentar os invernos e esperar pelas primaveras. Os futuros habitantes desta região, onde quer que coloquem suas casas, podem ter certeza de que foram precedidos. Uma tarde foi o suficiente para dividir a terra em pomar, bosque e pasto, e decidir quais belos carvalhos ou pinheiros deveriam ser deixados diante da porta, e de onde cada árvore definhada poderia ser vista com mais vantagem; e então deixava-as descansar, pois um homem é rico na proporção do número de coisas que ele pode privar-se.

Minha imaginação me levou tão longe que até tive a recusa de várias fazendas — a recusa era tudo que eu queria — mas nunca tive meus dedos queimados pela posse real. O mais próximo que cheguei da posse efetiva foi quando comprei a casa de Hollowell e comecei a separar minhas sementes e coletar materiais para fazer um carrinho de mão para carregá-las, mas antes que o proprietário me desse a escritura, sua esposa — todo homem tem uma esposa assim — mudou de ideia e desejou ficar com ela, e ele me ofereceu dez dólares para liberá-lo. Agora, para falar a verdade, eu tinha apenas dez centavos no bolso, e ultrapassava minha aritmética dizer se eu era um homem que tinha dez centavos, ou uma fazenda, ou dez dólares, ou tudo junto. No entanto, deixei que ele ficasse com os dez dólares e a fazenda também, pois já tinha levado longe demais aquela experiência; ou melhor, para ser generoso, vendi-lhe a fazenda exatamente pelo que dei por ela e, como ele não era um homem rico, dei-lhe dez dólares de presente e ainda fiquei com meus dez centavos, sementes e materiais para um carrinho de mão. Descobri assim que fui um homem rico sem nenhum dano a minha pobreza. Mantive a paisagem e, desde então, carrego anualmente o que ela produz sem um carrinho de mão. No que diz respeito às paisagens:

"Sou o monarca de tudo que pesquiso,
Meu direito não há ninguém para contestar".

Muitas vezes vi um poeta sair após ter desfrutado da parte mais valiosa de uma fazenda, enquanto o lavrador rabugento supunha ter conseguido apenas algumas maçãs silvestres. Ora, o proprietário não sabe que um poeta colocou sua fazenda em rimas, o tipo mais admirável de cerca invisível, apreendeu-a, ordenhou-a, pegou toda a nata e deixou ao fazendeiro apenas o leite desnatado.

As verdadeiras atrações da fazenda Hollowell, para mim, eram: seu retiro completo, ficando a cerca de três quilômetros da vila, cerca de um quilômetro do vizinho mais próximo e separada da rodovia por um campo amplo; sua margem do rio, que o proprietário disse que a protegia das geadas na primavera, embora isso não fosse nada para mim; a cor cinza e o estado em ruínas da casa e celeiro e as cercas dilapidadas, que colocam um intervalo entre mim e o último ocupante; as macieiras ocas e cobertas de líquen, roídas por coelhos, mostrando que tipo de vizinhos eu deveria ter; mas, acima de tudo, a lembrança que eu tinha dela, desde minhas primeiras viagens rio acima, quando a casa estava escondida atrás de um denso bosque de bordos vermelhos, através do qual ouviam-se cachorros latindo. Eu estava com pressa para comprá-la antes que o proprietário decidisse tirar algumas pedras, cortar as macieiras ocas e arrancar algumas bétulas novas que haviam brotado no pasto ou, em suma, ter feito mais algumas de suas melhorias. Para aproveitar essas vantagens, eu estava pronto para continuar, e como Atlas, levar o mundo em meus ombros — nunca ouvi que compensação ele recebeu por isso — e fazer todas aquelas coisas que não tinham outro motivo ou desculpa senão pagar por isso e não ser perturbado em minha posse; pois eu sabia o tempo todo que ela renderia a colheita mais abundante do tipo que eu queria se eu pudesse deixá-la sozinha. Mas acabou, como eu disse.

Tudo o que eu poderia dizer, então, a respeito da agricultura em grande escala (eu sempre cultivei em um jardim) era que eu tinha minhas sementes prontas. Muitos pensam que as sementes melhoram com a idade. Não tenho dúvidas de que o tempo discrimina entre o bom e o mau; e quando finalmente plantar, eu provavelmente ficarei menos desapontado. Diria aos meus companheiros, de uma vez por todas: tanto quanto possível, vivam livres e descomprometidos. Faz pouca diferença estar isolado em uma fazenda ou na prisão do condado.

O velho Catão, cujo *De Re Rustica* é meu "cultivador", diz, e a única tradução que vi tornar a passagem totalmente absurda: "Quando pensar em comprar uma fazenda, pense bem, para não comprá-la avidamente; nem poupe esforços para olhá-la e não pense que é suficiente visitá-la uma vez. Quanto mais você for lá, mais lhe agradará se for boa". Acho que não devo comprá-la avidamente, mas dar voltas e mais voltas ao seu redor enquanto eu viver, e ser enterrado nela primeiro, para que possa me agradar ainda mais.

O presente experimento pretendo descrever mais detalhadamente, por conveniência, colocando a experiência de dois anos em um. Como já disse, não pretendo escrever uma ode ao desânimo, mas me gabar tão vigorosamente quanto um galo pela manhã, de pé em seu poleiro, nem que seja para acordar os vizinhos.

Quando comecei a morar na floresta, isto é, comecei a passar minhas noites e dias lá, que, por acidente, foi no Dia da Independência ou 4 de julho de 1845, minha casa não estava terminada para o inverno. Era apenas uma proteção contra a chuva, sem reboco nem chaminé, sendo as paredes de tábuas toscas e manchadas pelo tempo, com frestas largas, que a refrescavam à noite. As vigas verticais talhadas de branco e os caixilhos das portas e janelas recém-aplainados davam-lhe uma aparência limpa e arejada, especialmente pela manhã, quando suas madeiras estavam saturadas de orvalho, de modo que poderia imaginar que ao meio-dia alguma goma doce exalaria delas. Na minha imaginação, ela retinha ao longo do dia mais ou menos esse caráter auroral, lembrando-me uma certa casa em uma montanha que eu havia visitado no ano anterior. Essa era uma cabana arejada e sem reboco, adequada para entreter um deus viajante e onde uma deusa poderia arrastar seus mantos. Os ventos que passavam por minha morada eram como os que varrem os cumes das montanhas, trazendo os acordes quebrados, ou apenas partes celestiais, da música terrestre. O vento da manhã sopra contínuo, o poema da criação é ininterrupto, mas poucos são os ouvidos que o ouvem. O Olimpo é apenas a superfície da terra.

A única casa que eu possuía antes, sem contar um barco, era uma barraca, que eu usava ocasionalmente quando fazia viagens no verão, e ainda está enrolada no meu sótão; o barco, depois de passar de mão em mão, desceu a corrente do tempo. Com esse abrigo mais substancial sobre mim, fiz algum progresso para me estabelecer no mundo. Essa moldura, tão levemente revestida, era uma espécie de cristalização ao meu redor e reagia sobre o construtor. Era tão sugestiva como uma imagem em contornos. Eu não precisava sair para tomar ar, pois a atmosfera lá dentro não havia perdido nada de seu frescor. Era atrás da porta onde eu me sentava, mesmo no tempo mais chuvoso. O *Harivansa*[7] diz: "Uma morada sem pássaros é como uma carne sem tempero". Essa não era minha morada, pois de repente me vi

---

7 Livro sagrado brâmane que explica miticamente as origens das diversas castas.

vizinho dos pássaros; não por ter aprisionado um, mas por ter me enjaulado perto deles. Eu estava não apenas mais próximo de alguns daqueles que comumente frequentam o jardim e o pomar, mas também daqueles cantores mais selvagens e emocionantes da floresta que nunca, ou raramente, fazem serenata para um aldeão — o tordo do bosque, o sabiá, o escarlate sanhaço, o pardal-do-campo, o curiango e muitos outros.

Eu estava sentado à beira de um pequeno lago, cerca de dois quilômetros ao sul da vila de Concord e em maior altitude do que ela, no meio de uma extensa floresta entre aquela cidade e Lincoln, e cerca de três quilômetros ao sul do único local famoso da nossa cidade: o Campo de Batalha de Concord; mas eu estava adentrado na mata que a margem oposta, a oitocentos metros de distância, como as outras, coberta de mata, era o meu horizonte mais distante. Durante a primeira semana, sempre que eu olhava para o lago, ele se apresentava como uma mancha d'água no alto de uma montanha, seu fundo parecia muito acima da superfície de outros lagos e, quando o sol nascia, eu o via se livrar da névoa noturna, e aqui e ali, gradualmente, suas suaves ondulações ou sua lisa superfície refletora eram reveladas, enquanto as névoas, como fantasmas, se retiravam furtivamente em todas as direções para a floresta, como no desfecho de algum conventículo noturno. O próprio orvalho parecia cair de sobre as árvores mais lentamente do que o normal, como nas encostas das montanhas.

Esse pequeno lago era de grande valor como vizinho nos intervalos das curtas tempestade de chuva em agosto, quando, tanto o ar quanto a água ficavam quietos sob o céu nublado e o meio da tarde tinha toda a serenidade da noite e na floresta o tordo cantava, e era ouvido de costa a costa. Um lago como esse nunca é mais suave do que em tal época; a clara camada de ar acima dele sendo baixa e escurecida pelas nuvens, a água, cheia de luz e reflexos, torna-se um majestoso céu na terra. Do topo de uma colina próxima, onde a vegetação havia sido cortada recentemente, tinha-se uma vista agradável para o sul do lago, através de uma grande fenda nas colinas que formam a costa ali, onde seus lados opostos se inclinavam um para o outro e sugeriam um riacho fluindo naquela direção através de um vale arborizado, mas não havia riacho. Dessa forma, olhava por entre as colinas verdes, mais próximas, para algumas distantes e mais altas no horizonte tingido de azul. Ficando na ponta dos pés podia vislumbrar os picos das cordilheiras ainda mais azuis e distantes que ficava noroeste, verdadeiras moedas azuis do tesouro celestial e também de alguma parte da vila. Em outras direções, mesmo desse ponto, eu não conseguia ver além da floresta que me cercava. É bom ter um pouco de água na vizinhança, pois ela nutri e dá leveza à terra. O menor poço, quando observado, mostra-nos que a Terra não é continental, mas insular. Isso é tão importante quanto manter a manteiga fresca. Quando olhava para o lago, estando nesse pico na direção dos prados de Sudbury, que em tempo de inundação aparentam-se elevados, talvez por uma miragem em seu vale fervilhante, como uma moeda em uma bacia, toda a terra além do lago parecia uma fina crosta isolada, flutuei até mesmo por esta pequena lâmina de água afrontosa e lembrava-me que eu morava em "terra firme".

Embora a vista da minha porta fosse ainda mais reduzida, não me senti nem um pouco espremido ou confinado. Havia pasto suficiente para minha imaginação. O planalto baixo de arbustos de carvalho no qual se elevava a margem oposta estendia-se em direção às pradarias do oeste e às estepes da Tartária, proporcionando amplo espaço para todas as famílias errantes. "Não há ninguém feliz no mundo a não ser seres que desfrutam livremente de um vasto horizonte", disse Damodara, quando seus rebanhos necessitavam de pastos novos e maiores.

Tanto o espaço quanto o tempo mudam, e passei a morar mais perto das partes do universo e das eras da história que mais me atraíam. Onde eu morava era tão distante quanto muitas regiões vistas à noite pelos astrônomos. Costumamos imaginar lugares raros e deliciosos em algum canto remoto e mais celestial do sistema, atrás da Cadeira de Cassiopeia, longe do barulho e da perturbação.

Descobri que minha casa, na verdade, tinha sua localização em uma parte muito abandonada, mas sempre nova e não profanada, do universo. Se valia a pena firmar-se perto das Plêiades ou das Híades, de Aldebaran ou Altair, então eu estava realmente lá, ou a igual distância da vida que havia deixado para trás, minguado e cintilante como um fino raio para meu vizinho mais próximo, e era visto, por ele, apenas em noites sem luar. Tal era aquela parte da criação que eu havia apossado:

"Havia um pastor que vivia,
　Mantendo seus pensamentos tão elevados
　Quanto os monte de onde seus rebanhos
　De hora em hora se alimentavam".

O que podemos pensar da vida do pastor que tem seus rebanhos sempre vagando em pastagens mais altas do que seus pensamentos?

Cada manhã era um alegre convite para tornar minha vida de igual simplicidade e, posso dizer, inocência, quanto a própria Natureza. Tenho sido um adorador tão sincero da Aurora quanto os gregos. Acordava cedo e tomava banho no lago; era um exercício religioso e uma das melhores coisas que já fiz. Dizem que frases foram gravados na banheira do Rei Tching-thang para este efeito: "Renove-se completamente a cada dia; faça isso de novo, e de novo, e para sempre de novo". Consigo entender a mensagem. As manhãs trazem de volta as eras heroicas. Ficava tão absorvido pelo leve zumbido de um mosquito fazendo seu passeio invisível e inimaginável pelo meu aposento ao amanhecer, quando me sentava com as portas e janelas abertas, quanto por qualquer trombeta que anunciasse uma fama. Era o réquiem de Homero, uma Ilíada e Odisseia no ar, cantando as próprias iras e andanças. Havia algo cósmico nisso, um anúncio permanente, até que seja proibido, do vigor eterno e da fertilidade do mundo. A manhã, que é a parte mais memorável do dia, é a hora do despertar. Então há menos sonolência em nós; e por uma hora, pelo menos, fica acordada a parte de nós que dorme o resto do dia e à noite. Pouco se deve esperar do dia, se é que pode ser chamado de dia, para o qual não somos despertados por nosso relógio biológico, mas pelas cutucadas mecânicas de algum criado; não somos despertados pela nossa própria força e aspirações internas, acompanhadas pelas ondulações da música celestial, em vez de sinos de fábrica, e por uma fragrância enchendo o ar — para uma vida mais elevada da qual adormecemos; e assim a escuridão dá seus frutos e prova ser tão indispensável quanto a luz. O homem que não percebe que cada dia contém a parte matinal que é mais sagrada e jubilosa do que as outras que ele já profanou, está sem esperanças e segue um caminho descendente e sombrio. Após uma cessação parcial dos sentidos a alma do homem, ou melhor, seus órgãos, são revigorados a cada dia, e seu intelecto tenta novamente estabelecer uma vida nobre. Todos os eventos memoráveis, devo dizer, transpiram pela manhã e em uma atmosfera alvorecer. Os Vedas dizem: "Todas as inteligências despertam com a manhã". Poesia e arte, e as mais belas e memoráveis ações dos homens, datam dessa hora. Todos os poetas e heróis, como Mêmnon, são filhos da Aurora e emitem sua música ao nascer do sol. Para aquele cujo pensamento elástico e vigoroso acompanha o ritmo do sol, o dia é uma perpétua manhã. Não importa o que dizem os relógios ou as atitudes e trabalhos dos homens. Manhã é quando estou acordado e há um amanhecer em mim. A reforma moral é o esforço para se livrar do sono. Por que os homens fazem um relato tão ruim de seu dia se não tiveram umas horas de sono? Eles não estão sugestionados. Se não tivessem sido vencidos pela sonolência, teriam feito alguma coisa. Milhões estão acordados o suficiente para o trabalho físico; apenas um em um milhão está suficientemente desperto para um esforço intelectual eficaz e apenas um em cem milhões para uma vida poética ou divina. Estar acordado é estar vivo. Eu nunca encontrei um homem que estivesse totalmente acordado. Como poderia olhá-lo no rosto?

Devemos aprender a despertar e manter-nos acordados, não com ajudas mecânicas, mas pela expectativa infinita pelo amanhecer, que não nos abandona em nosso sono mais profundo. Não conheço fato mais encorajador do que a inquestionável capacidade do homem de elevar sua vida por meio de um esforço consciente.

É notável ser capaz de pintar um quadro ou esculpir uma estátua, e assim tornar belos alguns objetos; mas é muito mais glorioso esculpir e pintar a própria atmosfera e os conceitos por meio dos quais entendemos e construímos o plano moral. Afetar a qualidade do dia é a mais elevada das artes. Todo homem tem a tarefa de tornar sua vida, inclusive nos detalhes, digna de contemplação na sua hora mais elevada e crítica. Se recusássemos, ou melhor, esgotássemos as informações insignificantes que obtemos, os oráculos nos informariam claramente como isso poderia ser feito.

Fui para a floresta porque desejava viver deliberadamente, enfrentar apenas os fatos essenciais da vida, e ver se poderia aprender o que ela tinha a ensinar, em vez de só na hora da morte vir a descobrir que não havia vivido. Eu não queria viver o que não era vida — minha vida me é tão cara! Nem desejava praticar a resignação, a menos que fosse absolutamente necessário. Eu queria viver profundamente e sugar toda a medula da vida, viver tão vigorosamente como um espartano, viver a ponto de destruir tudo o que não era vida para deixar um espaço livre. Encurralar a vida e reduzi-la a seus termos mais simples e, se ela provasse ser mesquinha, obter toda a sua genuína mesquinhez e anunciá-la ao mundo; se fosse sublime, queria conhecê-la por experiência, e ser capaz de dar um relato verdadeiro dela na minha próxima divagação. A maioria dos homens, parece-me, está em uma estranha incerteza, e, sem saber se a vida é obra do diabo ou de Deus, tem concluído um tanto apressadamente, que o principal objetivo do homem é "glorificar a Deus e desfrutá-lo para sempre".

Ainda vivemos mesquinhamente, como formigas; embora a fábula nos diga que há muito tempo fomos transformados em homens; como pigmeus lutamos contra os grous; é erro após erro, remendo sobre remendo, e nossa melhor virtude brota uma miséria supérflua e evitável. Nossa vida é desperdiçada por detalhes. Um homem honesto dificilmente precisa contar além dos seus dez dedos ou, em casos extremos, pode adicionar os dez dedos dos pés e o resto que se apinhe. Simplicidade, simplicidade, simplicidade! Eu digo: que seus assuntos sejam dois ou três, e não cem ou mil; que em vez de um milhão, conte meia dúzia e mantenha suas contas na unha do polegar. No meio deste mar agitado da vida civilizada, encontramos nuvens, tempestades, areias movediças e mil e um itens a serem considerados. Para que um homem não se afunde ou vá a pique sem chegar ao porto, ele deve ser muito previdente; e assim, alcançará o êxito.

Simplifique, simplifique! Em vez de três refeições ao dia, se for necessário, coma apenas uma; em vez de cem pratos, cinco; e reduza outras coisas proporcionalmente. Nossa vida é como uma Confederação Alemã, composta de pequenos estados, com seus limites sempre flutuantes, de modo que nem mesmo um alemão pode dizer, a qualquer momento, quais são eles. A própria nação, com todas as suas melhorias internas, externas e superficiais, é apenas uma organização bronca e sufocante, amontoada com móveis e presa em suas próprias armadilhas; arruinada pelo luxo e gastos imprudentes, por falta de cálculo e de um objetivo digno, como milhões de lares na Terra; e a única solução para tudo isso é uma economia rígida, uma simplicidade de vida mais austera do que a espartana e a elevação de propósitos.

Vive-se muito rápido. Os homens pensam que é essencial que a nação tenha comércio, exporte gelo, comunique-se por meio do telégrafo e ande a cinquenta quilômetros por hora, sem saberem se tudo isso lhes convêm ou não. Se devemos viver como babuínos ou como homens, é um pouco incerto. Se não produzirmos dormentes, forjarmos trilhos e dedicarmos dias e noites ao trabalho, mas começarmos a mexer em nossas vidas para melhorá-las, quem construirá as ferrovias? E se as ferrovias não forem construídas, como chegaremos ao Céu a tempo? Se ficarmos em casa cuidando da nossa vida, quem vai precisar de ferrovias? Não andamos sobre a estrada de ferro, ela é que anda sob nós. Já pensou o que são aqueles dormentes que estão por baixo da ferrovia? Cada um é um homem, um irlandês ou um ianque. Os trilhos são colocados sobre eles e cobertos com areia, e os vagões passam suavemente em cima eles. São dormentes seguros, garanto. E a cada poucos anos um novo lote é estabelecido e enterrado; de modo que, se alguns têm o prazer de andar em trens, outros têm a infelicidade de aquentá-los nas costas. E quando o trem atropela um homem que anda a dormir, um dorminhoco supranumerário em posição errada, e acordam-no, param de repente os vagões, e o povo faz um enorme alarido, como se fosse uma exceção. Fico feliz em saber que é preciso um bando de homens a cada oito quilômetros para manter os dormentes abaixados e nivelados em suas camas, pois isso é um sinal de que algum dia eles podem se levantar novamente.

Por que deveríamos viver com tanta pressa e desperdício de vida? Estamos determinados a morrer de fome antes de sentir fome. Diz-se que um ponto dado o tempo economiza nove, e então o homem dá mil pontos hoje para economizar nove amanhã. Quanto ao trabalho, não temos nenhuma consequência. Temos a dança de São Vito e não podemos ficar quietos. Se eu apenas um puxão na corda do sino da paróquia, para avisar de um incêndio, isto é, sem dar badaladas, dificilmente haveria um homem em sua fazenda nos arredores de Concord, apesar da pressão dos compromissos que era sua desculpa esta manhã, ou um menino, ou uma mulher que não abandonaria tudo e seguiria aquele som, não principalmente para salvar a propriedade das chamas, mas, se confessarmos a verdade, muito mais para vê-la queimar, já que deveria queimar mesmo, e nós, saiba-se, não a incendiamos, ou para ver o incêndio acabar, e ajudar, se isso lhe for conveniente; sim, eis o que aconteceria, mesmo que fosse a própria igreja paroquial. Dificilmente uma pessoa que tira uma soneca após a refeição quando acorda, não levanta a cabeça e pergunta: "Quais são as novidades?" — como se o resto da humanidade tivesse ficado de sentinela. Alguns dão instruções para serem acordados a cada meia hora, sem dúvida, com o mesmo propósito; e então, como pagamento, contam o que sonharam. Depois de uma noite de sono, a notícia é tão indispensável quanto o café da manhã. "Por favor, conte-me qualquer coisa nova que tenha acontecido a um homem em qualquer lugar deste globo" — e, enquanto toma seu café e come seus pãezinhos, que um homem teve seus olhos arrancados esta manhã no Rio Wachito; nunca percebendo que ele vive na caverna escura e insondável deste mundo, e tem apenas os rudimentos dos olhos.

De minha parte, eu poderia facilmente passar sem os correios. Eu acho que há poucas comunicações importantes feitas por meio dele. Para falar criticamente, nunca recebi mais do que uma ou duas cartas em minha vida — escrevi isso há alguns anos — que valessem a pena. O serviço postal é, geralmente, uma instituição por meio da qual se paga a uma pessoa aquele centavo por seus pensamentos, que tantas vezes é oferecido de brincadeira. E tenho certeza de que nunca li nenhuma notícia memorável em um jornal. Se já lemos sobre um homem roubado, assassinado ou morto por acidente, ou uma casa incendiada, ou um navio naufragado, ou um barco a vapor explodido, ou uma vaca atropelada na estrada de ferro, ou um cachorro louco morto, ou uma nuvem gafanhotos no inverno — nunca precisaremos ler novamente. Uma vez é o suficiente. Se alguém já está familiarizado com o princípio, por que se importar com uma miríade de instâncias e aplicações? Para um filósofo, todas as notícias, como são chamadas, são fofocas, e aqueles que as editam e leem são velhas tomando chá. No entanto, não poucos são gananciosos por essas fofocas. Houve tamanha pressa, como ouvi dizer, outro dia em um dos escritórios, para saber as novidades estrangeiras recém-chegadas do exterior, que vários grandes quadrados de vidro pertencentes ao estabelecimento foram quebrados sob pressão — notícias que eu sinceramente acho que uma inteligência vivaz poderia tê-las escrito há doze meses, ou doze anos, com precisão suficiente. Quanto à Espanha, por exemplo, se souberem colocar notícias Dom Carlos e a Infanta, Dom Pedro, Sevilha, Granada, de vez em quando nas proporções certas, (eles podem ter mudado um pouco os nomes desde que eu vi os jornais) e oferecer uma tourada quando outros entretenimentos falham, tudo será fiel ao pé da letra e nos dará uma ideia exata da boa condição do estado ou da ruína das coisas na Espanha tanto quanto os relatórios mais sucintos e lúcidos sob esse título nos jornais. Quanto à Inglaterra, a última notícia significativa daquele lugar quase foi a revolução de 1649; e quem já sabe a história da média anual de suas colheitas, nunca mais precisará prestar atenção nisso novamente, a menos que suas especulações sejam de caráter meramente pecuniário. Se alguém que raramente lê os jornais pode dizer o que pensa, dirá que nada de novo acontece em partes estrangeiras, a revolução francesa não é exceção.

Que notícia! O mais importante é saber o que nunca fica ultrapassado!

"Kieou-he-yu (grande dignitário do estado de Wei) enviou um homem a Khoung-tseu para saber notícias deste. Khoung-tseu fez com que o mensageiro se sentasse perto dele e o questionou nestes termos: O que faz o seu patrão? O mensageiro respondeu com respeito: Meu patrão deseja diminuir o número de suas faltas, mas não consegue acabar com elas. Quando o mensageiro partiu, o filósofo comentou: Que mensageiro digno! Que mensageiro honrado!" O pregador, em vez de irritar os ouvidos dos fazendeiros sonolentos em seu dia de descanso no final da semana — pois o domingo é a conclusão adequada de uma semana mal passada, e não o começo fresco e corajoso de uma nova com um sermão arrastado, deveria gritar com voz trovejante: "Parem! Chega! Por que parecem tão rápidos, quando são mortalmente lentos?".

Farsas e ilusões são consideradas as verdades mais sólidas, enquanto a realidade é fabulosa. Se os homens observassem firmemente apenas as realidades e não se permitissem ser iludidos, a vida, comparada com as coisas que conhecemos, seria como um conto de fadas ou as *Mil e uma Noites*. Se respeitássemos apenas o que é inevitável e tem direito a ser, a música e a poesia ressoariam pelas ruas. Quando não temos pressa e somos sábios, percebemos que apenas coisas grandes e valiosas têm existência permanente e absoluta, que medos mesquinhos e pequenos prazeres são apenas a sombra da realidade. Isso é sempre estimulante e sublime. Fechando os olhos e cochilando, e consentindo ser enganados por espetáculos, os homens estabelecem e confirmam, por toda parte, sua vida de rotina e hábitos, construída sobre fundamentos puramente ilusórios. As crianças, que brincam com a vida, discernem sua verdadeira lei e relações com mais clareza do que os homens, que não conseguem vivê-la dignamente, mas que pensam ser mais sábios pela experiência, isto é, após os fracassos. Eu li em um livro hindu que "havia um filho de rei que, tirado na infância de sua cidade natal, foi criado na floresta e, chegando a maturidade nessa condição, imaginou-se pertencer à raça bárbara com a qual conviveu. Um dos ministros de seu pai o descobriu, revelou-lhe sua identidade, e o equívoco da sua origem foi removido; agora sabia que era um príncipe. E continuou o filósofo hindu: "A alma, pelas circunstâncias em que se encontra, confunde seu próprio caráter até que a verdade lhe seja revelada por algum mestre sagrado, e então ela se reconhece como *Brahme*". Percebo que nós, habitantes da Nova Inglaterra, vivemos essa vida inexpressiva porque nossa visão não penetra a superfície das coisas. Acreditamos que é, o que parece ser. Se um homem caminhasse por esta cidade e visse apenas a realidade, onde estaria a barragem do moinho? Se ele nos desse um relato das realidades que viu aqui, não reconheceríamos o lugar por sua descrição. Olhe para uma casa de reunião, ou um tribunal, ou uma prisão, ou uma loja, ou uma residência, e diga o que realmente são diante de um olhar verdadeiro, e todos eles se despedaçarão em seu relato. Os homens estimam a verdade remota como sendo na periferia do sistema, atrás da estrela mais distante, antes de Adão e depois do último homem. Na eternidade há de fato algo verdadeiro e sublime: todos os tempos, lugares e ocasiões são e aqui agora. O próprio Deus culmina no momento presente e não será mais divino no decorrer de todas as eras. Somos capazes de apreender tudo o que é sublime e nobre apenas pela perpétua instilação e imersão na realidade que nos cerca. O universo responde constante e obedientemente as nossas concepções; quer viajemos rápido ou devagar, o caminho está traçado para nós. Passemos então a vida a conceber. O poeta ou o artista nunca teve um projeto belo e nobre que, pelo menos, parte de sua posteridade não tenha conseguido realizá-lo.

Passemos o dia deliberadamente como a Natureza e não seremos desviados por cada casca de noz e asa de mosquito que caia nos carris. Levantemos cedo e jejuemos, ou quebremos o jejum, calmamente, sem perturbação;

deixemos uma companhia vir e ir, deixemos os sinos tocarem e as crianças chorarem — estejamos determinados a viver o dia! Por que deveríamos abater-nos e ir com a corrente? Não fiquemos perturbados e sobrecarregados por aquele terrível redemoinho chamado almoço que acontece do meio-dia Enfrente esse perigo e estará seguro, pois o resto do caminho é ladeira abaixo. Com os nervos inquietos, com o vigor matinal, navegue por ela, olhando para outro lado, amarrado ao mastro como Ulisses. Se o trem apitar, ignore-o até que fique rouco de tanto gritar. Se o sinal toca, por que correr? Vamos considerar com que tipo de música eles se parecem. Vamos nos tranquilizar, trabalhar e pisar fundo na lama da opinião, do preconceito, da tradição, da ilusão e da aparência, esse aluvião que cobre o globo, através de Paris e Londres, através de Nova York e Boston e Concórdia; a igreja e o estado, atravessando também a poesia, filosofia e religião, até encontrar um chão duro com muitas pedras que podemos chamar de realidade, e dizer: assim ela é — sem engano; e então começar tendo um *point d'appui* para abrigar-se da ventania da geada e do fogo, um lugar onde poderá encontrar uma parede ou um estado, ou colocar um poste de luz com segurança, ou talvez um medidor, não um nilômetro, mas um "realômetro", para que as eras futuras possam saber o quão profundo é o poço onde as imposturas e aparências se acumulavam. Aquele que conseguir ficar firme, cara a cara com um problema, verá o sol brilhar em ambos os lados desse como se fosse uma fina faca e assistirá sua afiada borda dividindo-o por entre o coração e a medula, e assim concluir alegremente a sua morte. Seja vida ou morte, desejamos apenas a realidade. Se estamos realmente morrendo, ouçamos o estertor na garganta e sintamos o frio nas extremidades; se estamos vivos, vamos cuidar de viver.

O tempo é apenas o riacho em que vou pescar. Bebo dele, e enquanto bebo vejo o fundo arenoso e percebo como é raso. Sua tênue corrente se esvai, mas a eternidade permanece. Eu beberia em um rio; pescaria no céu, cujo fundo é pedregoso de estrelas. Não consigo contá-las. Não sei a primeira letra do alfabeto.

Sempre lamurio de não ser tão sábio quanto no dia em que nasci. O intelecto é um cutelo que discerne e abre caminho no segredo das coisas. Não desejo estar mais ocupado com minhas mãos do que o necessário. Minha cabeça é mãos e pés. Sinto todas as minhas melhores faculdades concentradas nela. Meu instinto me diz que minha cabeça é um órgão para escavação, como o focinho e as patas de alguns animais, e com ela poderei escavar e descobrir meu caminho por essas colinas. Acho que a veia mais rica está em algum lugar por aqui; assim, usando a vara da adivinhação e sentindo os finos vapores ascendentes, eu decido: é aqui que começarei a cavar.

LEITURA

Com um pouco mais de deliberação na escolha de suas atividades, todos os homens talvez se tornassem essencialmente estudiosos e observadores, pois certamente a natureza e o destino de cada um são interessantes para todos. Ao acumular propriedades para nós mesmos ou para nossa posteridade, ao fundar uma família ou um estado, ou mesmo adquirir fama, somos mortais; mas ao lidar com a verdade somos imortais e não precisamos temer nenhuma mudança ou acidente. O mais antigo filósofo egípcio ou hindu levantou uma ponta do véu da estátua da divindade; e ainda o cortinado trêmulo permanece levantado, e eu contemplei uma glória tão nova quanto ele, pois era eu nele que se fez tão ousado, e é ele em mim que, agora, observa a visão. Nenhuma poeira caiu sobre aquele véu; nenhum tempo se passou desde que essa divindade foi revelada. O tempo que realmente utilizamos, ou que é utilizável, não é passado, nem presente, nem futuro.

Minha residência era mais favorável, não apenas ao pensamento, mas à leitura séria, do que uma universidade; e, embora eu estivesse fora do alcance da biblioteca circulante comum, mais do que nunca fui influenciado por aqueles livros que circulam pelo mundo, cujas frases foram escritas pela primeira vez em casca de árvores e agora são meramente copiadas de tempos em tempos em papel de linho. Diz o poeta *Mîr Camar Uddîn Mast*: "Estar sentado enquanto percorro as regiões do mundo espiritual; vi essa vantagem nos livros. Ficar embriagado com uma única taça de vinho; experimentei esse prazer quando bebi o livro das doutrinas esotéricas". Mantive a *Ilíada* de Homero em minha mesa durante o verão, embora só olhasse suas páginas de vez em quando. O trabalho incessante com minhas mãos, a princípio, pois eu tinha minha casa para terminar e meus feijões para plantar ao mesmo tempo, impossibilitou mais estudos. No entanto, me sustentei com a perspectiva de tal leitura no futuro. Li um ou dois livros, superficiais, sobre viagens, nos intervalos do meu trabalho, até que senti vergonha de mim mesmo e perguntei-me onde era que eu morava.

O estudioso pode ler Homero ou Ésquilo em grego sem perigo de dissipação ou luxúria, pois isso implica que ele, em certa medida, emula seus heróis e consagra as horas da manhã as suas páginas. Os livros heroicos, ainda que impressos em nossa língua materna, sempre estarão em uma língua morta em tempos degenerados, e devemos buscar laboriosamente o significado de cada palavra e linha, conjecturando um sentido mais amplo do que o uso comum permite, a partir da sabedoria, valor e generosidade que temos. A imprensa moderna, barata e fértil, com todas as suas traduções, pouco fez para nos aproximar dos escritores heroicos da antiguidade. Eles permanecem solitários, as formas usadas na impressão de suas obras tão raras e esquisitas como sempre. Vale a pena utilizar dias de juventude e horas valiosas para aprender algumas palavras, de uma língua clássica, não levantadas na trivialidade da rua nem nas sugestões e provocações perpétuas. Não é em vão que o agricultor lembra e repete as poucas palavras latinas que ouviu. Os homens às vezes falam que o estudo dos clássicos abri caminho para estudos mais modernos e práticos; entretanto o estudante audaz sempre estudará os clássicos, em qualquer língua que sejam escritos e por mais antigos que sejam. Pois o que são os clássicos se não os mais nobres pensamentos registrados do homem? Eles são os únicos oráculos que não estão deteriorados, e há neles respostas para perguntas perenes que Delfos e Dodona nunca deram. Podemos também deixar de estudar a Natureza porque ela é velha? Ler bem, isto é, ler livros verdadeiros com espírito verdadeiro, é um exercício nobre, e que exigirá do leitor mais do que qualquer exercício estimulado pelos costumes da época. Requer um treinamento como o dos atletas a firme intenção de atingir o objetivo de ler bem. Os livros devem ser lidos de forma tão deliberada e reservada quanto foram escritos. Não basta saber falar a língua da nação em que foram escritos, pois há uma diferença memorável entre a língua falada e a escrita, a língua ouvida e a língua lida. Nossa primeira linguagem é comumente transitória, um som, uma fala, um dialeto simples, quase bruto, e a aprendemos inconscientemente, como os animais, com as nossas mães. Depois vem sua maturidade provocada pelas experiências vividas; se aquela é a nossa língua materna, essa é a nossa língua paterna, uma expressão reservada e seleta, significativa demais para ser ouvida e será preciso nascermos de novo para falá-las. As multidões que apenas falavam ao grego e o latim na Idade Média não conseguiam por acaso de nascimento, ler as obras geniais escritas nessas línguas; pois elas não foram escritos naquele grego ou latim que eles conheciam, mas na linguagem aprimorada da literatura. Esses povos não aprenderam os dialetos mais nobres da Grécia e de Roma, e os próprios materiais que foram usados na escrita clássica eram, por eles, considerados lixos e eles valorizavam a literatura contemporânea barata. Quando as várias nações da Europa adquiriram linguagens escritas distintas, embora rudes, suficientes para os propósitos de suas literaturas emergentes, o aprendizado foi revivido e os estudiosos puderam discernir, pela qualidade, os tesouros da antiguidade. O que a multidão romana e grega não pôde "ouvir", após séculos, alguns estudiosos conseguiram "ler", e ainda estão lendo.

Por mais que possamos admirar as explosões ocasionais da eloquência do orador, as mais nobres palavras escritas, geralmente, estão tão à frente ou acima da fugaz linguagem falada quanto o firmamento com suas estrelas está além das nuvens. Lá estão as estrelas, e aqueles que podem lê-las. Os astrônomos sempre comentam e as observam. Não são exalações como nossas conversas diárias e emanação dos nossos hálitos. O que é chamado de eloquência no fórum é comumente visto como retórica após um estudo pormenorizado. O orador cede à inspiração de uma ocasião transitória e fala à multidão diante dele, àqueles que podem "ouvi-lo"; o escritor, cuja vida mais equilibrada é sua urgência, e que se distrairia com o evento e a multidão que inspira o orador, fala ao intelecto e ao da humanidade, fala a todos de qualquer época que possam entendê-lo.

Não é de admirar que Alexandre carregasse a *Ilíada* com ele em suas expedições em um precioso baú. Uma palavra escrita é a mais seleta das relíquias. É algo, ao mesmo tempo, mais íntimo de nós e mais universal do que qualquer outra obra de arte. É a obra de arte mais próxima da própria vida. Pode ser traduzida em todas as línguas, e não apenas ser lida, mas realmente dita por todos os lábios humanos; não ser representada apenas em tela ou esculpida em mármore, mas ser esculpido no sopro da própria vida. O símbolo do pensamento de um homem antigo tornou-se a fala de um homem moderno. Dois mil verões conferiram aos monumentos da literatura grega, como a seus mármores, apenas uma tonalidade dourada e outonal mais madura, pois eles levaram sua própria atmosfera serena e celestial a todos os cantos da Terra para protegê-los contra a corrosão do tempo. Os livros são a riqueza preciosa do mundo e a herança legítima de gerações e nações. Os livros, os mais antigos e os melhores, estão de maneira natural e devida nas prateleiras de cada casa de campo. Eles não precisam justificar, mas enquanto esclarecerem e sustentarem o leitor, o bom senso não os recusará. Seus autores são a aristocracia natural e irresistível de todas as sociedades e, mais do que reis ou imperadores, exercem influência sobre a humanidade. Quando o comerciante analfabeto e talvez desdenhoso conquista com muito trabalho e audácia seu cobiçado descanso e independência, e é admitido nos círculos da riqueza e da moda, ele se volta inevitavelmente para os círculos mais elevados, mas totalmente inacessíveis ao seu intelecto e espírito. Nesse momento torna-se sensível à imperfeição da sua cultura e vaidade; percebe a insuficiência de todas as suas riquezas, e prova seu bom senso pelas atitudes que ele toma a garantir para seus filhos aquela cultura intelectual cuja falta ele sente tão intensamente; e é assim que se institui uma família letrada.

 Aqueles que não aprenderam a ler os antigos clássicos na língua em que foram escritos devem ter um conhecimento muito imperfeito da história da raça humana; pois é notável que nenhuma transcrição deles jamais tenha sido feita em qualquer língua moderna, a menos que nossa própria civilização possa ser considerada como tal transcrição. Homero, até hoje, não teve nenhuma obra editada em inglês, nem Ésquilo, nem mesmo Virgílio — obras tão refinadas, tão solidamente feitas e tão belas quase como a própria manhã. Os escritores posteriores, diga-se o que disser de suas habilidades, ocasionalmente conseguiram, se é que alguma vez ocorreu, igualar-se, aos antigos, na elaborada beleza e acabamento dos seus trabalhos literários heroicos e duradouros. Só falam em esquecê-los aqueles que nunca os conheceram. Será muito cedo para esquecê-los enquanto tivermos o aprendizado e o espírito que nos permitam atendê-los e apreciá-los. Uma era será realmente rica quando as relíquias que chamamos de clássicos, e as escrituras de várias nações ainda mais antigas e mais clássicas, mas ainda menos conhecidas, se juntarem quando os Vaticanos estiverem cheios de *Vedas e Zendavestas* e *Bíblias*, com Homeros, e Dantes e Shakespeares, e todos os séculos vindouros tiverem depositado sucessivamente seus troféus no fórum do mundo. Por meio de tal pilha de livros, podemos esperar, finalmente, escalar o Céu.

 As obras dos grandes poetas nunca foram lidas pela humanidade, pois somente os grandes poetas podem lê-las. Elas foram lidas apenas como a multidão lê as estrelas, no máximo astrologicamente, e não astronomicamente. A maioria dos homens aprenderam a ler para servir a uma mesquinha conveniência, assim como aprenderam a contar para negociar e não serem enganados no comércio; da leitura como um nobre exercício intelectual eles sabem pouco ou nada, no entanto, isso é o que é leitura na acepção da palavra — não a que nos embala como um luxo e acalanta nossas faculdades mais nobres —, ela nos deixa inquietos e a ela dedicamos nossas horas mais alertas e despertas.

 Acho que, tendo aprendido as letras, devemos ler o que há de melhor na literatura, e não ficar repetindo eternamente nosso ABC e as sílabas de uma palavra, ou estacionar no estudo mais simples das classes de palavras. A maioria dos homens fica satisfeita se lê ou ouve ler, e, ainda, se foi convencida pela sabedoria de um bom livro, a *Bíblia*, e pelo resto de suas vidas vegeta e dissipa suas faculdades no nível que é chamado de leitura fácil. Há uma obra em vários volumes na nossa biblioteca circulante intitulada *Little Reading* — *Breve Leitura* — que pensei referir-se a uma cidade com esse nome, a qual eu não conhecia. Há sujeitos que, como corvos-marinhos e avestruzes, podem digerir todos os tipos de gêneros, mesmo após o jantar mais completo com carnes e vegetais, pois não permitem que nada seja desperdiçado. Se alguns são as máquinas que produzem peças ruins, outros são as máquinas que os engolem. Algumas pessoas leem a nona milésima história sobre Zebulon e Sephronia: aqueles que se amaram como ninguém jamais havia amado, aqueles que tiveram o curso do amor verdadeiro nada suave — de qualquer forma, ele correu e tropeçou, levantou-se e continuou! Leem sobre o infortúnio de um pobre homem que chegou ao píncaro sendo que seria melhor nunca ter subido até o campanário; e então, tendo-o levado desnecessariamente até lá, o feliz romancista toca o sino para que todo o mundo se junte e ouça: Ó meu Deus! Como ele descerá? — Fim.

De minha parte, acho melhor metamorfosearem todos esses aspirantes a heróis da intriga universal em cata-ventos — como costumavam colocar os heróis entre as constelações — e deixá-los girar até ficarem muito tontos, e não descerem, de forma alguma, para incomodar homens honestos com suas travessuras. Da próxima vez que o romancista tocar o sino, não vou me mexer, mesmo que o templo pegue fogo. "*O salto na ponta dos pés*, um romance da Idade Média, do célebre autor de *Tittle-Tol-Tan*, a ser publicado em panfletos mensais; um grande sucesso; não venham todos juntos!" Tudo isso, liam com olhos do tamanho de pires, curiosidade ereta e primitiva, e com uma moela incansável, cujas ondulações ainda não precisam ser afiadas, assim como uma pequena criança de quatro anos de idade com sua edição de *Cinderela*, de capa dourada, de dois centavos — sem qualquer melhoria, notória na pronúncia, ou pontuação, ou ênfase, ou em qualquer outra habilidade no extrair, ou inserir a moral da história. O resultado é: embotamento da visão, estagnação das circulações vitais, prostração generalizada e desprendimento de todas as faculdades intelectuais. Esse tipo de pão de gengibre é assado com mais frequência do que o de trigo puro ou o misto, com centeio e milho em quase todos os fornos, e encontra um mercado mais seguro.

Os melhores livros não são lidos nem mesmo por aqueles que são chamados de bons leitores. O que significa a nossa cultura de Concord? Não há nesta cidade, com raríssimas exceções, nenhum gosto pelos melhores livros ou por livros muito bons, mesmo os da literatura inglesa, cujas palavras todos podem ler e soletrar. Mesmo as pessoas preparadas em faculdades e os chamados profissionais liberais aqui e em outros lugares têm realmente pouco ou nenhum conhecimento dos clássicos ingleses; e quanto à sabedoria da humanidade registrada, os clássicos antigos e os livros bíblicos, que são acessíveis a todos que os querem conhecer, são feitos os mais débeis esforços, em qualquer lugar, para se familiarizar com eles. Conheço um lenhador, de meia-idade, que paga por um jornal francês, não por causa das notícias, como diz, pois está acima disso, mas para "manter-se na prática da língua," sendo canadense de nascimento; e quando pergunto o que ele considera a melhor coisa que pode fazer neste mundo, ele diz: Ao lado disso, manter e melhorar meu inglês. Isso é o que os educados em faculdades geralmente fazem ou aspiram fazer, e eles compram jornais em inglês para esse fim. Aquele que acabou de ler talvez um dos melhores livros escritos em inglês, encontrará quantas pessoas com quem poderá conversar sobre ele? Ou suponha que ele terminou a leitura de um clássico grego ou latino no original, cujos elogios são familiares até aos chamados analfabetos; não encontrará ninguém com quem falar, logo, vai manter silêncio sobre isso. De fato, dificilmente existe um professor em nossas faculdades que, tendo dominado as dificuldades da língua, dominou proporcionalmente as dificuldades da sagacidade e da poesia de um poeta grego e tem algum interesse em transmitir ao leitor, atento e heroico, o seu conhecimento. E quanto às sagradas escrituras, ou bíblias da humanidade, quem nesta cidade pode me dizer até mesmo apenas alguns títulos? A maioria dos homens não sabe que outras nações, além das dos hebreus, tiveram uma escritura. O homem, qualquer homem, fará de tudo para pegar uma moeda de prata, mas as palavras de ouro, que os homens mais sábios da antiguidade proferiram, e cujo valor os sábios de todas as épocas sucessivas nos asseguraram, não quer possuir. Aprende a ler apenas as leituras fáceis, o silabário e os livros escolares, e ao deixar a escola, o *Little Reading* e os livros de histórias destinados às crianças e iniciantes; nossa leitura, nossa conversa e pensamento estão todos em um nível muito baixo, digno apenas de pigmeus e bonecos.

Aspiro conhecer os homens mais sábios que o solo de Concord produziu, cujos nomes são pouco conhecidos aqui. Ou devo ouvir sobre Platão sem nunca ter lido um livro seu? Seria como se Platão fosse meu conterrâneo e eu nunca o tivesse visto meu vizinho e eu nunca o tivesse ouvido falar ou prestado atenção à sabedoria de suas palavras. Como realmente é? Seus *Diálogos*, que contêm o que havia de imortal nele, estão na estante ao lado, mas nunca os li. Somos grosseiros, vulgares e analfabetos; e, a esse respeito, confesso que não faço nenhuma distinção muito ampla entre o analfabetismo de meu concidadão, que não sabe ler, e o analfabetismo daquele que aprendeu a ler apenas o que é para crianças e intelectos fracos. Devemos querer estar à altura dos nobres da antiguidade, mas sabendo primeiro quão fabulosos eles eram. Somos uma raça de patos e voamos pouco mais alto, em nossos voos intelectuais, que as colunas do jornal diário.

Nem todos os livros são tão monótonos quanto seus leitores. Provavelmente existem palavras dirigidas exatamente a nossa condição, e se pudéssemos realmente ouvi-las e entendê-las, seriam mais salutares do que a manhã ou a primavera para nossas vidas e possivelmente dariam um novo aspecto a tudo. Quantos homens marcaram uma nova era em sua vida a partir da leitura de um livro. Talvez exista um livro que explicará nossas questões e revelará novas. As coisas ora indizíveis que podem ser ouvidas em algum lugar especial. Essas mesmas questões que nos perturbam, intrigam e confundem, por sua vez, ocorreram a todos os sábios; nenhuma foi omitida; e cada um respondeu a elas, de acordo com a sua capacidade, por meio de suas palavras e da própria vida. Com a sabedoria vem a liberalidade. O solitário homem contratado de uma fazenda nos arredores de Concord, que teve seu retorno e passou por experiência religiosa peculiar, e é levado a acreditar no perigo silencioso e a praticar a intolerância em nome da sua fé, pode pensar que não é verdade. Zoroastro, porém, há milhares de anos, percorreu o mesmo caminho e teve a mesma experiência, mas ele, sendo sábio, sabia que a liberdade era universal e tratou seus vizinhos de acordo, e é dito que inventou e estabeleceu o culto entre os homens. É preciso comungar humildemente com Zoroastro, pois, por meio da influência liberalizante de todos os dignos, e do próprio Jesus Cristo, deixaremos "nosso templozinho" desmoronar.

Nós nos gabamos de pertencer ao século XIX e estarmos fazendo os passos mais rápidos que qualquer nação. Considere o pouco que esta vila faz por sua própria cultura. Não desejo lisonjear meus concidadãos, nem ser lisonjeado por eles, pois isso não vai aperfeiçoar nenhum de nós. Precisamos ser provocados — incitados como bois, que somos — a um trote. Temos um sistema mais ou menos decente de escolas públicas, mas só para crianças; exceto o provisório liceu no decorrer do inverno e, mais tarde, o início insignificante de uma biblioteca sugerida pelo Estado, não há nenhuma escola para nós.

Gastamos mais com os artigos para nossa alimentação corporal ou doenças do que em nossa nutrição mental. Já é tempo de termos escolas secundárias, de não deixarmos de estudar quando chegamos à adolescência. É hora de as vilas possuírem universidades, e seus habitantes mais cultos tornarem-se membros dos conselhos dessas, com tempo livre — se eles realmente estiverem preparados — para buscar conhecimento nos estudos liberais pelo resto de suas vidas. O mundo ficará confinado a uma Paris ou a uma Oxford para sempre? Os alunos não podem morar aqui e obter uma educação liberal sob os céus de Concord? Não podemos contratar algum "Abelardo" como nosso professor? Que pena! Dedicados à alimentação do gado e o cuidado com as previsões, somos afastados da escola por muito tempo e nossa educação é tristemente negligenciada. Neste país, a vila poderia, em alguns aspectos, ocupar o lugar do nobre da Europa. Deveria ser a patrona das artes. É rica. Falta-lhe apenas magnanimidade e requinte. Pode gastar dinheiro suficiente em coisas que os fazendeiros e comerciantes valorizam, mas é considerado utópico propor gastar dinheiro em coisas que homens mais inteligentes sabem ser de muito mais valor. Esta cidade gastou dezessete mil dólares em uma sede para a prefeitura, graças à fortuna ou à política, mas provavelmente não gastará tanto com a inteligência viva, a verdadeira carne que será colocada naquela casca, em cem anos. Os cento e vinte e cinco dólares anuais destinados ao liceu no inverno são mais bem gastos do que qualquer outra quantia igual arrecadada na cidade. Se vivemos no século XIX, por que não aproveitar as vantagens que ele nos oferece? Por que nossa vida deveria ser provinciana? Se vamos ler jornais, por que não ignorar a fofoca de Boston e pegar o melhor jornal do mundo em vez de ficar tirando vantagens dos jornais "neutros de família" ou folheando *Olive Branches* aqui na Nova Inglaterra? Que as informações de todas as sociedades eruditas cheguem até nós, e veremos se eles sabem alguma coisa. Por que deveríamos deixar Harper & Brothers e Redding & Co. selecionarem nossa leitura? Como o nobre de gosto cultivado se cerca de tudo o que conduz a sua cultura — gênio, aprendizado, sagacidade, livros, pinturas, estatuária, música, instrumentos filosóficos e semelhantes —, a vila também deveria fazê-lo; e não contentar-se com um pedagogo, um pároco, um sacristão, uma biblioteca paroquial e três ou quarto homens distintos, só porque nossos antepassados peregrinos passaram um inverno frio, uma vez, em uma rocha desolada, com eles. Agir coletivamente está de acordo com o espírito de nossas instituições; e estou confiante que, como nossas circunstâncias são mais prósperas, nossos meios são maiores do que os do nobre. A Nova Inglaterra pode contratar todos os sábios do mundo para vir ensinar-nos e hospedá-los enquanto por preciso; e assim deixará de ser provinciana. Essa é a escola que queremos. Em vez de nobres, vamos ter nobres vilas. Se for necessário, omita uma ponte sobre o rio, contorne aquele trecho e lance pelo menos um arco sobre o abismo mais escuro da ignorância que nos cerca.

SONS

Enquanto estamos cercados a livros, embora os mais seletos e clássicos, e lemos apenas algumas línguas escritas que não passam de dialetos e provincianismos, corremos o risco de esquecer a linguagem que todas as coisas e eventos falam sem metáfora, que é original abundante e padrão. Muito é publicado, mas pouco deixa a impressão. Os raios que fluem através da cortina não serão mais lembrados quando essa for removida. Nenhum método ou disciplina dispensa a necessidade de estar sempre alerta. O que é um curso de história, ou filosofia, ou poesia, não importa quão bem selecionado, ou a melhor sociedade, ou a mais admirável rotina da vida, comparados com a disciplina de olhar sempre para o que deve ser visto? Você será um leitor, apenas um estudioso ou um contemplador; o que há de ser? Leia o seu destino, veja o que está adiante e caminhe para o futuro.

Não li livros no primeiro verao; eu só colhi feijão. Não, muitas vezes eu fiz melhor do que isso. Houve momentos em que não pude sacrificar a flor do momento presente a qualquer trabalho, fosse da cabeça ou das mãos. Amo uma margem ampla na minha vida. Às vezes, em uma manhã de verão, depois de tomar meu banho habitual, eu sentava-me na porta ensolarada, desde o nascer do sol até o cair da tarde, extasiado em devaneios, entre os pinheiros, nogueiras e sumagres, em solidão e quietude imperturbáveis, enquanto os pássaros cantavam ou esvoaçavam silenciosamente ao redor da casa, até que o sol ao atingir minha janela oeste, ou o barulho da carroça de algum viajante na estrada distante, me lembrasse do lapso de tempo que fiquei ali. Cresci nessas estações como milho à noite, e elas foram muito melhores do que qualquer trabalho manual teria sido. Não significavam menos tempo da minha vida, mas sim um tempo muito além da minha cota habitual. Percebi o que os orientais querem dizer com contemplação e abandono das obras. Na maior parte do tempo, não me importava como as horas passavam. O dia avançava como a iluminar algum trabalho meu; era manhã e eis que agora é noite e nada memorável foi realizado. Em vez de cantar como os pássaros, sorria silenciosamente por minha boa sorte incessante. Assim como o pardal tinha seu trinado, pousado na nogueira diante de minha porta, eu também tinha minha risada ou gorjeio reprimido que ele podia ouvir de meu ninho. Meus dias não eram dias da semana, com a marca de qualquer divindade pagã, nem eram reduzidos a horas e marcados pelo tique-taque de um relógio; pois vivi como os índios Puri, de quem se diz que "para ontem, hoje e amanhã eles têm apenas uma palavra e expressam a variedade de significados apontando para trás para ontem, para frente para amanhã, e em pondo o dedo em cima da cabeça para o dia que passa". Isso era pura ociosidade para meus concidadãos, sem dúvida; mas se os pássaros e as flores tivessem me qualificado por seu padrão, eu não teria sido achado como preguiçoso. Um homem deve encontrar oportunidades em si mesmo, é verdade. O dia natural é muito calmo e dificilmente reprovará sua indolência humana.

Eu tinha vantagem, no meu modo de vida, sobre aqueles que eram obrigados a procurar diversão no seu exterior, na sociedade e no teatro; minha própria vida se tornou minha diversão e nunca deixou de ser uma novidade. Era um drama de muitas cenas e sem fim. Se estivéssemos sempre ganhando o nosso pão e regulando nossas vidas de acordo com o último ou com o melhor modo que aprendemos, nunca seríamos incomodados com o tédio. Siga sua determinação bem de perto e ela não deixará de mostrar a você uma nova perspectiva a cada hora. O trabalho doméstico era um passatempo agradável. Quando meu chão estava sujo, levantava-me cedo e, colocando todos os meus móveis na grama, cama e colchão também, jogava água no chão; salpicava areia branca do lago sobre ele e depois, com uma vassoura, esfregava-o até deixá-lo branco e quando os aldeões terminavam o seu jejum, o sol da manhã já tinha secado a minha casa o suficiente para permitir que eu nela entrasse e continuasse minhas meditações, quase ininterruptas. Era agradável ver todos os meus pertences domésticos espalhados na grama formando uma pequena pilha como uma trouxa de cigano, e minha mesa de três pernas, da qual não tirava os livros, a pena e a tinta, entre os pinheiros e nogueiras. Eles pareciam felizes por terem saído da casa e como se não quisessem entrar. Às vezes, eu ficava tentado a estender um toldo sobre eles e alojar-me ali. Valia a pena ver o sol brilhar sobre as minhas coisas e ouvir o vento soprar livremente sobre elas; objetos familiares parecem muito mais interessantes em espaços ilimitados do que dentro de casa. Um pássaro pousa no galho baixo, florezinhas crescem sob a mesa e ramos das amoreiras enroscam em volta de suas pernas; pinhas, carrapichos e folhas de morangueiros estão espalhados. Parece que foi assim que essas formas passaram a ser transferidas para nossos móveis, para mesas, cadeiras e estrados — porque outrora estiveram no meio delas.

Minha casa ficava na encosta de uma colina, à beira de um bosque, bem no centro de uma floresta com jovens pinheiros e nogueiras, e a 30m do lago, o qual era alcançado por meio de uma trilha estreita na colina. No jardim da frente cresciam morangos, amora-preta, sempre-vivas, ervas-de-são-joão, arbustos de carvalho, cerejeira, mirtilo e amendoim. Perto do final de maio, a cerejeira (*Cerasus pumila*) adornava as margens do caminho com suas flores delicadas dispostas em umbelas cilíndricas sobre seus caules curtos, que dobram, no outono, carregados de cerejas de bom tamanho e bonitas, caindo em grinaldas como raios por todos os lados. Eu as comia como um elogio à natureza, embora fossem pouco saborosas. O sumagre (*Rhus gla-*

bra) cresceu luxuriantemente em volta da casa, trilhando sobre o aterro que eu havia feito, e atingiu por volta de um metro e oitenta na primeira estação. Sua larga folha tropical pinada era agradável, embora estranha, de se olhar. Os grandes botões, que surgiam repentinamente no final da primavera de galhos secos que pareciam mortos, desenvolviam-se como por mágica, em graciosos ramos verdes e macios, com uma polegada de diâmetro; tão descuidadamente eles cresciam que sobrecarregavam suas juntas fracas, e, às vezes, sentado junto à minha janela, eu ouvia um galho fresco e tenro cair repentinamente como um leque no chão, quando não havia uma lufada de ar, quebrado por seu próprio peso. Em agosto, as grandes massas de bagas de framboesas, morangos, amoras que, quando em flor, atraíram muitas abelhas selvagens, gradualmente assumiram sua brilhante tonalidade aveludada carmesim e, com seu peso, novamente se curvaram e quebraram os membros tenros.

Enquanto estou à janela nesta tarde de verão, os falcões estão circulando em minha clareira; o bando de pombos selvagens, voando em grupos de dois ou três, ou pousando inquietos nos galhos do pinheiro-branco atrás de minha casa, dão uma voz ao ar; um falcão faz covinhas na superfície vítrea do lago e traz um peixe; uma marta sai furtivamente do pântano diante de minha porta e agarra um sapo na margem; o junco está se curvando sob o peso dos pássaros que pousam aqui e ali; e na última meia hora ouvi o barulho dos vagões, ora morrendo, ora revivendo, como o bater de uma perdiz, transportando viajantes de Boston para o campo. Pois eu não vivia tão fora do mundo quanto aquele menino que, segundo ouvi dizer, foi entregue a um fazendeiro na parte leste da cidade, mas logo fugiu e voltou para casa, bastante abatido e com muitas saudades. Ele nunca tinha visto um lugar tão monótono e isolado as pessoas foram embora e ele não ouvia nem ouvir o apito do tem! Duvido que exista um lugar assim em Massachusetts:

> "Na verdade, nossa vila se tornou um alvo
> Para um desses eixos ferroviários rápidos
> Sobre a planície pacífica, seu som suave é... Concord".

A Ferrovia Fitchburg tangencia o lago a cerca de quinhentos metros ao sul de onde moro. Costumo ir para a vila ao longo de sua ponte e sou, por assim dizer, relacionado à sociedade por esse elo. Os homens dos trens de carga, que percorrem toda a extensão da estrada, me cumprimentam como a um velho conhecido, já passam por mim com muita frequência e, provavelmente, me tomam por um empregado; e assim eu sou. Eu também gostaria de ser um reparador de trilhos em qualquer lugar da órbita da Terra.

O apito da locomotiva penetra nos bosques, seja verão ou inverno, soando como o pio de um falcão plainando sobre o pátio de algum fazendeiro, informando-me que muitos comerciantes inquietos, da capital estão chegando ao centro da cidade, e também mercadores aventureiros que moravam no campo do outro lado. Ao se instalar em um determinado espaço, o grupo grita, escandalosamente, para avisar, aos compradores, que as mercadorias estão expostas. Esse aviso chega até outras cidades: "Ó homens! Venham às compras, suas mercadorias chegaram!". Não há nenhum homem tão independente, em sua fazenda, que possa dizer não a esses negociantes. — Aqui está o seu pagamento por elas! — grita o camponês; são toras de madeira como longos aríetes e cadeiras suficientes para acomodar todos os cansados e oprimidos que habitam essa cidade. Todas as colinas de mirtilos indígenas estão rapadas, todos os prados de mirtilos foram varridos para dentro da cidade. Sobe o algodão para o Norte, desce o tecido para o Sul; sobe a seda, desce a lã; sobem os livros, desce a sagacidade que os escreve.

Quando vejo a locomotiva com seus vagões distanciando-se com movimento veloz — ou melhor, como um cometa que o observador não sabe se com aquela velocidade e direção ele algum dia revisitará este sistema, já que sua órbita não parece uma curva que retorna — e com sua nuvem de vapor, como um estandarte, tremulando atrás de si carregando cordéis de ouro e prata, como muitas nuvens felpudas que eu vi, no alto dos céus, desdobrando suas massas para a luz — como se esse semideus viajante, esse gerador de nuvens, em pouco tomasse o céu do pôr do sol como o libré da sua comitiva; quando ouço o cavalo de ferro fazer as colinas ecoarem seu bufo como um trovão, sacudindo a terra com os pés, soltando fogo e fumaça pelas narinas (que tipo de cavalo alado ou dragão de fogo eles colocarão na nova mitologia eu não sei), parece que a terra encontrou uma raça digna de habitá-la. Se tudo fosse como parece, e os homens fizessem os elementos seus servos para fins nobres! Se a nuvem que paira sobre a locomotiva fosse a transpiração de feitos heroicos, ou tão benéfica quanto aquela que flutua sobre os campos do fazendeiro, então os elementos e a própria Natureza acompanhariam alegremente os homens em suas incumbências e seriam sua escolta.

Observo a passagem dos vagões matinais com a mesma sensação com que observo o nascer do sol, dificilmente mais rigoroso. Uma fileira de nuvens estendendo-se atrás dos vagões e subindo cada vez mais alto, indo para o céu enquanto os vagões vão para Boston, esconde o sol por um minuto e lança na sombra os campos distantes. — uma procissão celestial ao lado da qual a locomotiva que atravessa a terra é apenas a farpa da lança. O maquinista do cavalo de ferro levantou-se cedo, nesta manhã de inverno, à luz das estrelas em meio às montanhas, para alimentar e arrear seu corcel. O fogo também foi despertado logo cedo para nutri-lo e desembestá-lo. Se o empreendimento fosse tão inocente como diligente! Se a neve estiver profunda, os ferroviários amarram suas raquetes de neve e, com um arado gigante, abrem um sulco das montanhas até o litoral, no qual os vagões, como sementeiras, espalham todos os homens inquietos e mercadorias circulantes. O dia todo o corcel de fogo voa entre o campo e cidade, parando apenas para que seu mestre possa descansar, e sou acordado por seu estrépito e seu bufo desafiador à meia-noite, quando em algum vale remoto na floresta ele enfrenta os elementos envoltos em gelo e neve; e ele chegará a sua estação apenas com a estrela da manhã, para começar mais uma vez as suas viagens seguidas. Às vezes à noite, ouço-o em sua estação descarregando as energias excessivas do dia, para acalmar os nervos e desopilar o fígado e a mente por algumas horas de sono profundo. Se o empreendimento fosse tão heroico e imponente quanto é demorado e fatigante!

Longe, os bosques das florestas desertas nos confins das cidades, onde outrora o caçador entrava apenas durante o dia, nas noites mais escuras, disparam raios que cintilam e ninguém sabe como nem o porquê. Ora iluminam alguma edificação cidade ou da vila, onde pessoas estejam reunidas ora o Pântano Sombrio, assustando a coruja e a raposa. As partidas e chegadas dos trens denunciam as horas do dia na vila. Eles vão e vêm com tanta regularidade e precisão, e seu apito pode ser ouvido tão longe, que todos acertam seus relógios por eles, e assim uma instituição bem conduzida regula toda uma região. Os homens não melhoraram um pouco a pontualidade desde que a ferrovia foi construída? Eles não falam e pensam mais rápido na estação do que nos outros lugares? Há algo eletrizante na atmosfera das estações. Fico surpreso com os milagres que ela já realizou; que alguns dos meus vizinhos, eu havia profetizado, de uma vez por todas, nunca chegariam a Boston em um transporte tão rápido, e agora já embarcaram mal o trem apita quando o sinal toca. Fazer à "moda ferroviária" é agora a palavra de ordem; e vale a pena ser avisado com frequência e sinceridade, por qualquer poder, para sair de sua trilha. Não há paradas para ler o ato do motim, nem atirar sobre as cabeças da multidão, neste caso. Construímos um destino, como Átropos, que nunca se desvia. (Que seja esse o nome do trem.) Os homens são avisados de que em uma determinada hora e minuto os raios serão disparados em direção a pontos específicos da bússola; no entanto, isso não interfere nos negócios de ninguém, e as crianças vão para a escola por outro caminho. Vivemos mais estáveis por isso. Somos todos educados para sermos filhos de Tell. O ar está cheio de raios invisíveis. Todo caminho, exceto o seu, levará a um destino danoso. Continue em seu próprio caminho, então.

O que me agrada no comerciante é sua iniciativa e bravura. Ele não junta as mãos e reza a Júpiter. Vejo esses homens todos os dias cuidando de seus negócios com mais ou menos coragem e contentamento, fazendo mais do que imaginam e talvez com mais dedicação do que poderiam, conscientemente, supor. Fico menos impressionado com o heroísmo daqueles que permanecem por meia hora na linha de frente em Buena Vista, do que com o valor constante e alegre dos homens que habitam o limpa-neve como quartel de inverno; homens que não têm apenas a coragem das três horas da manhã, que Bonaparte considerava a mais rara, mas uma coragem que não os deixa descansar tão cedo, que permiti-lhes dormir apenas quando a tempestade dorme ou os tendões do seu corcel de ferro estão congelados. Nesta manhã de grande neve, que ainda está fervendo e gelando o sangue dos homens, ouço o som abafado saindo do banco de névoa com seu bafo gelado, que anuncia que os vagões estão chegando, sem demora, apesar do veto de uma tempestade de neve no nordeste da Nova Inglaterra. Vejo limpadores cobertos de neve e geada, acima da aiveca que está se inclinando, para conseguir remexer, muito além que margaridas e ninhos de ratos-do--campo, blocos de gelo como os da Serra Nevada, que ocupam um lugar diferenciado no universo.

O comércio é inesperadamente confiante e sereno, alerta, aventureiro e incansável. É muito natural em seus métodos, muito mais do que muitos empreendimentos fantásticos e experimentos sentimentais e, portanto, seu sucesso é singular. Sinto-me revigorado e tranquilo quando o trem de carga passa por mim e sinto o cheiro das mercadorias que exalam seus odores desde Long Wharf até o Lago Champlain, lembrando-me de terras estrangeiras, recifes de coral, do oceano Índigo, dos climas tropicais e da extensão do globo. Sinto-me muito mais um cidadão do mundo ao ver as folhas de palmeira que cobrirão tantas cabeças, com linho, Nova Inglaterra no próximo verão, o cânhamo de Manilla e as cascas de coco, o charque, sacos de juta, ferro-velho e peças enferrujadas. Esse carregamento de velas rasgadas é mais legível e interessante agora do que quando registrados em papel e impressos em livros. Quem pode escrever tão graficamente a história das tempestades que enfrentaram como esses buracos? São provas impressas que não precisam de correção. Aqui vai a madeira das florestas do Maine, que não foi para o mar na última enchente dos rios e, subiu quatro dólares em mil por causa da que despareceu ou foi quebrada; pinho, abeto, cedro — primeira, segunda, terceira e quarta qualidades, tão recentemente todas de uma só, ao balançar sobre o urso, o alce e o caribu. Em seguida, rola a cal Thomaston, um lote nobre, que chegará longe, entre as colinas, antes que seja dizimado. Os trapos em fardos, de todas as cores e qualidades, a condição mais baixa à qual o algodão e o linho descem, resultado final do vestuário — de padrões que agora não são mais apreciados, a menos que seja em Milwaukie, como aqueles artigos esplêndidos de estamparias inglesas, francesas ou americanas, guingões, musselinas etc., reunidos de todos os quadrantes da moda e da pobreza — vão se tornar papel de uma cor ou apenas alguns tons, no qual, em breve, serão escritas histórias da vida real, com altos e baixos fundamentos em fatos! Esse vagão fechado cheira a peixe salgado, o forte perfume comercial da Nova Inglaterra, lembrando-me os Grand Banks e as pescarias. Quem nunca viu um peixe salgado, bem curado para que nada o estrague, e deixe corada a perseverança dos santos? Com ele pode-se varrer ou pavimentar as ruas e dividir gravetos; um carroceiro se protege, e a sua carga contra o vento, o sol e a chuva, atrás dele; um mercador, como um comerciante de Concord havia feito, pendurou um desses em sua porta como um sinal do início do seu negócio e li ele ficou até que seu cliente mais antigo não podia mais dizer, com certeza, se era um animal, vegetal ou mineral, e ainda assim devia estar tão puro quanto um floco de neve e, se fosse colocado em uma panela e fervido, viraria um excelente peixe pardo para o jantar de sábado. Em seguida vêm couros espanhóis, com as caudas ainda preservando o ângulo de elevação que tinham quando os bois que as usavam, corriam sobre as planícies espanholas — um sinal de muita obstinação e evidenciando quão irreparáveis e incuráveis são quase todos os vícios. Confesso que, objetivamente falando, quando conheço a verdadeira disposição de um homem, não tenho esperança de mudá-lo para melhor ou para pior, no presente estado de existência. Como dizem os orientais: "O rabo de um vira-lata pode ser aquecido, pressionado e amarrado com ligaduras, e depois de doze anos nessas circunstâncias ele ainda manterá sua forma natural". A única medida eficaz para tais inveteradas caudas é fazer cola com elas, que acredito ser o que geralmente é feito, e então elas ficam dominadas e quietas. Aqui está um barril de melaço ou de conhaque dirigido a John Smith, Cuttingsville, Vermont, um comerciante das Green Mountains, que importa para os fazendeiros que vivem perto de sua clareira, e agora é provável que esteja encostado na sua antepara a pensar nas últimas cargas chegadas à costa, como foram afetados os preço e dizendo a seus clientes, neste momento, como já disse vinte vezes nesta manhã, que ele espera, no próximo trem, encomendas de primeira qualidade, como foi anunciado no *Cuttingsville Times*.

Enquanto umas mercadorias sobem, outras descem. Avisado pelo som sibilante, olho por cima do meu livro e vejo um pinheiro alto, talhado nas colinas ao norte distante, que abriu caminho sobre as Green Mountains e Connecticut; disparado como uma flecha através do município e mal outro olho o contemple, está pronto a:

> "Ser o mastro
> De algum grande almirante".

E ouçam! Aí vem o vagão trazendo o gado de mil colinas, currais, estábulos e currais itinerantes, pastores com seus bastões, e meninos pastores no meio de seus rebanhos, todos menos os pastos da montanha, rodopiavam como folhas sopradas das montanhas pelos vendavais de setembro. O ar encheu-se das lamúrias dos bezerros e ovelhas, dos mugidos de bois, como se um vale pastoril estivesse passando. Quando o velho pastor à frente, toca seu sino, as montanhas, de fato, saltam como carneiros e as pequenas colinas como cordeiros. Vem agora um vagão cheio de tropeiros e boiadeiros, no meio, no mesmo nível de seus rebanhos, porém, agora, inativos, mas ainda se agarrando a seus bastões inúteis como distintivos de ofícios. E seus cachorros, onde estão? É uma debandada para eles; são completamente abandonados; perdem até o faro. Parece que os ouço latindo atrás das colinas de Peterboro, ou ofegando na encosta oeste das Gree Mountains. Eles não estarão na morte. A vocação deles também se foi. Sua fidelidade e sagacidade estão abaixo da média agora. Eles voltarão para seus canis em desgraça, ou talvez correrão soltos e farão uma liga com o lobo e a raposa. Assim, sua vida pastoral passou e se foi. O apito soa e devo sair da pista e deixar o trem passar:

> O que é a ferrovia para mim?
> Nunca vou ver
> Onde está seu fim.
> Preenche alguns vazios,
> E faz bancos para os passarinhos,
> Faz a areia soprar,
> E a amoreira brotar

Agora que os vagões se foram e todo o mundo inquieto com eles, e os peixes no lago não sentem mais seu estrondo, estou mais sozinho do que nunca. Pelo resto da longa tarde, talvez, minhas meditações sejam interrompidas apenas pelo leve barulho de uma carruagem ou parelha ao longo da estrada distante.

Às vezes, aos domingos, eu ouvia os sinos de Lincoln, Acton, Bedford ou Concord, quando o vento era favorável, uma melodia fraca, doce e, por assim dizer, natural, que valia a pena ouvir naquele lugar vazio. A uma longa distância, sobre a mata o som adquire um zumbido vibratório como se as agulhas dos pinheiros no horizonte, fossem, as cordas de uma harpa. Todo som ouvido na maior distância possível produz uma vibração de lira universal, assim como a dispersão da luz do Sol ao atingir as minúsculas partículas de água que compõem névoa torna uma distante cordilheira interessante aos nossos olhos pela tonalidade azul que lhe confere. Nesse caso, vinha a mim uma melodia que o ar havia filtrado e que havia conversado com cada folha e galhos da floresta, aquela parte do som que os elementos haviam captado, modulado e ecoado de vale em vale. O eco é, até certo ponto, um som original, e aí está a sua magia e encanto. Não é apenas uma repetição do som mais bonito que tem o sino, mas também a voz da madeira; as mesmas palavras e notas especiais cantadas por uma ninfa da floresta.

À noite, o mugido distante de alguma vaca no horizonte além da floresta soava doce e melodioso, e a princípio eu o confundira com as vozes de certos menestréis que às vezes faziam serenatas e poderiam estar vagando por colinas e vales; mas não fiquei desapontado quando identifiquei o prolongado som da música natural da vaca. Não pretendo ser satírico, mas expressar minha apreciação pelo canto daqueles jovens, quando afirmo que percebi claramente que a música da vaca era semelhante a deles, e afinal, eles articulavam-se com a Natureza.

Regularmente, por volta das sete e meia, durante uma parte do verão, depois que o trem vespertino, os curiangos cantavam suas vésperas, por meia hora, pousados em um toco perto da minha porta ou no poste da cumeeira da casa. Eles começavam a cantar quase com tanta precisão quanto um relógio, dentro de cinco minutos, a partir do momento que principiavam, acontecia o pôr do sol. Tive uma rara oportunidade de conhecer seus hábitos. Às vezes eu ouvia quatro ou cinco ao mesmo tempo, em diferentes partes do bosque por acaso em uma só harmonia, e tão perto de mim, que distinguia não apenas o cacarejar após cada nota, mas muitas vezes aquele zumbido singular de uma mosca em presa uma teia de aranha, só que proporcionalmente mais alto. Também acontecia de um deles circular em volta de mim, a alguns metros de distância, como se estivesse amarrado por uma corda; provavelmente eu estava perto de seus ovos. Eles cantavam em intervalos durante a noite e estavam novamente musicais como sempre, antes e durante amanhecer.

Quando outros pássaros estão em silêncio as corujas-das-torres começam a cantilena e como mulheres de luto, ululam continuamente. Seu grito sombrio é verdadeiramente ao estilo Ben Jonson[8]. Sábias bruxas da meia-noite! Não é um lero-lero honesto e contundente dos poetas, mas, sem brincadeira, uma solene cantiga de cemitério, as consolações mútuas de amantes suicidas lembrando as dores e as delícias do amor celestial nos bosques infernais. No entanto, adoro ouvir seus lamentos, seus responsos tristes trinados ao longo do lado da floresta; lembram-me músicas e pássaros cantando; como se fossem o lado sombrio e choroso da música, os lamentos e suspiros que de bom grado seriam cantados. Elas são os espíritos, os espíritos baixos e presságios melancólicos, de almas caídas que uma vez em forma humana caminharam pela terra e fizeram as obras das trevas, agora expiam seus pecados com seus hinos de lamentação ou elegias no cenário de suas transgressões. Dão-me um novo senso da variedade e capacidade daquela natureza que é nossa morada comum. Ooh oooh oooh que eu nunca tivesse nasci do do do! Suspira uma deste lado do lago e esvoaça com a inquietação do desespero para algum novo poleiro nos carvalhos cinzentos. Ih ih ih que eu nunca tivesse nasci-i-i-i-do! — ecoa do outro lado. E com trêmula sinceridade, hi hi hi nasci! — vem vagamente, de longe, da floresta de Lincoln.

Eu também recebi serenata de uma coruja que parecia querer atiçar-me. Certamente seu piado tinha o som mais melancólico da natureza, como se ela quisesse apoderar-se e tornar permanente em seu coro os gemidos moribundos de um ser humano — alguma pobre e fraca relíquia do perecimento que deixou a esperança para trás e uiva como um animal, mas com soluços humanos, ao entrar no vale escuro, tornado mais terrível por causa de um tom gorgolejante e melodioso — encontro-me preso às letras "gl" quando tento imitá-la —, expressivo de uma mente que atingiu o estágio viscoso e mofado na mortificação de todo pensamento saudável e corajoso. Isso lembrou-me fantasmas e idiotas e uivos insanos. Agora uma responde das matas distantes com notas realmente melodiadas pela distância — Hoo hoo hoo, hoo hoo; e na verdade, na maioria das vezes, isso sugeria associações agradáveis, fossem ouvidas durante o dia ou à noite, no verão ou no inverno.

Fico feliz que existam corujas. Deixem-nas usar o pio idiota e maníaco para zombarem dos homens. É um som admiravelmente adequado a pântanos e

---

8   Ben Jonson (11 de junho de 1572 - 6 de agosto de 1637) foi um poeta, dramaturgo e ator inglês do período da Renascença. (N. do R.)

bosques ao crepúsculo, que nenhum dia ilustra, sugerindo uma natureza vasta e intocada que os homens não conhecem. Elas representam o crepúsculo sombrio e os pensamentos insatisfeitos que todos têm. Durante todo o dia, o sol brilhou na superfície de um pântano selvagem, onde o único abeto está escorando líquens do tipo usnea; pequenos falcões circulam acima; o chapim sussurra entre as coníferas, e o perdiz e o coelho se escondem embaixo; mas agora um dia mais sombrio e adequado aponta, e uma raça diferente de criaturas acorda para expressar o significado da Natureza ali.

No fim da tarde, ouço o estrondo distante de carros de bois nas pontes — o som mais ouvido do que qualquer outro à noite —, o latido de cães e, às vezes, o mugido de uma vaca desconsolada em um celeiro distante. Enquanto isso, toda a margem ressoa com o trompete dos sapos-touro, os espíritos fortes dos antigos bebedores de vinho e festeiros, ainda impenitentes, tentando comemorar uma boa pescaria no Lago Estígio — se é que as ninfas de Walden perdoarão a comparação, pois embora quase não haja vegetalidade há sapos lá —, que gostariam de manter as regras animadas de suas antigas mesas festivas, embora suas vozes tenham ficado roucas e solenemente sérias, porque zombam da alegria, e o vinho tenha perdido seu sabor, e se tornado apenas líquido para dilatar suas barrigas, e a doce embriaguez nunca venha para afogar a memória do passado, mas apenas para saturar e encharcar. O mais prepotente, com o queixo apoiado em uma folha de coração, que serve de guardanapo para suas goteiras salivantes, sob essa margem norte, toma um gole profundo da água outrora desprezada e passa a taça com a exclamação tr-r-r-oonk, tr-r-r-oonc, tr-r-r-oonc! E imediatamente vem, do outro lado da água, de uma enseada distante, a mesma chave repetida, onde o próximo na hierarquia e corpulência já bebeu a sua parte; e quando essa observância fez o circuito das margens, então o mestre de cerimônias exclama, satisfeito, tr-r-r-oonc! E cada um, por sua vez, repete o mesmo até o mais distendido, o mais saturado e mais flácido do estômago, para que não haja engano; e então a taça vai rodando novamente e de novo, até que o sol dissipe a névoa matinal, e apenas o grandão não esteja dentro da lagoa, mas balbuciando vãmente troonc de vez em quando, e fazendo uma pausa para a resposta.

Não tinha certeza se já ouvira, da minha clareira, o som do galo cantando e pensei que valeria a pena manter um galo, por sua música apenas, como um pássaro cantor. O canto desse, dantes, faisão indiano selvagem certamente é o mais notável, e se pudesse ser naturalizado sem ser domesticado, seu canto logo se tornaria o som mais famoso das nossas florestas; superaria o grasnar do ganso e o pio da coruja e então o cacarejar das galinhas preencheriam as pausas do magnífico cantar dos galos! Não é de se admirar que o homem tenha feito dessa ave um animal doméstico; sem mencionar os ovos e as coxas. Imaginem caminhar numa manhã de inverno em alguma floresta onde essas aves eram abundantes, por serem nativas, e ouvir os galos selvagens cantando nas árvores graves e agudos que ressoavam por quilômetros sobre a mata, abafando as notas mais fracas de outras aves — pensem nisso! Esse canto deixaria nações em alerta. Quem não gostaria de levantar cedo, e se acordar cada vez mais cedo a cada dia sucessivo de sua vida, até se tornar indescritivelmente saudável, rico e sábio? O canto dessa ave estrangeira é celebrado pelos poetas de todos os países, juntamente com o canto de suas aves nativas. Todos os climas se harmonizam com o corajoso Chantecler. Ele é mais nativo até mesmo do que os índios. Sua saúde é sempre boa, seus pulmões são sadios, força nunca enfraquece. Até mesmo o marinheiro no Atlântico e no Pacífico é despertado por seu canto, mas seu som agudo nunca me despertou do meu sono. Eu não tinha cachorro, gato, vaca, porco ou galinhas, então havia falta de sons domésticos; nem batedeira de manteiga, nem roca de fiar, nem mesmo o cantar do bule ou o assobio da chaleira, nem crianças chorando para algum som retumbar. Um homem antiquado teria enlouquecido ou morrido de tédio nesse silêncio. Nem mesmo ratos na parede, pois eles foram expulsos pela fome, ou melhor, nunca foram atraídos — apenas esquilos no telhado e debaixo do piso, um bacurau no poste do telhado, um gaio-azul gritando sob a janela, uma lebre ou marmota debaixo da casa e atrás dela uma coruja piadeira ou um mocho, um bando de gansos selvagens e um mergulhão inquieto no lago, uma raposa uivando à noite. Nem mesmo uma cotovia ou um oriole, essas aves de plantações, jamais visitaram minha clareira. Nenhum galo para cantar nem galinhas para cacarejar no quintal. Sem quintal! Tinha a Natureza sem cercas chegando até as soleiras das portas. Uma nova floresta estava brotando abaixo das janelas e sumagres selvagens e galhos de amoreira rompendo até minha adega; robustos pinheiros-silvestres rangendo contra as telhas por falta de espaço e suas raízes se estendendo até debaixo da casa. Em vez de uma porta ou uma janela arrastada pelo vento, uma árvore de pinheiro quebrada ou arrancada pelas raízes, atrás da minha casa, era usada como lenha. Em vez de não haver caminho até o portão do quintal durante a Grande Nevasca — sem portão, sem quintal —, nenhuma saída para o mundo civilizado!

SOLIDÃO

Faz-se um entardecer delicioso quando todo o corpo se torna um só sentido e absorve prazer por todos os poros. Eu vou e venho com uma estranha liberdade na Natureza, faço parte dela. Enquanto caminho ao longo da margem pedregosa do lago, de mangas arregaçadas, embora o tempo esteja fresco, nublado e ventoso, não vejo nada de especial que me atraia, todos os elementos são incomumente incorporados a mim. Os sapos-touro anunciam a chegada da noite com seu som característico, e o canto do corujão é carregado pelo vento ondulante que vem por cima da água. A simpatia pelas folhas trêmulas de amieiros e álamos quase me tira o fôlego, no entanto, assim como o lago, minha serenidade é apenas levemente perturbada, não agitada. Essas pequenas ondas levantadas pelo vento da tarde estão tão longe da tempestade quanto a superfície lisa e refletora. Embora esteja escuro, o vento ainda sopra e ruge na floresta, as ondas ainda quebram, e algumas criaturas acalmam outras com seus sons. O descanso nunca é completo. Os animais mais selvagens não repousam porque buscam sua presa agora; a raposa, o gambá e o coelho percorrem os campos e as florestas sem medo. Eles são os guardiões da Natureza, elos que conectam os dias da vida animada.

Quando volto para minha casa constato se visitantes estiveram lá, seja por meio de cartões deixados, um buquê de flores, ou um nome escrito a lápis em uma folha amarela de nogueira, ou em um pedaço de madeira. Aqueles que raramente vêm à floresta pegam um pedacinho dela para brincar no caminho, e o deixam, seja intencionalmente ou acidentalmente. Alguém descascou uma vara de salgueiro, trançou-a em um anel e deixou-o em minha mesa. Eu sempre conseguia perceber se visitantes haviam passado durante a minha ausência, seja pelos galhos ou grama dobrados, ou pelas marcas de seus sapatos, e geralmente podia identificar o sexo, a idade ou a qualidade deles por algum leve indício deixado — como uma flor caída ou um punhado de grama arrancado e jogado fora, ainda que essas provas estivessem longe, até mesmo na estrada de ferro, a meio quilômetro de distância, ou pelo cheiro persistente de um charuto ou cachimbo. Sim, frequentemente era informado da passagem de um viajante, pela estrada a trezentos metros de distância, pelo cheiro de seu cachimbo.

Normalmente, há espaço suficiente ao nosso redor. Nosso horizonte nunca está bem ao alcance das nossas mãos. A floresta densa não está logo a nossa porta, nem o lago, mas sempre há um local desimpedido, familiar e desgastado por nós, apropriado e cercado de alguma forma, e reclamado da Natureza. Por que tenho essa vasta extensão de alguns quilômetros quadrados de floresta pouco frequentada, para minha privacidade, abandonada pelos homens? Meu vizinho mais próximo está a um quilômetro e meio de distância, e nenhuma casa é visível de nenhum lugar, exceto do alto das colinas, a meio quilômetro da minha. Tenho minha visão limitada pelas florestas só para mim; uma visão da ferrovia onde ela toca o lago de um lado e da cerca que acompanha a estrada florestal do outro. Na maioria das vezes, é tão solitário onde eu moro quanto as pradarias. É tanto Ásia quanto África, assim como Nova Inglaterra. Eu tenho, por assim dizer, meu próprio Sol, Lua e estrelas, um pequeno mundo só para mim. À noite, nunca passou um viajante pela minha casa, ou bateu a minha porta, era quase como se eu fosse o primeiro ou o último homem. A menos que fosse na primavera, quando, em longos intervalos, alguns vinham homens da vila para pescar — eles evidentemente pescavam muito no lago Walden a sua própria natureza e banhavam suas iscas e varas com a escuridão —, mas logo retornavam com cestos vazios, e deixavam "o mundo para a escuridão e para mim", e, assim a escuridão da noite nunca foi profanada por nenhuma vizinhança humana. Acredito que os homens ainda têm um pouco de medo do escuro, embora todas as bruxas tenham sido queimadas e o cristianismo e as velas introduzidos.

 No entanto, vivenciei que a mais doce e terna, a mais inocente e encorajadora companhia pode ser encontrada em qualquer objeto natural, por um pobre misantropo ou pelo homem mais melancólico. Não há uma melancolia muito sombria naquele que vive no meio da Natureza e tem seus sentidos intactos. Nunca houve uma tempestade que não fosse como a música produzida pela pá eólica para um ouvido saudável e inocente. Nada pode realmente obrigar um homem simples e corajoso a uma tristeza vulgar. Enquanto desfruto a amizade das estações, confio que nada possa tornar a vida um fardo para mim. A chuva suave que rega meus feijões e me mantém em casa hoje, não é sombria nem melancólica, é ótima para eles e para mim também. Embora impeça o meu trabalho de capina, ela tem um valor muito maior do que ele. Mesmo que continue por muito tempo, a ponto de fazer as sementes apodrecerem no solo e destruir as batatas nas terras baixas, ela será boa para o pasto nas terras altas e, portanto, será boa para mim.

 Às vezes, quando me comparo com outros homens, parece que sou mais favorecido pelos deuses do que eles, mesmo considerando méritos dos quais eu tenho consciência; sinto como se tivesse uma garantia e uma segurança em suas mãos, que meus companheiros não têm, e fosse especialmente guiado e protegido. Eu não me envaideço, mas se é possível, eles me envaidecem. Nunca me senti solitário, nem oprimido pelo sentimento de solidão, exceto uma vez, algumas semanas depois que fui para a floresta, quando, por uma hora, duvidei se a proximidade do homem não era essencial para uma vida serena e saudável. Estar sozinho era algo desagradável, mas, ao mesmo tempo, eu estava consciente de que havia uma leve insanidade em meu humor e pude prever minha recuperação.

Durante uma chuva suave, enquanto esses pensamentos predominavam, de repente fiquei consciente de uma harmonia tão doce e benéfica com a Natureza; no próprio pingar das gotas, e em cada som e visão ao redor de minha casa, brotou uma amizade infinita e inexplicável de uma vez só, como uma atmosfera que me sustentava, tornando insignificantes as vantagens imaginadas da vizinhança humana, e nunca mais pensei nelas. Cada pequena agulha de pinheiro se expandia e inchava com simpatia e me fazia bem. Eu estava tao claramente ciente da presença de algo afim a mim, mesmo em cenas que costumamos chamar de selvagens e sombrias, e também de que o ser mais próximo a mim, não era uma pessoa nem um aldeão, que pensei que nenhum lugar poderia me parecer estranho novamente...

> "O lamento prematuro consome os tristes;
> Poucos são seus dias na terra dos vivos,
> Ó bela filha de Toscar."

Algumas das minhas horas mais agradáveis foram durante as longas tempestades de chuva na primavera ou no outono que me mantinham em casa tanto de tarde quanto de manhã, acalmado por seu rugido incessante e batidas; quando um crepúsculo precoce trazia uma longa noite, muitos pensamentos tinham tempo para criar raízes e se desenvolver. Durante as chuvas impetuosas do nordeste, que tanto testavam as casas da vila, quando as empregadas ficavam prontas com esfregões e baldes nas entradas da frente para manter o dilúvio do lado de fora, eu sentava atrás da minha porta, na minha pequena casa que equivalia a apenas um saguão, e apreciava sua proteção. Em uma tempestade de trovão forte, um raio atingiu um grande pinheiro do outro lado do lago, criando uma marca em espiral muito visível e perfeitamente regular de cima a baixo, com mais de dois centímetro de profundidade e quatro ou cinco de largura, como se estivesse entalhando um cajado de caminhada. Eu passei por lá outro dia e fiquei impressionado com o temor que senti ao olhar para cima e contemplar aquela marca, agora mais nítida do que nunca, onde um raio terrível desceu do céu inofensivo há oito anos. Frequentemente os homens me dizem: "Eu penso que você se sente solitário lá embaixo e desejaria estar mais perto das pessoas, especialmente em dias e noites chuvosos e nevados". Sinto vontade de responder a eles: esta terra inteira em que habitamos é apenas um ponto no espaço. Quão distantes você acha que vivem os dois habitantes mais distantes daquela estrela cuja largura de disco não pode ser definida por nossos instrumentos? Por que eu deveria me sentir solitário? Não estamos na mesma galáxia? O que você coloca não me parece ser a pergunta mais importante. Que tipo de espaço é esse que separa um homem de seus semelhantes e o torna solitário? Descobri que nenhum esforço das pernas pode aproximar duas mentes. O que realmente desejamos é estar próximos a quê? Certamente, não a muitos homens, ao terminal de trem, ao correio, ao bar, à igreja, à escola, ao armazém, Beacon Hill ou de Five Points, onde os homens mais se congregam, mas sim à fonte perene, de onde, como todas as nossas vivências comprovam emana a nossa vida; como o salgueiro que se levanta perto da água e estende suas raízes naquela direção. Isso varia de acordo com as diferentes naturezas, mas esse é o lugar onde um homem sábio cavará sua caverna...

Uma vez ao entardecer, encontrei um dos meus vizinhos, que tem o que é chamada de "uma bela propriedade" — embora eu nunca tenha tido uma visão justa dela — na estrada de Walden, conduzindo dois bois para o mercado, que me perguntou como eu poderia me conformar em abrir mão de tantos confortos da vida. Respondi-lhe que eu estava certo de que gostava muito da minha vida como ela era; e não estava brincando. E assim fui para a minha cama, e o deixei seguir seu caminho pela escuridão e pelo lamaçal até Brighton, ou, Cidade Brilhante, onde ele chegaria de manhã em algum momento.

Qualquer perspectiva de despertar ou voltar à vida torna indiferente, para um homem morto, todos os tempos e lugares. O lugar onde isso pode ocorrer é sempre o mesmo e indescritivelmente agradável para todos os nossos sentidos. Na maior parte do tempo, permitimos apenas circunstâncias periféricas e transitórias criem nossas ocasiões. Elas são, na verdade, a causa de nossa distração. O que está mais próximo de todas as coisas é o poder que molda o ser. Ao nosso lado, as leis mais relevantes estão sendo constantemente executadas. Ao nosso lado, não está o trabalhador que contratamos, com quem gostamos tanto de conversar, mas o trabalhador cuja produção somos nós.

"Quão vasta e profunda é a influência dos poderes sutis do Céu e da Terra!"
"Buscamos percebê-los, e não os vemos; buscamos ouvi-los, e não os ouvimos; identificados com a substância das coisas, essas não podem ser separados daqueles."
"Encarregam-se de que em todo o universo os homens purifiquem e santifiquem seus corações e se vistam com suas roupas de festa para oferecer sacrifícios e oferendas aos seus ancestrais. É um oceano de inteligências sutis. Eles estão em todos os lugares — acima de nós, à nossa esquerda, à nossa direita; eles nos cercam por todos os lados."

Somos sujeitos a um experimento que me é bastante interessante. Será que não podemos passar um tempo sem a companhia dos fofoqueiros, tendo nossos próprios pensamentos para nos alegrar? Confúcio diz com razão: "A virtude não sobrevive quando órfã; ela deve necessariamente ter vizinhos".

Com o pensamento, podemos estar além de nós mesmos de uma forma sã. Com um esforço consciente da mente, podemos nos distanciar das ações e suas consequências; e todas as coisas, boas e más, passam por nós como uma torrente. Não estamos totalmente envolvidos na Natureza. Posso ser tanto um pedaço de madeira flutuando no riacho, quanto Indra no céu olhando para ele. Posso ser afetado por uma representação teatral e, por outro lado, posso não ser tocado por um evento real que me diz respeito. Eu só me conheço como uma entidade humana; o cenário, por assim dizer, dos pensamentos e afetos; e sou consciente da dualidade que me leva a ficar tão distante de mim mesmo quanto de outro qualquer. Por mais intensa que seja minha experiência, sou consciente da presença e da crítica de uma parte de mim, que, por assim dizer, não me pertence, é apenas um espectador; não participa de nenhuma experiência, apenas observa-a; e esse pedaço de mim é mais você do que eu. Quando a peça, talvez a tragédia, da vida acaba, o espectador segue seu caminho. É uma espécie de ficção, o produto da imaginação. Essa dualidade pode facilmente nos tornar míseros vizinhos ou grandes amigos.

Acho saudável ficar sozinho na maior parte do tempo. Estar em companhia, mesmo das melhores, logo se torna cansativo e dissipador. Eu amo estar sozinho. Nunca encontrei um companheiro tão agradável quanto a solidão. Na maioria das vezes, somos mais solitários quando saímos entre os homens do que quando ficamos em nossos aposentos. Um homem pensando ou trabalhando está sempre sozinho, onde quer que ele esteja. A solidão não é medida pelos quilômetros que separam um homem de seus semelhantes. O estudante, realmente diligente, de uma das colmeias lotadas do Colégio de Cambridge é tão solitário quanto um dervixe no deserto. O agricultor pode trabalhar sozinho no campo ou na floresta o dia todo, capinando ou cortando lenha, e não se sentir solitário, porque ele está ocupado; mas quando ele volta para casa à noite, ele não pode sentar-se sozinho em seu quarto, à mercê de seus pensamentos, mas deve estar onde ele possa "ver as pessoas" e se divertir, e, como ele pensa, recompensar a solidão do dia; e por isso ele se pergunta como o estudante pode ficar sozinho, em casa, a noite toda e a maior parte do dia sem tédio, e tristeza, mas ele não percebe que o estudante, embora em casa, ainda está trabalhando em "seu" campo, e cortando lenha em sua floresta, assim como o agricultor, e que ele também busca diversão e companhia, embora em uma forma mais condensada.

A companhia geralmente é desinteressante demais. Encontramo-nos em intervalos muito curtos, sem ter tido tempo para adquirir qualquer valor um do outro. Encontramo-nos nas refeições, três vezes ao dia, e trocamos o mesmo sabor desse velho queijo mofado que somos. Temos que concordar com um conjunto de regras, chamadas de etiqueta e polidez, para tornar os encontros, pelo menos toleráveis, para evitar a guerra aberta. Encontramo-nos no correio, em reuniões e em volta da lareira todas as noites; vivemos apertados e estamos no caminho um do outro, tropeçamos uns nos outros, e acho que assim perdemos um pouco do respeito mútuo. Certamente, menos frequência seria suficiente para todas as comunicações importantes e sinceras. Considere as meninas em uma fábrica, nunca sozinhas, jamais entregue a seus sonhos. Seria melhor se houvesse apenas um habitante para cada quilômetro quadrado, como onde eu moro. O valor de um homem não está em sua pele, não podemos tocá-lo.

Já ouvi falar de um homem perdido na floresta, morrendo de fome e exaustão ao pé de uma árvore, cuja solidão era aliviada pelas visões grotescas com as quais, devido à fraqueza do corpo, sua imaginação doente o cercava e que ele acreditava serem reais. Da mesma forma, devido à saúde física e mental, podemos ser continuamente animados por uma companhia semelhante, porém, mais normal e natural, e perceber que nunca estamos sozinhos.

Tenho muita companhia em casa, especialmente de manhã, quando ninguém me chama. Vou fazer algumas comparações para que possam ter uma ideia da minha situação. Não sou mais solitário do que o mergulhão do lago que ri tão alto, ou do que o próprio Lago Walden. Que companhia tem aquele lago solitário, eu pergunto? E, no entanto, ele não tem demônios, mas anjos azuis, da tonalidade de suas águas. O Sol é sozinho, exceto em tempo fechado, quando, às vezes, parece haver dois, mas um é falso. Deus é sozinho, mas o diabo, está longe de ser sozinho; ele tem muita companhia; ele é uma legião. Não estou mais solitário do que uma planta ou dente-de-leão em um pasto, ou uma folha de feijão, ou azedinha, ou um moscardo, ou uma abelha. Não estou mais solitário do que o Riacho do Moinho, ou um galo do tempo, ou a estrela do norte, ou o vento sul, ou um aguaceiro de abril, ou um degelo de janeiro, ou a primeira aranha em uma nova casa.

Tenho visitas ocasionais nas longas noites de inverno, quando a neve cai rápido e o vento uiva na floresta, de um antigo colono e proprietário original, que diz ter cavado o Lago Walden, e o cercado de matas de pinheiros;

ele me conta histórias do tempo antigo e da nova eternidade; e nós conseguimos passar uma noite alegre com risadas e visões agradáveis das coisas, mesmo sem maçãs ou cidra — um amigo sábio e humorístico, a quem eu amo muito, que se mantém mais secreto do que Goffe ou Whalley, e embora se passe morto, ninguém pode mostrar onde está enterrado. Uma senhora idosa também mora em minha vizinhança, mas é invisível para a maioria das pessoas, e em seu jardim de ervas aromáticas eu adoro passear para colher plantas e ouvir suas fábulas; pois ela tem um gênio de fertilidade incomparável, e sua memória remonta mais longe do que a mitologia, e ela pode me contar a origem de cada fábula e em que fato cada uma se baseia, pois os incidentes ocorreram quando ela era jovem. Uma senhora idosa e vigorosa, que se deleita em todas as estações e estações do ano, e provavelmente sobreviverá mais que todos os seus filhos.

A inocência indescritível e a benevolência da Natureza — do sol e do vento e da chuva, do verão e do inverno — proporcionam sempre tanta saúde, tanta alegria! E tanta simpatia têm eles por a nossa raça, que toda a Natureza seria afetada, o brilho do sol desapareceria, os ventos suspirariam humanamente, as nuvens choveriam lágrimas, as florestas derramariam suas folhas e se vestiriam de luto no meio do verão, se alguém ficasse triste por uma causa justa. Não terei afinidade com a terra? Não sou eu mesmo, em parte, folhas, mofos e vegetais?

Qual é a pílula que nos manterá bem, serenos e contentes? Não a do meu ou do seu bisavô, mas as das medicinas botânicas, universais e vegetais da nossa bisavó Natureza, com as quais ela se manteve sempre jovem, sobreviveu a tantos velhos Parrs de seu tempo e alimentou sua saúde com a gordura da decomposição deles. Para minha panaceia, em vez de um daqueles frascos de charlatão com uma mistura retirada de Aqueronte ou do Mar Morto, que saem das carroças pretas com aparência de navio negreiro que, às vezes, vemos transportando garrafas, deixe-me ter um gole de ar matinal não diluído. Ar da manhã! Se os homens não o bebem na nascente do dia, então por que temos que engarrafar um pouco dele e vendê-lo, nas lojas, em benefício daqueles que perderam seu bilhete de entrada para amanhecer deste mundo. Mas lembre-se, ele não se manterá perfeito até o meio-dia, mesmo na adega mais fresca ele expulsará as rolhas muito antes disso e irá para o oeste seguindo os passos da aurora. Eu não sou adorador de Hígia, que era filha do velho médico de ervas, Esculápio, e que é representada em monumentos segurando uma serpente em uma mão e na outra um cálice do qual a serpente às vezes bebe; mas sim de Hebe, copeira de Júpiter, que era filha de Juno e da alface selvagem e que tinha o poder de restaurar aos deuses e homens o vigor da juventude. Ela provavelmente foi a única jovem completamente plena, saudável e robusta que já andou pelo mundo e onde quer que ela fosse era primavera.

VISITANTES

Acho que amo companhia tanto quanto a maioria das pessoas e estou pronto para, como uma sanguessuga, grudar-me a todo tempo a qualquer homem de sangue puro que cruze meu caminho. Não sou naturalmente um eremita, mas poderia suplantar o mais assíduo frequentador de bar, se meus interesses aí me chamassem.

Eu tinha três cadeiras em casa; uma para solidão, outra para amizade, e a terceira para reuniões. Quando os visitantes chegavam em números maiores e inesperados, havia apenas uma terceira cadeira para todos eles, mas eles geralmente economizavam espaço ficando de pé. É surpreendente quantos grandes homens e mulheres cabem em uma pequena casa. Já cheguei a receber sob meu teto, ao mesmo tempo, com seus corpos, vinte e cinco ou trinta almas, ainda assim nos despedíamos muitas vezes sem perceber que tínhamos chegado muito perto um do outro. Muitas das nossas casas, tanto públicas como privadas, com os seus quase inumeráveis aposentos, suas enormes salas e as suas adegas para guardar vinhos e outras munições de paz, parecem-me extravagantemente grandes para os seus habitantes. São tão vastas e magníficas que essas últimas parecem ser apenas vermes a infestá-las. Na hora em que diante de hotéis como o Tremont, Astor ou Middlesex, o mensageiro apregoa as convocações, surpreendo-me ao ver arrastar-se pela galeria, como único morador, um ridículo rato que logo se escapole dentro de algum buraco na calçada.

Um inconveniente que às vezes experimentei em uma casa tão pequena, foi a dificuldade de ficar a uma distância de meu hóspede quando começamos a expressar grandes pensamentos em grandes palavras. É preciso espaço para seus pensamentos entrarem em bom estado e correrem um ou dois cursos antes de chegarem ao porto. A bala do seu pensamento deve ter superado seu movimento lateral e de ricochete e caído em seu curso final e constante antes de atingir o ouvido do ouvinte, caso contrário, pode sair novamente pelo outro lado da cabeça. Além disso, as frases precisavam de espaço para se desdobrarem e formarem suas colunas no intervalo. Indivíduos, como nações, devem ter limites convenientemente amplos e naturais, até mesmo de um terreno neutro considerável entre eles. Achei um luxo singular falar ao lado do lago com um companheiro do lado oposto. Em minha casa estávamos tão perto que não podíamos ouvir — não conseguíamos falar baixo o suficiente para sermos ouvidos; como quando se joga duas pedras em águas calmas tão próximas que elas quebram as ondulações uma da outra. Se formos meramente loquazes e falantes, então podemos nos dar ao luxo de ficar muito próximos, lado a lado, e sentir a respiração um do outro; mas se falarmos de maneira reservada e pensativa, temos que estar mais distantes, para que todo calor e umidade animal tenham a chance de evaporar. Se quisermos desfrutar do convívio mais íntimo com aquilo em cada um de nós que está fora ou acima, devemos não apenas ficar em silêncio, mas tão distantes fisicamente que não podemos ouvir a voz um do outro em qualquer hipótese. De acordo com esse padrão, a fala é para a conveniência daqueles que ouvem mal, porém, há muitas coisas boas que não podemos dizer se tivermos que gritar. À medida que a conversa assumia um tom mais elevado e grandioso, gradualmente afastávamos nossas cadeiras até que tocassem a parede em cantos opostos, e então já não havia espaço suficiente.

Meu "melhor" cômodo, porém, minha sala de visitas, sempre pronto para receber pessoas, e em cuja passadeira o sol raramente batia, era o pinhal atrás da casa. Nos dias de verão, quando vinham convidados ilustres, eu os levava ali, e um empregado inestimável varria o chão e espanava os móveis e mantinha as coisas em ordem.

Se uma visita vinha, às vezes participava de minha refeição frugal, e a conversa não era interrompida ao mexer um pudim ou observar o crescimento de um pão. Se vinte, porém, vinham e se instalavam em minha casa, nada se dizia sobre o jantar, embora houvesse pão suficiente para dois, era como se comer fosse um hábito abandonado; praticávamos naturalmente a abstinência; e isso nunca foi considerado uma ofensa contra a hospitalidade, mas como a conduta mais adequada e atenciosa. A consumição e a decadência da vida física, que tantas vezes precisam de reparos, pareciam milagrosamente retardados em tal caso, e o vigor vital resistia bem. Assim como eu recebia vinte visitas, poderia receber mil, e se alguém, tendo me encontrado em casa, saiu desapontado ou faminto, pôde ao menos contar com a minha simpatia. Tão fácil é, embora muitas donas de casa duvidem, estabelecer novos e melhores costumes no lugar dos antigos. Ninguém precisa firmar sua reputação nos jantares que oferece. De minha parte, nunca fui tão eficazmente dissuadido de frequentar a casa de um homem, mesmo que tenha à porta qualquer tipo de Cérbero, como pelo desfile que fez ao oferecer-me um jantar, o que tomo como uma dica muito educada e indireta de nunca o incomodar novamente. Acho que nunca mais voltarei a esses ambientes. Sentiria orgulho de ter como lema de minha cabana aqueles versos de Spenser, que um dos meus visitantes escreveu em uma folha amarela de nogueira, à guisa de cartão:

"Chegando, ocupam a casa, com sinceridade
Não procuram a ausente diversão.
Repouso é a sua festa, tudo à vontade:
À nobre alma, tudo é satisfação".

Quando Winslow, mais tarde governador da Colônia de Plymouth, foi, com um companheiro, em uma visita de cerimônia a Massasoit, a pé pela floresta e chegou cansado e faminto em sua pousada, eles foram bem recebidos pelo rei, mas nada foi dito sobre comer aquele dia. Quando a noite chegou, para citar suas próprias palavras: "Acomodou-nos na cama com ele e sua esposa, eles de um lado e nós do outro, sendo, apenas tábuas colocadas a trinta centímetros do chão e um fino tapete sobre elas. Mais dois de seus chefes, por falta de espaço, nos cercaram; de modo que achava-nos mais cansados por causa do nosso alojamento do que por nossa viagem". À uma hora do dia seguinte, Massasoit "trouxe dois peixes que havia pescado" e eram cerca de três vezes maiores que um dourado; "sendo que depois de cozidos, havia pelo menos quarenta pessoas querendo um pedaço. A maioria comeu. Foi a única refeição que fizemos em duas noites e um dia, e se um de nós não tivesse comprado uma perdiz, teríamos feito nossa viagem em jejum. Temendo que ficassem tontos por falta de comida e também de sono, devido ao "canto bárbaro dos selvagens (pois costumavam cantar mesmos dormindo)" e que não pudessem chegar em casa enquanto tinham forças, eles partiram. Quanto ao alojamento, é verdade que eles foram mal recebidos, embora o que eles acharam um inconveniente fosse sem dúvida uma honra; no que diz respeito à alimentação, não vejo como os indígenas poderiam ter feito melhor. Eles mesmos não tinham nada para comer e eram muito sábios para pensar que desculpas poderiam substituir a comida para seus convidados; então eles apertaram os cintos e não disseram nada sobre isso. Em outra ocasião, quando Winslow os visitou, sendo uma temporada de fartura para eles, não houve deficiência a esse respeito.

Quanto aos homens, dificilmente falharão em qualquer lugar. Tive mais visitantes enquanto morei na floresta do que em qualquer outro período da minha vida, o que quer dizer que eu tive alguns. Recebi várias pessoas ali em circunstâncias mais favoráveis do que em qualquer outro lugar. Poucas vieram me ver por motivos triviais. A esse respeito, minhas companhias foram selecionadas simplesmente pela mera distância da cidade. Eu havia me retirado para tão longe no grande oceano da solidão, no qual os rios da sociedade desembocam, que na maioria das vezes, no que diz respeito as minhas necessidades, apenas o mais fino sedimento era depositado ao meu redor. As ondas me traziam evidências de continentes inexplorados e incultos do outro lado.

Quem deveria vir a minha casa esta manhã senão um verdadeiro homem homérico ou paflagônio? Tinha um nome tão adequado e poético que lamento não poder publicá-lo aqui. Era um lenhador canadense, capaz de fazer cinquenta estacas em um dia, que teve como último jantar uma marmota que seu cachorro caçou. Ele também já ouviu falar de Homero e, "se não fosse pelos livros, não saberia o que fazer nos dias chuvosos", embora talvez não tenha lido um único por inteiro ao longo das últimas muitas estações chuvosas. Um padre que sabia um pouco de grego o ensinou a ler Salmos do Testamento em sua distante paróquia natal; e agora devo traduzir para ele, enquanto ele segura o livro, a repreensão de Aquiles a Pátroclo por seu semblante triste.

> "Por que está chorando, Pátroclo, como uma menininha?
> Ou só você teve notícias de Phthia?
> Dizem que Menécio, filho de Actor, ainda vive,
> E Peleu, filho de Éaco, vive entre os mirmidões,
> Se tivessem morrido, lamentaríamos muito."

Ele diz: "Isso é bom". Tinha um grande molho de casca de carvalho-branco debaixo do braço, que recolheu na manhã daquele domingo, para um homem doente. "Acho que não há problema em ir atrás de uma coisa dessas hoje", diz. Para ele, Homero era um grande escritor, embora não soubesse sobre o que tratava na sua escrita. Um homem mais simples e natural seria difícil de encontrar. O vício e a doença, que lançam um tom, moral, tão sombrio sobre o mundo, pareciam quase não existir nele. Ele tinha cerca de 28 anos e havia deixado o Canadá e a casa de seu pai doze anos antes para trabalhar nos Estados Unidos e ganhar dinheiro para finalmente comprar uma fazenda, talvez em seu país natal. Fora moldado da forma mais grosseira; um corpo robusto, mas lento, com movimentos preciosos, tinha um pescoço grosso e queimado de sol, cabelos escuros e espessos, olhos azuis sonolentos e opacos, que ocasionalmente se iluminavam com emoção. Usava um gorro achatado de tecido cinza, um sobretudo encardido de lã e botas de couro de vaca. Era um grande consumidor de carne, geralmente levava a refeição para o trabalho, a alguns quilômetros de minha casa — pois ele cortava lenha o verão todo —, em um balde de lata; carnes frias, muitas vezes e marmota e café em uma garrafa de pedra que pendia de um cordão em seu cinto; e às vezes me oferecia um gole. Chegava cedo, cruzava minha plantação de feijões, embora sem a ansiedade ou pressa que os ianques mostram para começar o trabalho. Ele não iria se machucar. Ele não se importava de ganhar apenas para o seu sustento. Frequentemente deixava seu jantar no mato, quando seu cachorro pegava uma marmota no caminho, e voltava quase três quilômetros para prepará-la e deixá-la no porão da casa em que morava, depois de deliberar, primeiro, por meia hora, se poderia ou não afundá-la no lago, com segurança, até o anoitecer, amando demorar-se muito nesses temas. Ele dizia ao passar pela manhã: "Como os pombos são numerosos! Se trabalhar todos os dias não fosse meu ofício, eu teria toda a carne que desejasse caçando pombos, marmotas, coelhos, perdizes... caramba! Eu poderia conseguir carne para uma semana em um dia".

Era um lenhador habilidoso e se entregava a alguns floreios e ornamentos em seu trabalho. Cortava as árvores rente ao solo para que os brotos que surgissem depois fossem mais vigorosos e um trenó pudesse deslizar sobre os tocos; e em vez de deixar uma árvore inteira e amarrar sua madeira com cordas, ele a cortava em estacas ou lascas finas que ao fim poderiam ser quebradas com a mão.

Ele me interessou porque era quieto, solitário e tão feliz; um poço de bom humor e contentamento transbordava de seus olhos. Sua alegria era sem precedentes. Às vezes eu o via trabalhando na floresta, derrubando árvores, e ele me cumprimentava com uma risada de satisfação inexprimível e uma saudação em francês canadense, embora também falasse inglês. Quando eu me aproximava dele, ele parava o que estava fazendo e, com uma alegria meio reprimida, deitava-se ao longo do tronco de um pinheiro que havia derrubado e, arrancando um pedaço da casca, enrolava-a na forma de uma bola e a mastigava enquanto ria e falava. Ele tinha tal exuberância de espírito animal que às vezes caía e rolava no chão de tanto rir de qualquer coisa que o fizesse pensar e lhe fizesse cócegas. Olhando em volta, para as árvores, ele exclamava: "Por George! Posso me divertir bastante aqui cortando, não preciso de outro esporte". Às vezes, quando estava de folga, se divertia o dia todo na floresta, com uma pistola de bolso, disparando saudações, para si mesmo, em intervalos regulares enquanto caminhava. No inverno, mantinha uma fogueira na qual ao meio-dia aquecia seu café em uma chaleira; e quando ele se sentava em um tronco para comer seu jantar, os chapins às vezes vinham e pousavam em seu braço e bicavam a batata em seus dedos; e ele dizia que "gostava de ter os amiguinhos por perto".

Nele se desenvolveu principalmente o lado animal. Em resistência física e contentamento, ele era primo do pinheiro e da rocha. Perguntei-lhe uma vez se às vezes não ficava cansado à noite, depois de trabalhar o dia todo, e ele respondeu com um olhar sincero e sério: "*Gorrappi!* Nunca estive cansado na minha vida". Mas seu lado intelectual e espiritual estava adormecido como uma criança. Ele havia sido instruído apenas naquela maneira inocente e ineficaz com que os padres católicos ensinam os aborígenes, pela qual o aluno nunca é educado para ter consciência, mas apenas confiança e reverência, e assim uma criança não se torna um homem, não amadurece.

Quando a Natureza o fez, ela lhe deu um corpo forte e contentamento por sua porção e o apoiou por todos os lados com reverência e confiança, para que ele pudesse viver seus sessenta anos como uma criança. Ele era tão genuíno e singelo que nenhuma apresentação serviria para exprimi-lo, seria, não mais do que mostrar uma marmota ao seu vizinho. Ele tinha de ser descoberto como eu o fiz. Ele não desempenhava nenhum papel. Os homens pagavam-lhe salários pelo trabalho e assim ajudavam a alimentá-lo e vesti-lo; mas ele nunca trocava opiniões com eles. Ele era tão simples e naturalmente humilde — se pode ser chamado de humilde aquele que nunca aspira — que a humildade não era uma qualidade que o distinguia e, nem poderia concebê-la. Homens mais sábios eram semideuses para ele. Se lhe dissessem que algum estava chegando, ele comportava-se como se pensasse que alguém tão grandioso não esperaria nada dele, mas assumiria toda a responsabilidade sobre si mesmo, e o deixaria esquecido. Nunca ouviu o som do elogio. Reverenciava particularmente o escritor e o pregador. As atuações deles eram milagres. Quando lhe disse que escrevia bastante, pensou por um longo tempo que era apenas sobe registrar que eu queria dizer, pois ele mesmo sabia escrever com uma caligrafia notavelmente boa. Às vezes eu encontrava o nome de sua paróquia natal graciosamente escrito na neve à beira da estrada, com o acento apropriado em francês, e sabia que ele havia passado. Perguntei-lhe se alguma vez desejou escrever seus pensamentos. Ele disse que tinha lido e escrito cartas para aqueles que não podiam, mas nunca tentou escrever pensamentos — não, ele não poderia, não saberia o que colocar primeiro, isso o mataria, e ainda havia a ortografia para ser atendida ao mesmo tempo!

Ouvi dizer que um distinto sábio e reformador perguntou-lhe se não queria que o mundo fosse mudado; ele respondeu com uma risada de surpresa, em seu sotaque canadense, sem saber que a pergunta já havia sido feita várias vezes antes; "Não, eu gosto bastante." Muito seria sugerido a um filósofo que se relacionasse com ele. Ao estranho ele parecia nada saber das coisas em geral, no entanto, às vezes eu via nele um homem que nunca tinha visto antes, e não sabia se ele era tão sábio quanto Shakespeare ou simplesmente ignorante como uma criança; se deveria suspeitar que tivesse uma bela consciência poética ou uma simples estupidez. Um homem da cidade me disse que, quando o encontrou passeando pela vila com seu chapéu justo e assobiando para si mesmo, lembrou-se de um príncipe disfarçado.

Seus únicos registros eram um almanaque e um livro de aritmética, e nessa era um especialista considerável. O primeiro era uma espécie de enciclopédia para ele, onde supunha conter um resumo do conhecimento humano, o que até certo ponto não estava errado. Eu adorava sondá-lo sobre as várias novidades da época, e ele nunca deixava de encará-las da maneira mais simples e prática. Nunca tinha ouvido falar de tais coisas antes. Poderia viver sem fábricas? — perguntei-me. Usava vestimenta feita em casa, disse ele, e estava ótimo. Poderia abrir mão de chá e café? Seu país tinha alguma bebida além da água? Havia embebido folhas de cicuta em água e bebido, e achou melhor do que água pura, no calor. Quando lhe perguntei se poderia ficar sem dinheiro, ele demonstrou-me a conveniência do dinheiro de maneira a sugerir e coincidir com os relatos mais filosóficos sobre a origem dessa instituição e a própria definição da palavra pecúnia. Se um boi fosse de sua propriedade e ele quisesse comprar agulhas e linhas na loja, achava que seria inconveniente e impossível hipotecar parte da criatura equivalente ao valor, em dinheiro, do que necessitasse. Poderia defender muitas instituições melhor do que qualquer filósofo, porque, ao descrevê-las da maneira como elas lhe diziam respeito, dava a verdadeira razão para prevalência delas, e a especulação não lhe sugeria nenhuma outra. Em outro momento, ouvindo a definição de homem de Platão — um bípede sem penas —, e vendo a exibição de um galo depenado que chamavam de homem de Platão, ele observou o fato de os joelhos dobrarem para o lado oposto — uma diferença importante. Às vezes exclamava: "Como eu amo falar! Por São Jorge, eu poderia falar o dia todo!". Perguntei-lhe uma vez, quando não o via há muitos meses, se ele tivera uma nova ideia ao longo do verão. "Bom Deus, disse ele, um homem que tem que trabalhar como eu, se não esquece as ideias que tem, se dará bem. Pode ser que o homem com quem capina esteja inclinado a correr; então, caramba, sua mente deve estar lá, atenta às ervas daninhas." Às vezes, ele me perguntava primeiro, nessas ocasiões, se eu havia feito alguma melhoria. Num dia de inverno, perguntei-lhe se ele estava sempre satisfeito consigo mesmo, desejando sugerir-lhe um substituto interior para o padre que o seu exterior expunha, e algum motivo mais elevado para viver. "Satisfeito! — disse ele — alguns homens estão satisfeitos com uma coisa, e alguns com outra. Um homem, muito bem alimentado, talvez fique satisfeito em ficar sentado o dia todo de costas para a lareira e de barriga encostada na mesa, por São Jorge!" No entanto, eu nunca, com qualquer manobra, consegui levá-lo a ter uma visão espiritual das coisas; o máximo que ele parecia conceber era um simples funcionalismo, como se esperaria que um animal apreciasse; e isso, praticamente, é verdade para a maioria dos homens. Se eu sugerisse alguma melhoria em seu modo de vida, ele apenas respondia, sem expressar nenhum pesar, que era tarde demais. No entanto, ele acreditava plenamente na honestidade e nas virtudes afins.

Havia uma certa originalidade positiva, embora leve, a ser percebida nele, e ocasionalmente observei que estava pensando por si mesmo e expressando sua própria opinião; um fenômeno tão raro que eu caminharia dezesseis quilômetros só para observá-lo, pois acarretaria o renascimento de muitas das instituições da sociedade. Embora ele hesitasse e não conseguisse se expressar claramente, sempre tinha um pensamento apresentável por trás de tudo. No entanto, seu pensamento era tão primitivo e imerso em sua vida animal que, embora mais promissor do que o de um homem meramente instruído, raramente amadurecia de uma forma que pudesse ser relatada. Sugeria ser provável haver homens geniais nas classes sociais mais baixas, embora permanentemente humildes e analfabetos, que sempre têm seu próprio ponto de vista ou não fingem nada; ser são tão profundos quanto se pensava que o lago Walden, embora possam ser escuros e lamacentos.

Muitos viajantes saíram de seu caminho para me ver e também o interior de minha casa e, como desculpa para a visita, pediam um copo d'água. Eu dizia a eles que bebia no lago e apontava para lá, oferecendo-me para emprestar-lhes uma concha. Longe como eu vivia, não estava isento da visita anual que ocorre, creio, por volta de primeiro de abril, quando muitas pessoas estavam em movimento; até tive minha parcela de sorte, embora houvesse alguns espécimes curiosos entre meus visitantes. Homens estúpidos do asilo e de outros lugares vieram me ver; me esforcei para fazê-los exercitar toda a inteligência que tinham e fazer suas confissões para mim; em tais casos, fazendo da sagacidade o tema de nossa conversa; e assim era recompensado. De fato descobri que alguns deles eram mais sábios do que os chamados superintendentes dos pobres e vereadores da cidade, e pensei que era hora de virar o jogo. No que diz respeito ao equilíbrio, aprendi que não há muita diferença entre a metade e o todo. Em um dia peculiar, um mendigo inofensivo e simplório, que eu tinha visto com frequência, em companhia de outros, sendo usado como material para cerca, de pé ou sentado em um alqueire dos campos para evitar que o gado e ele próprio se perdessem, visitou-me e expressou o desejo de viver como eu. Ele me disse, com a maior simplicidade e verdade inteiramente superior, ou melhor, inferior a qualquer coisa que se chama humildade, que ele era "deficiente em intelecto". Disse que O Senhor o havia feito assim, e ele supunha que O Senhor se importava tanto com ele quanto com os outros. "Sempre fui assim, disse ele, desde a minha infância, eu nunca tive muita mente, eu não era como as outras crianças, eu sou fraco da cabeça. Foi a vontade do Senhor, eu aceito." E lá estava ele para provar a veracidade de suas palavras. Ele era um enigma metafísico para mim. Raramente encontrei um semelhante em um terreno tão promissor, pois tudo que dizia era simples e sincero. E, de fato, à medida em que ele parecia se humilhar, era exaltado. No começo eu não sabia, mas era o resultado de uma política sábia. Parecia que, a partir dessa base de verdade e franqueza que o pobre e fraco mendigo havia estabelecido, nosso convívio poderia avançar para algo melhor do que o com os sábios.

Recebi alguns convidados que não eram considerados pobres na cidade, mas que deveriam ser; que estão entre os pobres do mundo, de qualquer forma; visitantes que apelam, não para sua hospitalidade, mas para o seu espírito hospitalar; que desejam ser ajudados de verdade e iniciam seu apelo com a informação de que estão resolvidos, em primeiro lugar, a nunca se ajudarem. Exijo de um visitante que ele não esteja literalmente morrendo de fome, embora ele possa ter o melhor apetite do mundo, não importa como o tenha adquirido. Objetos de caridade não são visitantes. Recebi pessoas que não sabiam quando sua visita havia terminado, embora eu tivesse retomado meus afazeres e respondia-os de lugares cada vez mais distantes. Homens de quase todos os níveis de inteligência me visitaram na estação migratória. Alguns tinham inteligência, mas não sabiam o que fazer com ela; recebi escravos fugitivos com costumes agrícolas que se punham alertas de vez em quando, como a raposa da fábula, como se ouvissem os cães latindo em seu encalço, e me olhavam suplicantes, como se dissessem:

"Ó cristão, você vai me mandar de volta?".

Entre os demais, ajudei um verdadeiro escravo fugitivo a seguir em direção ao norte. Homens de uma ideia só, como uma galinha com apenas um pintinho e esse um patinho; homens de mil ideias e cabeças desgrenhadas, como aquelas galinhas que são encarregadas de cuidar de cem pintinhos, todos em busca de um único inseto e vinte deles se perdem no orvalho de cada manhã, e se tornam agitados e sarnentos como consequência; homens de ideias em vez de pernas, uma espécie de centopeia intelectual que os faz rastejar por todo lado. Um homem me propôs um livro em que os visitantes deveriam escrever seus nomes, como nas Montanhas Brancas; ai de mim! Minha memória é boa demais. Isso não é necessário.

Não pude deixar de notar algumas peculiaridades dos meus visitantes. Meninas, meninos e jovens mulheres geralmente pareciam felizes por estarem na floresta. Elas olhavam para o lago e para as flores e aproveitavam o tempo. Homens de negócios, até mesmo fazendeiros, pensavam apenas em solidão e trabalho, e na grande distância em que eu morava de algo ou de alguém; e embora dissessem que gostavam de passear, ocasionalmente, na floresta, era óbvio que nem disso gostavam. Homens inquietos e preocupados, cujo tempo era todo ocupado em ganhar a vida ou mantê-la; reverendos que falavam de Deus como se tivessem o monopólio do assunto, que não suportavam todos os tipos de opiniões; médicos, advogados, donas de casa inquietas que bisbilhotavam meu armário e minha cama quando eu estava fora — como a Sra. sabia que minhas roupas de cama não estavam tão limpas quanto as dela? Rapazes que haviam deixado de ser jovens e tinham concluído que era mais seguro seguir o caminho trilhado pelas profissões — todos esses diziam que não era possível fazer muito na minha posição. Ah, era aí que estava o problema! Os idosos e os enfermos e os tímidos, de qualquer idade ou sexo, pensavam principalmente em doenças e acidentes repentinos e morte; a eles a vida parecia cheia de perigo — que perigo há se não se pensa em nenhum? E eles pensavam que um homem prudente escolheria cuidadosamente a posição mais segura, onde o Dr. B. pudesse estar à disposição a qualquer momento. Para eles, a vila era literalmente uma comunidade, uma liga para defesa mútua, e podia-se supor que eles não iriam colher mirtilos sem um *kit* de primeiros socorros. O ponto é que, se um homem está vivo, sempre há o perigo de que ele possa morrer, embora o perigo deva ser considerado menor na medida em que ele já está meio morto. Um homem enfrenta tantos riscos quanto os que ele evita. Por fim, havia os autodenominados reformadores, os maios chatos de todos, que pensavam que eu estava sempre cantando:

> Esta é a casa que eu construí;
> Este é o homem que mora na casa que eu construí;

mas eles não sabiam que o terceiro verso era:

> Estas são as pessoas que incomodam o homem
> Que mora na casa que eu construí.

Eu não tinha medo dos ladrões de galinhas, pois não criava pintinhos, eu temia mais os perseguidores de homens.

Tive visitantes mais animados do que os últimos citados. Crianças vinham colher frutas silvestres, homens da ferrovia faziam um passeio de domingo com camisas limpas, pescadores e caçadores, poetas e filósofos; em suma, a todos os peregrinos honestos que vinham para a floresta em busca da liberdade, deixando realmente a vila para trás, eu estava pronto para cumprimentar com um "Bem-vindos, ingleses! Bem-vindos, ingleses!" pois eu havia me comunicado com aquela raça.

A PLANTAÇÃO DE FEIJÃO

Enquanto isso, meus feijões, cujo comprimento de fileiras, somadas, chegavam a onze quilômetros plantados, estavam impacientes para serem colhidos, pois os primeiros cresceram consideravelmente antes que os últimos estivessem no solo; na verdade, não era fácil deixá-los de lado. Qual era o significado daquele trabalho tão firme e respeitoso, desse pequeno trabalho hercúleo, eu não sabia. Passei a amar minhas fileiras, meus feijões, muito mais do que desejava. Eles me prenderam à terra, e então ganhei força como Anteu. Por que eu deveria cultivá-los? Só os Céus sabem. Este foi o meu curioso trabalho durante todo o verão — fazer com que esta porção da superfície da terra, que antes produzia apenas amoras, ervas-de-são-joão e similares, doces frutas silvestres e flores agradáveis, produzisse essa leguminosa. O que devo aprender com os feijões e eles comigo? Eu os estimo, eu os cuido, bem cedo e a tarde eu os olho; e esse é o meu dia de trabalho. É uma bela folhagem para se olhar. Meus auxiliares são o orvalho e as chuvas que regam este solo seco, e a pouca fertilidade do solo que na maior parte, é pobre e estéril. Meus inimigos são vermes, dias frios e, acima de tudo, marmotas. As últimas acabaram com um quarto de acre. Que direito eu tinha de tirar as amoras e o resto, e destruir o antigo jardim de ervas delas? Logo, no entanto, os feijões restantes serão muito duros para elas e, então, seguirão em frente para encontrar novos inimigos.

Quando eu tinha quatro anos, como bem me lembro, fui trazido de Boston para esta minha cidade natal, pelos caminhos dos mesmos bosques e campos, até o lago. É uma das cenas mais antigas gravadas em minha memória. E agora esta noite minha flauta despertou os ecos sobre aquela mesma água. Os pinheiros ainda estão de pé, mais velhos do que eu, ou, se alguns caíram, eu cozinhei meu jantar com seus tocos, e novas mudas estão surgindo ao redor, preparando outro cenário para novos olhos infantis. Quase as mesmas ervas-de-são-joão brotam das mesmas raízes perenes neste pasto, e até eu ajudei a revestir aquela paisagem fabulosa de meus sonhos infantis, e um dos resultados de minha presença e influência é visto nessas folhas de feijão, palhas de milho e ramas de batata.

Plantei cerca de dez mil metros quadrados em terreno elevado; como fazia apenas quinze anos que a terra havia sido desmatada e eu mesmo só havia arrancado de sete a dez metros cúbicos de tocos, não adubei; mas no decorrer do verão, pelas pontas de flechas que apanhei ao capinar, pareceu-me que uma nação extinta havia habitado antigamente aqui e plantado milho e feijão antes que os homens brancos viessem para limpar a terra, e assim, até certo ponto, havia esgotado o solo para esta mesma colheita.

Antes mesmo que qualquer marmota ou esquilo tivesse atravessado a estrada, ou o sol estivesse sobre os arbustos de carvalho, ou que o orvalho secasse — embora os fazendeiros advertissem contra isso, eu o aconselharia a fazer todo o seu trabalho, se possível, enquanto o orvalho não evaporasse — começava a nivelar as fileiras de mato alto na minha plantação de feijão e a jogar terra sobre elas. No início da manhã eu trabalhava descalço, brincando como um artista plástico na areia orvalhada e quebradiça, mas no final do dia o sol queimava meus pés. Lá o sol me iluminava para colher feijoes, andando lentamente para trás e para frente sobre aquele planalto de cascalho amarelo, entre as longas fileiras verdes, de setenta e cinco metros, uma terminando em um bosque de carvalho onde eu poderia descansar na sombra, e a outra em um campo de amoras, onde as bagas verdes aprofundavam suas tonalidades enquanto eu fazia outra fileira. Removendo as ervas daninhas, colocando terra fresca ao redor dos caules do feijão, para encorajar essa erva que eu havia semeado, fazendo o solo amarelo expressar seu pensamento de verão em folhas e flores de feijão em vez de absinto, gaita e milheto, fazendo a terra se afirmar em feijões em vez de capim — esse era meu trabalho diário. Como eu tinha pouca ajuda de cavalos ou gado, de peões ou meninos, ou de ferramentas agrícolas aprimoradas, eu era muito mais lento e me tornei muito mais íntimo de meus feijões do que o normal. O trabalho manual, mesmo quando levado à beira do trabalho penoso, talvez nunca se compare a pior forma de ócio; tem uma moral constante e imperecível, e para o estudioso produz um resultado clássico. Eu era um *agricola laboriosus* para os viajantes que iam para o oeste atravessando Lincoln e Wayland, mas onde chegariam ninguém sabe. Eles sentados à vontade em carruagens, com os cotovelos nos joelhos e as rédeas frouxamente penduradas em festões; eu, o nativo trabalhador da terra, que fica em casa. Logo, porém, minha propriedade estava fora de vista e pensamento. Era o único campo aberto e cultivado que se via ao longo de uma grande distância de ambos os lados da estrada; de forma que os viajantes aproveitavam ao máximo a paisagem e às vezes o homem do campo ouvia mais, fofocas e conversas, do que era para ser ouvido: "Feijões tão tarde! Ervilhas tão tarde!", pois continuava a plantar quando outros já começavam a capinar; o lavrador experiente não estranharia isso. "Milho, meu rapaz, para ração; milho para ração." "Ele mora lá?" — pergunta o de gorro preto e casaco cinza; e o fazendeiro de feições duras freia seu cavalo agradecido para perguntar o que está sendo feito, pois não vê esterco no sulco, e recomenda um pouco de serragem, ou qualquer pequeno resíduo, também pode ser cinzas ou gesso. Ali havia dois acres e meio de sulcos, e apenas uma enxada no carrinho e duas mãos para puxá-lo — havendo aversão a outros carrinhos e cavalos. Qualquer tipo de adubo estava longe. Companheiros de viagem, enquanto passavam, comparavam-no em voz alta com os campos pelos quais haviam passado, de modo que vim a saber como eu me situava no mundo agrícola. Este era um campo que não constava no relatório do Sr. Coleman. E, a propósito, quem estima o valor da colheita que a natureza produz nos campos ainda mais selvagens e não cultivados pelo homem? A colheita de feno inglês é cuidadosamente pesada, calcula-se a umidade, os silicatos e o potássio; mas em todos os vales e lagos nas florestas, pastagens e pântanos cresce uma colheita rica e variada que não é aproveitada pelo homem. A minha era, por assim dizer, o elo entre campos selvagens e cultivados; como alguns estados são civilizados, outros meio civilizados e outros selvagens ou bárbaros, minha plantação era, embora não no sentido ruim, um campo meio cultivado. Eram feijões voltando alegremente ao estado selvagem e primitivo que eu cultivava, e minha enxada tocava *Ranz des Vaches* para eles.

Por perto, no topo de uma bétula, o debulhador — ou sabiá-castanho como alguns gostam de chamá-lo — canta toda a manhã, feliz com sua companhia, e descobriria o campo de outro fazendeiro se o seu não estivesse aqui. Enquanto planto a semente, ele clama: "Largue, largue, cubra, cubra, puxe para cima, puxe para cima, puxe para cima". Não era milho e, portanto, a semeadura estava a salvo de inimigos como ele. Pode-se perguntar: o que aquela cantoria, as performances amadoras de Paganini, em uma ou vinte galhas, têm a ver com o plantio, e ainda assim preferir isso a cinzas lixiviadas ou gesso? Era um tipo barato de fertilizante no qual eu tinha total fé.

Enquanto eu desenhava um solo ainda mais fresco sobre as fileiras com minha enxada, perturbei as cinzas de nações não registradas que em anos primitivos viveram sob estes céus, e seus pequenos implementos de guerra e caça foram trazidos à luz dos dias modernos. Elas jaziam misturadas com outras pedras naturais, algumas das quais traziam marcas de terem sido queimadas por incêndios indígenas, outras pelo sol, e também pedaços de cerâmica e vidro trazidos para cá pelos recentes cultivadores do solo. Quando minha enxada tilintava contra as pedras, uma música ecoava na floresta e no céu e acompanhava meu trabalho, produzindo uma colheita instantânea e imensurável. Não era mais feijão o que eu plantava, nem era eu quem plantava; e lembrei-me com tanta pena quanto orgulho, se é que me lembrava, de meus conhecidos que tinham ido à cidade para frequentar os oratórios. O falcão da noite circulava acima nas tardes ensolaradas — pois às vezes eu passava o dia lá — como um cisco no olho, ou melhor, um cisco no olho do céu, caindo de vez em quando com um mergulho e um som como se os céus fossem rasgados, finalmente rasgados em muitos trapos e farrapos, e ainda assim, a abóboda permanecia perfeita; são pequenos diabretes que enchem o ar e depositam seus ovos no chão, na areia nua ou nas rochas do topo das colinas, onde poucos os encontram; graciosos e esbeltos como ondulações observadas no lago, como folhas são levantadas pelo vento para flutuar nos céus; tal parentesco está na Natureza. O falcão é o irmão aéreo da onda em que ele navega e inspeciona, suas asas infladas de ar, perfeitas, respondem às asas elementais sem penas do mar. Às vezes eu observava um par de falcões circulando alto no céu, subindo e descendo alternadamente, aproximando-se e afastando-se um do outro, como se fossem a personificação dos meus próprios pensamentos. Ou era atraído pela passagem de pombos selvagens de uma floresta para outra, com um leve som trêmulo de joeira e pressa cobria o céu; ou, debaixo de um toco podre, minha enxada descobria uma salamandra manchada, lenta, portentosa e bizarra, um traço do Egito e do Nilo, mas nossa contemporânea. Quando parava para descansar e me apoiava na enxada, esses sons e visões estavam presentes em qualquer lugar da fileira e eram só uma parte do entretenimento inesgotável que a floresta oferece.

Em dias de gala, a cidade dispara seus grandes canhões, que ecoam como espingardas nesta floresta, e alguns sons de música marcial ocasionalmente chegam até aqui. Para mim, lá na minha plantação de feijões, no outro extremo da cidade, as grandes armas soavam como uma explosão de bufas de lobos; e quando havia uma mobilização militar, que eu desconhecia, tinha uma vaga sensação durante todo o dia de algum tipo de coceira e doença no horizonte, como se alguma erupção fosse estourar, ali, em breve, escarlatina ou erupção cutânea, até que finalmente algum sopro de vento mais favorável, apressando-se sobre os campos e subindo a estrada de Wayland, informava-me dos "treinamentos". Pelo zumbido distante, parecia que as abelhas de alguém haviam enxameado e que os vizinhos, de acordo com o conselho de Virgílio, por meio de um leve balançar do tintinábulo sob o mais sonoro de seus utensílios domésticos, tentavam chamá-las para a colmeia novamente. E quando o som morria bem longe, e o zumbido cessava, e as brisas mais favoráveis não contavam nada, eu sabia que eles haviam levado o último zangão em segurança para a colmeia de Middlesex, e que agora suas mentes estavam voltadas para o mel com o qual foram untadas.

Senti orgulho de saber que as liberdades de Massachusetts e de nossa pátria estavam tão seguras; e quando retornei a minha enxada, fui tomado por uma confiança inexprimível e continuei meu trabalho alegremente com uma confiança calma no futuro.

Quando havia várias bandas de músicos, parecia que toda a vila era um grande fole, e todos os edifícios se expandiam e desmoronavam alternadamente com um estrondo. Às vezes, porém, era um acorde realmente nobre e inspirador que alcançava esses bosques — mas é a trombeta que canta a fama — e eu sentia como se pudesse apunhalar um mexicano com prazer — pois por que deveríamos sempre brigar por ninharias? — e olhei em volta procurando uma marmota ou um gambá para exercer meu cavalheirismo. Esses acordes marciais pareciam tão distantes quanto a Palestina e me lembravam uma marcha de cruzados no horizonte, com um leve galope e o movimento trêmulo das copas dos olmos que pendem sobre a vila. Esse foi um grande dia, posto que, da minha clareira, o céu tivesse a mesma aparência majestosa de todos os dias e não vi nenhuma diferença.

Foi uma experiência singular aquela longa convivência que cultivei com feijões, com plantio, enxada, colheita, debulha e venda — o último foi o mais difícil de todos — devo acrescentar. Eu estava determinado a conhecer o feijão. Quando eles estavam crescendo, eu costumava capinar das cinco da manhã até o meio-dia, e geralmente passava o resto do dia cuidando de outros assuntos. Considere o relacionamento íntimo e curioso que o lavrador cria com vários tipos de ervas — isso levará a alguma interação, pois não há pouca repetição no trabalho — perturbando suas estruturas delicadas de forma tão implacável e fazendo distinções tão odiosas com sua enxada, nivelando fileiras inteiras de uma espécie e cultivando diligentemente outra. Isto é absinto romano, isto é aranto, aquilo é azeda, aquele é capim-pimenta, arrancar, cortar, virar vire suas raízes para cima em direção ao sol, não deixar que ele fique uma só fibra na sombra, se assim não o fizer ela virará para o solo e ficará verde como um alho-poró em dois dias. Uma longa guerra, não com grous, mas com ervas daninhas, essas troianas que têm sol, chuva e orvalho a seu favor. Diariamente os feijões me viam chegar em socorro deles armado com uma enxada para desbastar as fileiras de seus inimigos, enchendo as trincheiras com ervas daninhas mortas. Muitas bem vigorosas, que se elevavam trinta centímetros acima de suas companheiras amontoadas, caíam diante de minha arma e rolavam na poeira.

Aqueles dias de verão que alguns de meus contemporâneos dedicaram às belas-artes em Boston ou Roma, e outros à contemplação na Índia, e outros ao comércio em Londres ou Nova York, eu, assim, com os outros fazendeiros da Nova Inglaterra, dediquei-me à agricultura. Não que eu quisesse feijão para comer, pois sou pitagórico por natureza, no que diz respeito aos feijões, quer como iguaria ou por escrutínio, e os trocaria por arroz; mas, talvez, porque alguns devem trabalhar nos campos, mesmo que apenas por causa dos tropos e figuras de expressão, para servir ao criador de parábolas um dia. No geral, era uma rara diversão que, se continuasse por muito tempo, poderia se tornar dissipação. Embora eu não lhes desse estrume e não os capinasse todos de uma vez, cultivei-os extraordinariamente bem por onde andei e fui recompensado por isso no final, pois como Evelyn diz, "não há nenhum adubo nem alegria comparável a esse movimento contínuo, esse repasto da pá revolvendo humo. A terra, ele acrescenta, especialmente se fresca, tem um certo magnetismo em si, pelo qual atrai o sal, o poder ou a virtude (como queira dizer) que lhe dá vida, e é a lógica de todo o trabalho que executamos para nos sustentar; todos os estercos e outras misturas sórdidas são apenas vicários dessa melhoria". Além disso, sendo este um daqueles "campos desgastados e exaustos que precisam desfrutar de seu sabá", talvez, como Sir Kenelm Digby pensa, provavelmente, tenham atraído "espíritos vitais" do ar. Colhi doze alqueires de feijão.

Para ser mais específico, pois reclama-se que o Sr. Coleman relatou principalmente os caros experimentos de fazendeiros, meus resultados foram:

Por uma enxada	0,54
Arar, gradar e sulcar	7,50 Demais.
Feijão para plantar	3,12½
Batata para plantar	1,33
Ervilhas para plantar	0,40
Semente de nabo	0,06
Linha branca para cerca	0,02
Cultivador com cavalos e menino por três horas	1,00
Cavalo e carroça para pegar colheita	0,75
Total	$14,72 ½

Minha renda era *(patrem familias vendacem, non emacem esse oportet)*:

Nove alqueires e doze quartos de feijão vendidos	16,94
Cinco alqueires de batatas grandes	2,50
Nove de pequenas	2,25
Grama	1,00
Caules	0,75
Total	$23,44

Deixando um lucro pecuniário, como já disse antes, de 8,71 ½.

Este é o resultado da minha experiência no cultivo do feijão: plante o pequeno feijão-branco comum por volta de primeiro de junho, em fileiras de um metro com quarenta centímetros de distância, tendo o cuidado de selecionar sementes frescas, redondas e não misturadas. Primeiro, procure por pragas, arranque os brotos atingidos e preencha os espaços plantando novamente. Em seguida, procure por marmotas, se for um local exposto, pois elas morderão as primeiras folhas tenras quase toda; e, novamente, quando as gavinhas jovens aparecem, elas reaparecem e as cortam os botões e vagens jovens, sentando-se eretas como um esquilo. Acima de tudo, colha o mais cedo possível se você quiser escapar das geadas e ter uma colheita justa e vendável; você pode, assim, evitar muita perda.

Uma experiência adicional também ganhei. Eu disse a mim mesmo: não plantarei feijão e milho com tanta diligência noutro verão, mas sementes, se é que não se perderam, de sinceridade, verdade, simplicidade, fé, inocência e coisas semelhantes, e verei se elas crescem neste solo, mesmo com menos trabalho e esterco, e me sustentam, pois certamente nenhum solo já foi esgotado por essas colheitas. Infelizmente! — eu disse isso para mim mesmo.

Um verão se foi, e outro, e outro, e sou obrigado a dizer a você, leitor, que as sementes que plantei, se de fato eram as sementes daquelas virtudes, foram carcomidas ou perderam sua vitalidade e, então, não brotaram. Comumente os homens são como seus pais foram, corajosos ou tímidos. Esta geração tem muita determinação de plantar milho e feijão a cada novo ano, exatamente como os indígenas faziam séculos atrás e ensinavam os primeiros colonos a fazerem, como se houvesse nisso um destino. Eu vi um velho outro dia, para meu espanto, fazendo buracos, com uma enxada, pelo menos pela septuagésima vez, e não para ele mesmo se deitar! Por que o habitante da Nova Inglaterra não deveria tentar novas aventuras — em vez de enfatizar tanto seus grãos, sua colheita de batata, o plantio de capim e seus pomares — e experimentar outras colheitas? Por que nos preocupamos tanto com nossos feijões e não nos preocupamos com uma nova geração de homens? Deveríamos realmente comemorar animados se, ao conhecer um homem, tivéssemos a certeza de ver que algumas das virtudes que mencionei, e que todos valorizamos mais do que aquelas outras produções, mas que são, em sua maioria, dispersas e flutuam no ar, criaram raízes e cresceram. Ainda têm virtudes sutis e inefáveis como, por exemplo, verdade e a justiça, embora em menor quantidade e maior variedade, ao longo da estrada. Nossos embaixadores deveriam ser instruídos a enviarem para as casas sementes como essas, e o Congresso ajudar a distribuí-las por todo o país. Nunca devemos fazer cerimônia com a sinceridade. Nunca enganaríamos, insultaríamos ou baniríamos uns aos outros, por mesquinhez, se houvesse o cerne do valor e da amizade; e também não gostaríamos de encontrar-nos às pressas. A maioria dos homens eu não conheço, pois parecem não ter tempo;

estão ocupados com seus feijões. Jamais deveríamos lidar com um homem que se arrasta apoiando-se em uma enxada ou pá, como se fosse um bastão, enquanto descansa do seu trabalho; nem com aquele que assemelha-se a um cogumelo — parcialmente emergindo da terra —, mas sim com aquele bem como andorinhas pousadas ou caminhando pelo chão:

> "E enquanto falava, suas asas, de vez em quando.
> Ele abria, como se fosse voar, depois as fechava novamente".

de modo que poderíamos suspeitar que estávamos conversando com um anjo. O pão nem sempre nos nutri, mas sempre nos faz bem e até mesmo tira a rigidez de nossas articulações e nos torna flexíveis e animados, quando não sabemos o que nos aflige; faz-no reconhecer alguma generosidade, no homem ou na Natureza, e compartilhar qualquer alegria pura e heroica.

A poesia e a mitologia sugerem, pelo menos, que a agricultura já foi uma arte sagrada, mas é praticada com pressa irreverente e desatenção por nós; nosso objetivo é ter apenas grandes fazendas e grandes colheitas. Não temos festival, nem procissão, nem cerimônia, apenas nossas exposições de gado e o Dia de Ação de Graças, no qual o fazendeiro expressa o senso da sacralidade de seu chamado, ou é lembrado da sua origem sagrada. É o prêmio e o banquete que o tentam. Ele sacrifica não a Ceres ou ao Jove[9] terrestre, mas sim ao infernal Plutão. Por avareza e egoísmo, e um hábito servil, do qual nenhum de nós está livre, de considerar o solo como propriedade, ou principalmente como meio de adquirir propriedade, a paisagem é deformada, a agricultura é degradada conosco, e o fazendeiro tem a pior das vidas. Ele conhece a Natureza, mas como um ladrão. Cato diz que os lucros da agricultura são particularmente piedosos ou justos (*maximeque pius quaestus*), e de acordo com Varrão, os antigos romanos "chamavam a mesma terra de Mãe e Ceres, e pensavam que aqueles que a cultivavam levavam uma vida piedosa e útil, e que eram os únicos remanescentes da raça do rei Saturno".

Costumamos esquecer que o sol olha indistintamente para os nossos campos cultivados e para as pradarias e florestas. Todos eles refletem e absorvem seus raios da mesma forma, e os primeiros constituem apenas uma pequena parte do quadro glorioso que ele contempla em seu curso diário. Em sua visão, a terra é igualmente cultivada como um jardim. Portanto devemos receber o benefício de sua luz e calor com uma confiança e magnanimidade correspondentes. E se eu valorizar as sementes desses feijões e colhê-las no outono do ano? Este amplo campo que tenho olhado por tanto

---

9   Jove é um nome arcaico utilizado para representar o deus romano Júpiter. (N. do R.)

tempo não me olha como principal cultivador, mas, bem longe de mim, para influências mais favoráveis a ele, que o regam e o tornam verde. Esses feijões têm frutos que não são colhidos por mim. Em parte, eles não crescem para as marmotas? A espiga de trigo (em latim *spica*, do inglês obsoleto *speca*, de *spe*, esperança) não deveria ser a única esperança do lavrador; a semente ou grão (*granum* de *gerendo*, gerar) não é tudo o que ela produz. Como, então, nossa colheita pode falhar? Não devo me alegrar também com a abundância das ervas daninhas cujas sementes são o celeiro dos pássaros? Pouco importa comparativamente se os campos enchem os celeiros do fazendeiro. O verdadeiro lavrador porá fim à ansiedade, assim como os esquilos não demonstram estar preocupados se a floresta produzirá castanhas este ano ou não, e terminará seu trabalho todos os dias renunciando a todos os direitos sobre a produção de seus campos e sacrificando em sua mente não apenas seus primeiros frutos, como também seus últimos.

A VILA

Depois de capinar, ou talvez ler e escrever, pela manhã, eu geralmente tomava banho novamente no lago, nadando em uma de suas enseadas por um período, e lavava a poeira do trabalho que estava em mim, ou alisava a última ruga que a concentração havia feito e ficava completamente livre durante a tarde. A cada dia ou a cada dois dias eu caminhava até a vila para ouvir alguns dos mexericos que ali aconteciam incessantemente, circulando de boca em boca ou de jornal em jornal, e que, tomados em doses homeopáticas, eram realmente tão revigorantes quanto o farfalhar das folhas e o coaxar das rãs. Assim como caminhava na floresta para ver os pássaros e os esquilos, também caminhava na vila para ver os homens e meninos; em vez do vento entre os pinheiros, ouvia o barulho das carroças. Nos prados ribeirinhos próximos da minha casa havia uma colônia de ratos-almiscarados; sob o bosque de olmos e botoeiras, no outro horizonte, havia uma vila de homens ocupados, tão interessantes para mim como se fossem cães da pradaria, cada um sentado na boca de sua toca ou correndo para a de um vizinho para mexericar. Eu ia lá com frequência para observar seus hábitos. A vila me parecia uma grande agência de notícias; para apoiá-la, como antes ao Redding & Company's na rua State, eles mantinham nozes e passas, ou sal e farinha e outros mantimentos. Alguns têm um apetite tão grande pelo primeiro artigo, isto é, as notícias, e órgãos digestivos tão fortes, que podem sentar-se para sempre em vias públicas sem se mexer, e deixar que elas fervilhem e sussurrem entre eles como os ventos etésios, ou como se inalando o éter, produzindo apenas dormência e insensibilidade à dor — caso contrário, muitas vezes seria doloroso ouvir —, sem afetar a consciência. Quando passeava pela vila, era difícil não ver uma fileira de tais senhores, sentados em uma escada tomando sol, com seus corpos inclinados para a frente e seus olhos vigiando todos os lugares de tempos em tempos, com uma expressão voluptuosa, ou então encostados a um celeiro, com as mãos nos bolsos, parecendo sustentá-lo. Eles, estando geralmente fora de casa, ouviam o que quer que corresse pelo vento. Esses são os moinhos mais grosseiros, nos quais toda notícia é primeiro grosseiramente digerida ou quebrada antes de ser esvaziada em funis mais finos e delicados dentro de casa. Observei que os serviços vitais da vila eram a mercearia, o bar, o correio e o banco; e, como parte necessária ao maquinário, eles mantinham um sino, um canhão e uma bomba de incêndio em locais estratégicos. As casas eram dispostas de modo a aproveitar ao máximo a humanidade: ficava em ruas pequenas e uma de frente para a outra, de modo que todo caminhante tinha que passar por ali e todo homem, mulher e criança poderiam avaliá-lo. É claro que aqueles que estavam no início da fila, onde podiam ver e ser vistos com mais facilidade, e dar o primeiro soco, pagavam os preços mais altos por seus lugares; e os poucos habitantes dispersos nos arredores, onde começava a ter longos intervalos entre moradias, e o caminhante podia pular muros ou desviar-se para os pastos e assim escapar, pagavam um imposto menor por seu terreno ou janela. Anúncios eram pendurados por todos os lados para seduzi-lo; alguns para pegá-lo pelo apetite, como a taberna e a adega; alguns pela fantasia, como o armarinho e a joalheria; e outros pelos cabelos, pelos pés ou pelas vestes, como o barbeiro, o sapateiro ou o alfaiate. Além disso, havia um convite, permanente ainda mais terrível, para visitar cada uma dessas casas, e pessoas esperavam por nós em determinadas horas. Na maioria das vezes, escapei maravilhosamente desses perigos, ou avancei, ao mesmo tempo, com ousadia e sem deliberação rumo ao objetivo, como é recomendado para aqueles que correm o *gantlet*[10], ou mantendo meus pensamentos em coisas elevadas, como Orfeu, que, "em voz alta cantando louvores aos deuses com sua lira, abafou as vozes das sereias e manteve-se fora de perigo". Às vezes eu fugia de repente, e ninguém podia dizer meu paradeiro, pois eu não me importava muito com graciosidade e nunca hesitei diante de um buraco em uma cerca. Costumava até a aparecer em algumas casas, onde me divertia muito, e depois de saber das últimas notícias e o que havia sido apurado dessas, as perspectivas de guerra e paz, e se o mundo permanecia unido por muito mais tempo, saía pelas portas do fundo e, assim, escapava para os bosques novamente.

---

10 Uma forma de punição militar.

Era muito agradável quando permanecia até tarde na cidade e precisava lançar-me à noite, especialmente se estivesse escuro e tempestuoso, e zarpar de algum luminoso salão da vila ou sala de leitura, com um saco de centeio ou farinha no ombro para meu porto confortável na floresta, tendo fechado tudo por fora e retirado por baixo das escotilhas com uma alegre tripulação de pensamentos, deixando apenas meu homem exterior no leme, ou mesmo amarrando-o quando estava navegando em bom plano. Tive muitos pensamentos geniais na cabine "enquanto navegava". Nunca precisei sair ou fiquei aflito em qualquer momento, embora tenha enfrentado algumas tempestades severas. É mais escuro na floresta, mesmo nas noites comuns, do que muitos supõem. Frequentemente eu tinha que olhar para cima, para a abertura entre as árvores acima do caminho, a fim de reconhecer minha rota e, onde não havia caminho para carroças, sentir com meus pés a trilha fraca que eu havia trilhado, ou guiar pelo caminho conhecido utilizando determinadas árvores que sentia com as mãos, passando entre dois pinheiros, por exemplo, a não mais de quarenta centímetros de distância entre sino meio da mata, em uma noite absolutamente escura. Às vezes, depois de chegar a casa tão tarde, em uma noite escura e abafada, quando meus pés tatearam o caminho que meus olhos não podiam ver, sonhando e distraído o tempo todo, até acordar por ter que levantar minha mão para abrir o trinco, não era capaz de me lembrar de um único passo de minha caminhada e pensava que talvez meu corpo encontrasse o caminho de casa se seu mestre o abandonasse, assim como a mão chega à boca sem nenhuma ajuda. Várias vezes, quando um visitante por acaso permanecia até a noite, e era uma noite escura, fui obrigado a conduzi-lo até à estrada de carroças nos fundos da casa e, em seguida, indicar-lhe a direção que deveria seguir e dizer-lhe o caminho para deixar-se guiar mais pelos pés do que pelos olhos. Numa noite muito escura, orientei dois jovens que estavam pescando no lago. Eles moravam a cerca de um quilômetro e meio da floresta e estavam bastante acostumados com a rota. Um ou dois dias depois, um deles me disse que eles vagaram a maior parte da noite, perto de suas próprias terras, e só chegaram em casa pela manhã, ensopados até os ossos por causa de várias pancadas de chuva e folhas molhadas. Já ouvi falar de muitos que se extraviaram até nas ruas da vila, quando a escuridão era tão densa que se podia cortá-la com uma faca, como diz o ditado. Alguns que vivem nos arredores, tendo vindo à cidade de carroça fazer compras, foram obrigados a pernoitar; e cavalheiros e senhoras fazendo visita desviaram-se alguns metros de seu caminho, sentindo a calçada apenas com os pés e sem saber quando se perderam. É uma experiência surpreendente e memorável, além de valiosa, estar perdido nos bosques a qualquer momento. Frequentemente, em uma tempestade de neve, mesmo durante o dia, alguma pessoa chega a uma estrada bem conhecida e, no entanto, não sabe qual caminho leva à vila. Embora saiba que já o percorreu mil vezes, não consegue reconhecer uma característica dele; parece-lhe tão estranho quanto uma estrada na Sibéria. À noite, claro, a perplexidade é infinitamente maior. Em nossas caminhadas mais triviais, estamos constantemente, embora inconscientemente, dirigindo como pilotos por certos faróis e promontórios bem conhecidos, e se formos além de nosso curso habitual, ainda carregamos em nossas mentes o rumo de algum cabo vizinho, somente quando estamos completamente perdidos, ou dando voltas — pois o homem precisa apenas girar, em torno de si, com os olhos fechados, para se perder neste mundo —, é que apreciamos a vastidão e a estranheza da Natureza. Todo homem tem que aprender os pontos cardeais novamente sempre que acorda, seja do sono ou de qualquer abstração. Somente quando nos perdemos, em outras palavras, quando perdemos o mundo, começamos a nos encontrar e a perceber onde estamos e a extensão infinita de nossas relações.

Uma tarde, perto do fim do primeiro verão, quando fui à vila buscar um sapato no sapateiro, fui preso e preso porque, como já contei em outro lugar, não paguei imposto ou reconheci a autoridade do Estado que compra e vende homens, mulheres e crianças, como gado na porta de seu Senado. Eu tinha ido para o bosque com outros propósitos, mas onde quer que um homem vá, os outros irão persegui-lo e atacá-lo com suas instituições sujas e, se puderem, o obrigarão a pertencer à desesperada sociedade de Odd Fellows[11]. É verdade, eu poderia ter resistido à força com mais ou menos efeito; poderia ter lutado contra a sociedade, mas preferi que a sociedade ficasse contra mim, sendo ela a parte desesperada. No entanto, fui liberado no dia seguinte, peguei meu sapato consertado e voltei para o bosque a tempo de colher meu jantar de mirtilos em Fair-Haven. Nunca fui molestado por ninguém além daqueles que representavam o Estado. Eu não tinha fechadura nem ferrolho, a não ser na mesa que guardava meus papéis, nem mesmo um prego para colocar no trinco ou nas janelas. Nunca tranquei minha porta noite ou dia, embora tivesse que me ausentar por vários dias; nem mesmo quando, no outono seguinte, passei quinze dias nos bosques do Maine. E, no entanto, minha casa era mais respeitada do que se estivesse cercada por uma fila de soldados. O andarilho cansado podia descansar e se aquecer ao meu fogo, o literato se divertir com os poucos livros sobre minha mesa, ou

---

11 Sociedade fundada na Inglaterra no séc. XVIII, tinha fins educacionais e piedosos.

o curioso, abrindo a porta do meu armário, ver o que restara do meu jantar e que perspectiva eu tinha de uma ceia. Embora muitas pessoas de todas as classes viessem até o lago, não sofri nenhum inconveniente sério e nunca perdi nada além de um pequeno livro, um volume de Homero, inadequadamente dourado, e confio que um soldado do nosso acampamento o tenha encontrado a esta altura. Estou convencido de que, se todos os homens vivessem com a mesma simplicidade que eu, o furto e o roubo seriam desconhecidos. Esses ocorrem apenas em comunidades onde alguns têm mais do que o suficiente, enquanto outros não têm o indispensável. Os Homeros do Pope[12] logo seriam devidamente distribuídos.

"Nec bella fuerunt,
Faginus astabat dum scyphus ante dapes."

"Nem as guerras aos homens perturbavam
Quando apenas tigelas de madeira solicitavam."

"Que necessidade tem de aplicar punições aquele que governa os serviços públicos? Ame a virtude e as pessoas serão virtuosas. As virtudes de um homem superior são como o vento; as virtudes de um homem comum são como a grama; a grama, quando o vento passa por ela, se curva."

OS LAGOS

Às vezes, cansado pelo excesso de companhia e conversas vãs, e tendo exaurido todos os meus amigos da vila, eu divagava mais para o oeste do que habitualmente, para partes menos frequentadas da cidade, "para novos bosques e novos pastos" ou, enquanto o sol estava se pondo, fazia minha ceia de mirtilos em Fair Haven e armazenava um estoque para vários dias. As frutas não dão seu verdadeiro sabor a quem compra, nem àquele que as cultiva para vender. Existe apenas uma maneira de obtê-lo, mas poucos seguem este caminho. Se quiser saber o sabor dos mirtilos, pergunte ao vaqueiro ou à perdiz. É um erro vulgar supor que já provou mirtilos quem nunca os colheu. Um mirtilo nunca chega a Boston; eles não são conhecidos lá, já que crescem em suas três colinas. A parte ambrosíaca e essencial do fruto perde-se juntamente com a flor a caminho do mercado, tornan-

---

[12] Alexandre Pope, poeta inglês conhecido pelos seus versos satíricos e pelas traduções de Homero.

do-se mero alimento. Enquanto reina a Justiça Eterna, nenhum mirtilo inocente pode ser transportado para além das colinas.

Ocasionalmente, depois que terminava de capinar, eu me juntava a algum companheiro impaciente que estivera pescando no lago desde a manhã, tão silencioso e imóvel quanto um pato ou uma folha flutuante, e que depois de praticar vários tipos de filosofia, havia concluído sarcasticamente, quando da minha chegava, que pertencia à antiga seita dos Cenobitas. Havia um homem mais velho, excelente pescador e habilidoso com todos os tipos de artesanato em madeira, que ficou feliz em ver minha casa como uma construção erguida para a conveniência dos pescadores; e fiquei igualmente satisfeito quando ele se sentou a minha porta para arrumar suas iscas. De vez em quando sentávamos juntos no lago, ele numa ponta do barco e eu na outra; não trocávamos muitas palavras, pois ele havia ficado surdo nos últimos anos, mas ocasionalmente cantarolava um salmo que se harmonizava bem com minha filosofia. Nossa relação era, portanto, de afinação ininterrupta, muito mais agradável de lembrar do que se tivesse ocorrido por meio das conversas. Quando, como era comumente o caso, eu não tinha ninguém com quem comunicar-me, costumava despertar os ecos batendo com um remo na lateral do meu barco, agitando-os como o guardião de um zoológico faz com os animais selvagens, enchendo a floresta ao redor com sono circulares dilatados até um murmúrio de cada vale arborizado e encosta.

Nas noites quentes, eu frequentemente me sentava no barco tocando flauta e via a perca, que eu parecia ter enfeitiçado, pairando ao meu redor, e a lua viajando sobre o lago cheio de ondulações e cheio de resíduos da floresta. Antigamente eu vinha a este lago aventureiramente, de vez em quando, em noites escuras de verão, com um companheiro, e fazendo uma fogueira perto da beira d'água, que achávamos que atraía os peixes, pescávamos fanecas com um monte de minhocas amarradas em um fio; e quando terminávamos, tarde da noite, jogávamos os tições ardentes para o alto, como foguetes, que ao caírem no lago se extinguiam com um alto silvo, e de repente estávamos tateando na escuridão total. Enfrentando-a, assobiando uma melodia, voltávamos ao refúgio dos homens. Agora, no entanto, eu tinha feito minha casa à beira do lago.

Às vezes, depois de ficar em uma sala de visitas da vila até que toda a família se retirasse, eu voltava para o bosque e, em parte com vista ao jantar do dia seguinte, passava horas pescando, num barco, ao luar, ouvindo a serenata de corujas e raposas e, de tempos em tempos, o rangido de algum pássaro desconhecido que estava por perto. Essas experiências foram muito memoráveis e valiosas para mim, ancoradas em uma profundidade de doze metros e a cem ou cento e cinquenta metros da margem, cercado por milhares de pequenas percas e outros peixes, ondulando a superfície com suas caudas brilhando ao luar e a comunicar-me por uma longa linha de linho, com os misteriosos peixes noturnos que vivem a quarenta pés abaixo da superfície ou às vezes arrastando vinte metros de linha ao longo do lago enquanto meu barco flutuava na brisa noturna e de vez em quando sentindo uma leve vibração ao longo dela, indicativa de alguma vida rondando sua extremidade, com um propósito monótono e incerto ali, com lentidão para se decidir. Por fim, levantando-a lentamente, puxando-a com uma mão sobre a outra, pegava um peixe-macaco de chifres, guinchando e contorcendo-se no ar. Era muito estranho, especialmente nas noites escuras, quando os pensamentos vagavam por temas vastos e cósmicos, sentir esse leve solavanco que vinha interromper meus sonhos e ligar-me novamente à Natureza. Parecia que eu poderia lançar minha linha para cima, no ar, bem como para baixo, na água neste elemento que era bem mais denso e assim pegar dois peixes com só um anzol.

 A paisagem do Walden é de proporções humildes e, embora muito bonita, não se aproxima da grandeza, nem pode sensibilizar muito quem não a frequentou por muito tempo ou não viver em suas margens; no entanto, esse lago é tão notável por sua profundidade e pureza que merece uma descrição particular. É um poço verde-claro e profundo, com oitocentos metros de comprimento e dois quilômetros de circunferência, e ocupa cerca de sessenta e um acres e meio; uma fonte perene no meio de bosques de pinheiros e carvalhos, sem nenhuma entrada ou saída visível de água, exceto pelas nuvens e pela evaporação. As colinas circundantes elevam-se abruptamente da água até a altura de doze a vinte e seis metros, embora no sudeste e leste alcancem cerca de trinta e quarenta e cinco metros de altura respectivamente, dentro de uma área de quatrocentos metros e pouco mais de quinhentos do outro; área toda coberta por arvoredos. Todas as nossas águas de Concord têm, pelo menos, duas cores; uma quando vistas à distância e outra mais verdadeira, de perto. A primeira depende mais da luz, e segue o céu. Em tempo claro, no verão, elas parecem azuis a pouca distância, especialmente se agitadas, e a grande distância parecem todas iguais. Em tempo de tempestade, são de uma cor de ardósia escura. Do mar, no entanto, diz-se ser azul num dia e verde no outro, sem nenhuma mudança perceptível na atmosfera. Vi o nosso rio, estando a paisagem coberta de neve, com a água e com o gelo, tão verdes como a relva. Alguns consideram o azul "a cor da água pura, seja líquida ou sólida". Olhando diretamente para nossas águas, de dentro de um barco, elas são vistas como de cores muito diferentes. O Walden é azul em um momento e verde em outro, ainda que visto do mesmo ponto. Situado entre a terra e os céus, ele compartilha da cor de ambos. Visto do alto de uma colina, reflete a cor do céu, mas de perto adquire um tom amarelado próximo às margens onde pode-se ver areia, depois suas águas tornam-se de um verde-claro, que gradualmente se aprofunda até um verde-escuro uniforme por todo o corpo do lago. Conforme a luz, visto do topo de uma colina, é de um verde vívido até mesmo próximo à costa. Alguns associam essa visão ao reflexo da vegetação, mas é igualmente verde perto do banco de areia da ferrovia e também na primavera, antes das folhas se expandirem; então o verde pode ser simplesmente o resultado do azul predominante do céu misturado com o amarelo da areia. Tal é a cor da sua íris. Essa é também a cor daquela porção onde, na primavera, o gelo, sendo aquecido pelo calor do sol refletido do fundo, e transmitido pela terra, derrete primeiro e forma um canal estreito sobre o meio ainda congelado. Como o resto de nossas águas, quando muito agitadas, em tempo claro, a superfície das ondas mostra-se de um azul mais profundo que o do céu, que talvez porque reflita no ângulo certo, ou porque haja mais luz incidindo nela; e em tal momento, estando em sua superfície e com um olhar preciso de modo a ver o reflexo, eu discerni um azul-claro incomparável e indescritível, como as sedas molhadas ou iridescentes e as lâminas de espadas sugerem, mais cerúleo que o próprio céu, alternando com o verde-escuro original nos lados opostos das ondas, que por fim pareciam turvas quando comparadas às nossas outras águas. É um azul-esverdeado vítreo, pelo que me lembro, como aquelas manchas do céu de inverno vistas entre as nuvens no oeste antes do pôr do sol. No entanto, um copo de água exposto à luz é tão incolor quanto uma quantidade igual de ar. É sabido que uma grande placa de vidro terá uma tonalidade verde, devido, como dizem os fabricantes, ao seu "corpo", mas um pequeno pedaço dele será incolor. Que quantidade de água do Walden seria necessária para refletir uma tonalidade verde, nunca soube. A água do nosso rio é preta ou marrom muito escura para quem olha diretamente para ela, como a maioria dos lagos, e confere ao corpo de quem se banha nela uma coloração amarelada; mas a água do Walden é de tal pureza cristalina que o corpo do banhista aparenta ter a brancura do alabastro, ficando muito artificial, como os membros parecem ampliados e distorcidos quando nela estão imersos; essas duas impressões produzem um efeito monstruoso, produzindo estudos adequados a um Michelangelo.

 A água é tão transparente que o fundo pode ser facilmente discernido a uma profundidade de oito a dez metros. Remando sobre ele é possível ver, muitos metros abaixo da superfície, cardumes de percas e de peixinhos dourados, talvez de dois centímetros, mas os primeiros facilmente distinguidos por suas listras transversais, e imagino que eles devam ser peixes ascéticos que encontram sustento ali. Certa vez, no inverno, muitos anos atrás, quando eu estava cortando buracos no gelo para pescar lúcios, ao pisar na praia, joguei meu machado de volta no gelo, mas, como se algum gênio do mal o tivesse dirigido, deslizou quatro ou cinco metros até cair diretamente em um dos buracos, onde a água tinha sete metros de profundidade. Por curiosidade, deitei-me no gelo e olhei pelo buraco, até que vi o machado um pouco de lado, de ponta-cabeça, com o cabo ereto e balançando suavemente para frente e para trás com o pulso do lago; e lá poderia ter ficado ereto e balançando até que, com o passar do tempo, o cabo apodrecesse, se eu não o tivesse pegado. Fazendo outro furo diretamente sobre ele com um cinzel de gelo que eu tinha, e cortando, com a minha faca, a bétula mais longa que pude encontrar na vizinhança, fiz um laço corrediço que prendi em sua ponta e, deixando-o cair cuidadosamente, passei-o sobre o pescoço do cabo, e assim puxei o machado.

A margem é composta por um cinturão de pedras brancas arredondadas e lisas com exceção de uma ou duas pequenas praias de areia, e é tão íngreme que em muitos lugares um único salto basta para a água cobrir a cabeça; e se não fosse por sua notável transparência, ali seria o último trecho onde se veria seu fundo até que se atingisse o lado oposto. Alguns pensam que o lago é sem fundo. Não é lamacento em nenhum lugar, e um observador casual diria que não há vegetação; quanto a plantas notáveis, exceto nos pequenos prados recentemente inundados, que não pertencem propriamente a ele, um exame mais atento não detecta junco, nem mesmo um lírio, amarelo ou branco, mas apenas algumas pequenas folhas em forma de coração, e talvez um ou dois *Potamogeton*; tudo o que, no entanto, um banhista pode não perceber; e essas plantas são limpas e brilhantes como o elemento em que crescem. As pedras avançam na água por uns cinco ou dez metros, e então o fundo é areia pura, exceto nas partes mais profundas, onde geralmente há um pouco de sedimento, provavelmente em consequência da deterioração das folhas que flutuaram sobre ele tantos outonos sucessivos, e mesmo no inverno as âncoras ficam cobertas do verde das plantas submersas.

Temos um outro lago parecido como esse, o lago White, em Nine Acre Corner, cerca de quatro quilômetros a oeste e embora eu esteja familiarizado com a maioria dos lagos dentro de um raio de vinte quilômetros, não conheço um terceiro assim tão puro e que façam lembrar um poço. Nações sucessivas beberam dele, assim como o admiraram e sondaram; algumas até já desapareceram e ainda sua água é verde e transparente como sempre. Não é uma fonte intermitente! Talvez naquela manhã de primavera quando Adão e Eva foram expulsos do Éden, o lago Walden já existisse e se deitava com uma suave chuva de primavera acompanhada de névoa e de um vento vindo do sul e com miríades de patos e gansos, quando ainda tais lagos puros os bastavam. Já então, seu nível aumentava e diminuía, clareando suas águas e as colorindo da tonalidade que agora apresenta, e assim obteve uma patente divina para ser o único lago Walden do mundo e destilador do orvalho celestial. Quem sabe em quantas literaturas de nações, já não lembradas, ele foi a Fonte Castália? Ou que ninfas nele reinaram na Idade de Ouro? Ele é uma joia de primeira água que Concord usa em seu diadema.

Os primeiros que chegaram a esse poço deixaram rastros de seus passos. Fiquei surpreso ao detectar que circundando o lago, mesmo onde um bosque espesso acabava de ser desbastado na margem, existe um caminho estreito que acompanha a colina, subindo e descendo alternadamente, aproximando-se e afastando-se da beira da água, provavelmente tão antigo quanto a raça dos homens que ali habitaram; está desgastado pelos pés de caçadores aborígines e ainda hoje é pisado pelos atuais descuidados ocupantes da terra. Esse caminho é particularmente visto por quem está no meio do lago no inverno, logo após a queda de uma leve neve, aparecendo como uma linha branca ondulada, não disfarçada por vegetações e galhos, e também fica bem nítida, até a quatrocentos metros de distância, em muitos lugares onde no verão dificilmente é distinguida mesmo de perto. A neve o reimprime, por assim dizer, em alto-relevo branco imaculado. O solo ornamentado de moradias que um dia aqui serão construídas pode ainda preservar alguns vestígios desse caminho.

O nível da água do lago sobe e desce, mas se regularmente ou não, e em que período, ninguém sabe, embora, como sempre, muitos finjam saber. É geralmente mais alto no inverno e mais baixo no verão, embora essa variação não corresponda à umidade e à secura em geral. Lembro-me de quando esteve trinta ou sessenta centímetros mais baixo, e também quando subiu, pelo menos, um metro e meio mais alto do que quando eu morava perto dele. Há um estreito banco de areia que corre para dentro do lago, com água muito profunda em um dos lados sobre o qual ajudei a fazer uma chaleira de sopa; ele fica a cerca de vinte e cinco metros da margem principal. Isso ocorreu por volta do ano de 1824 e não se repetiu nos próximos vinte e cinco anos; e, contudo meus amigos costumavam ouvir com incredulidade quando eu lhes contava que, alguns anos depois, costumava pescar, de um barco, em uma enseada isolada na floresta, a cerca de setenta metros da única margem que conheciam, lugar que há muito foi convertido em um prado. O lago tem subido continuamente por dois anos, e agora, no verão de 1852, está um metro e meio mais alto do que quando eu morava lá, ou tão alto quanto há trinta anos, e a pesca continua no prado. Essa cheia faz uma diferença de nível de um metro e vinte a um metro e oitenta, e, no entanto, a água derramada pelas colinas circundantes é insignificante e esse aumento de volume deve ser atribuído a causas ligadas às fontes profundas. Neste verão, o nível do lago começou a abaixar novamente. É notável que essa flutuação, seja periódica ou não, parece requerer muitos anos para realizar-se. Observei uma elevação e duas quedas, e espero que daqui a doze ou quinze anos a água esteja novamente tão baixa quanto a vi um dia. O lago de Flint, um quilômetro e meio a leste, com seus lagos intermediários menores, compartilha com o Walden e recentemente os dois atingiram a altura máxima ao mesmo tempo. O mesmo acontece, até onde posso observar, com o lago White.

Essa cheia e esvaziamento do Walden em longos intervalos têm, pelo menos a uma função: a água que permanece em grande altura por um ano ou mais, embora torne difícil o passeio a sua volta, mata os arbustos e árvores que surgiram em sua borda desde a última cheia (pinheiros, bétulas, amieiros, choupos, e outros) e ao descer novamente deixa uma costa desobstruída, pois, ao contrário de muitos lagos e todas as águas sujeitas a uma maré diária, sua costa é mais limpa quando a água está mais baixa. No lado, do lago, próximo a minha casa, uma fileira de pinheiros de cinco metros e meio de altura foi derrubada como se por uma alavanca, e assim colocou um fim em seus avanços; a altura desses pinheiros indica que muito tempo se passou desde a última cheia. Por meio dessa flutuação, o lago afirma seu direito à praia e, assim, a praia é cortada e as árvores não podem ocupá-la alegando usucapião. Essas são as margens do lago onde não cresce nenhuma barba. Ele lambe suas faces de vez em quando. Quando a água está no auge, os amieiros, salgueiros e bordos emitem uma massa de raízes vermelhas, fibrosas e compridas por todos os lados de seus caules imersos, até atingirem a altura do solo, no esforço de sobreviver; também vi arbustos de mirtilo na costa, que geralmente não produzem frutos, dando uma colheita abundante nessas circunstâncias.

Alguns ficaram intrigados ao ver as margens tão regularmente pavimentadas. Todos os meus concidadãos já conhecem a história que as pessoas mais velhas ouviram na juventude: diz-se que antigamente os índios realizavam um encontro em uma colina que se elevava tão alto no céu quanto o lago agora afunda-se na terra, e entregavam-se a tantas profanações, como diz a história, embora esse vício seja um dos quais os indígenas nunca foram acusados, que quando eles estavam assim envolvidos, a colina tremeu e de repente afundou; apenas uma velha índia, chamada Walden, sobreviveu e ela deu seu nome ao lago. Acredita-se que quando a colina balançou, pedras rolaram pela lateral e se tornaram a atual costa. É muito certo, de qualquer forma, que antes não havia lago aqui, e agora há; e essa crença não entra em conflito, em nenhum aspecto, com o relato daquele antigo colono que já mencionei e que se lembra tão bem de quando veio aqui pela primeira vez com sua varinha de condão, viu um fino vapor subindo do pasto e a aveleira apontada firmemente para baixo, e decidiu cavar um poço aqui. Quanto às pedras, muitos ainda pensam que dificilmente devem ser explicadas pela ação das ondas nessas colinas, mas observo que as colinas circundantes estão notavelmente cheias do mesmo tipo de pedras, e que foi preciso empilhá-las em paredes em ambos os lados da ferrovia que passa perto do lago; e, além disso, há mais pedras onde a costa é mais abrupta; de modo que, infelizmente, não é mais um mistério para mim. Detectei a pavimentadora. Se o nome não foi derivado de alguma localidade inglesa, Saffron Walden, por exemplo, pode-se supor que foi originalmente chamado de lago Walled-in Pond, ou "Lago Murado".

O lago era meu poço cavado. Durante quatro meses no ano, sua água é tão fria quanto pura o tempo todo; e acho que é tão boa quanto qualquer outra, senão a melhor, da cidade. No inverno, toda a água exposta ao ar é mais fria do que a das nascentes e a dos poços que são protegidos. A temperatura da água do lago que havia permanecido na sala da minha casa desde as cinco horas da tarde até o meio-dia do dia seguinte, 6 de março de 1846, tendo o termômetro variado de 18° ou 21°, em parte devido ao sol no telhado, era de 5°, ou um grau mais fria do que a água recém-tirada de um dos poços mais frios da vila. A temperatura da Boiling Spring (Fonte Fervente) no mesmo dia era de 7°, ou a mais quente de todas as águas experimentadas, embora seja a mais fria que conheço no verão, quando, além disso, a água rasa e estagnada da superfície não se mistura a ela. Mesmo no verão, Walden nunca fica tão quente quanto a maioria das águas expostas ao sol — devido a sua profundidade. Nos dias mais quentes, eu geralmente colocava um balde com água do Walden em meu porão, e ele ficava fresco durante a noite e assim permanecia durante o dia; também recorria a uma nascente da vizinhança. Após uma semana a água estava tão boa quanto no dia em que foi retirada do Walden e não tinha gosto da bomba. Quem acampa por uma semana no verão à beira do lago, precisa apenas mergulhar um balde d'água a alguns palmos de profundidade, em algum lugar sombreado do lado para dispensar o luxo do gelo.

Foi pescado no Walden um lúcio de três quilos e meio, para não falar de outro que carregou um carretel com tanta velocidade que o pescador afirmou com segurança que tinha mais de quatro quilos, mesmo sem chegar a vê-lo. Pescou-se também percas e fanecas, peixes pesando mais de um quilo, alguns poucos peixes dourados e um par de enguias, uma delas pesando dois quilos — digo isso porque o peso de um peixe é geralmente seu único título de fama, e essas foram as únicas enguias de que ouvi falar por aqui. Também tenho uma vaga lembrança de um peixinho de cerca de dez centímetros de comprimento, com lados prateados e costas esverdeadas, um tanto parecido com um escalo em suas características, que menciono aqui principalmente para ligar os fatos à crença. No entanto, esse lago não é muito fértil em peixes. Seus lúcios-americanos, embora não sejam abundantes, são seu principal orgulho. Certa vez, vi, sobre o gelo, pelo menos três tipos diferentes de lúcio; um longo e chato, cor de aço, mais parecido com os que são pescados no rio; um tipo dourado brilhante, com reflexos esverdeados e notavelmente fortes, que é o mais comum aqui; e outro, de cor dourada, e com a forma dois outros, mas salpicado nas laterais com pequenas manchas marrom-escuras ou pretas, entremeadas com algumas pálidas vermelho-sangue, muito parecidas com uma truta. O nome específico *reticulatus* não se aplica a eles, deveriam ser nominados *guttatus*. Todos são peixes muito firmes e pesam mais do que o tamanho promete. As olheiras, fanecas e poleiros também, e de fato todos os peixes que habitam esse lago, são muito mais limpos, mais bonitos e de carne mais firme do que os do rio e da maioria dos outros lagos, pois a água é mais pura. Provavelmente muitos ictiólogos classificariam alguns deles como de outras espécies. Há também uma raça de sapos e tartarugas, e alguns mexilhões; ratos-almiscarados e martas deixam seus rastros perto do lago e, ocasionalmente, uma tartaruga de lama o visita. Às vezes, quando eu empurrava meu barco pela manhã, perturbava uma grande tartaruga de lama que havia se escondido debaixo do barco durante a noite. Patos e gansos o frequentam na primavera e no outono, as andorinhas (*Hirundo bicolor*) deslizam sobre ele e as batuíras (*Totanus macularius*) tropeçam ao longo de sua margem pedregosa durante todo o verão. Algumas vezes perturbei um falcão sentado em um pinheiro-branco a beira d'água; mas duvido que alguma vez o lago tenha sido profanado pelas asas de uma gaivota, como *Fair Haven*. No máximo o lago tolera um mergulhão por ano. Esses são todos os animais importantes que o frequentam agora.

    Pode-se ver, de um barco, em tempo calmo, perto da costa leste arenosa, onde a água tem dois metros e meio ou três de profundidade, e também em algumas outras partes do lago, alguns montes circulares de dois metros de diâmetro por trinta centímetros de altura, consistido em pedras menores que um ovo de galinha, onde tudo ao redor é areia. A princípio, pergunta-se se os indígenas poderiam tê-los formado em cima do gelo para qualquer propósito e, assim, quando o gelo derretia, eles afundavam; porém, eles são muito regulares e alguns deles claramente muito recentes. São semelhantes aos encontrados nos rios, mas como não há sanguessugas nem lampreias aqui, não sei que peixe poderia tê-los feito. Talvez sejam os ninhos de pardelhas. Sei que essas pedrinhas criam um mistério agradável.

    A costa é irregular o suficiente para não ser monótona. Tenho em mente o oeste recortado por baías profundas, o norte mais abrupto e a costa sul lindamente retalhada, onde promontórios sucessivos se sobrepõem e sugerem enseadas inexploradas entre eles. A floresta apresenta seu melhor cenário de uma tão distintamente beleza quando vista do meio de um pequeno lago em meio às colinas que se erguem à beira da água, pois a água na qual é refletida faz o melhor primeiro plano e a sua costa sinuosa, a fronteira mais natural e agradável. Não há crueza nem imperfeição nesse trecho, como acontece onde o machado abriu uma clareira ou um campo cultivado avança para invadi-la. As árvores têm amplo espaço para se expandir no lado da água, e cada uma lança seu ramo mais vigoroso nessa direção. Ali a Natureza teceu uma orla natural, e o olhar sobe gradativamente dos arbustos rasteiros até as árvores mais altas. Existem poucos vestígios da mão do homem e a água banha a margem como fazia há mil anos.

Um lago é o elemento mais belo e expressivo de uma paisagem. É o olho da terra, e contemplando-se nele é possível que o ser meça a profundidade de sua própria natureza. As árvores fluviais próximas à costa são os cílios finos que circundam seu olhar, e as colinas e penhascos arborizados, ao redor, são suas sobrancelhas salientes.

Parado na praia de areia lisa na extremidade leste do lago, em uma calma tarde de setembro, quando uma leve névoa tornava indistinta a linha da costa oposta, vi de onde veio a expressão "a superfície vítrea de um lago". Quando se inverte a cabeça, a superfície parece um fio da mais fina teia de aranha esticado pelo vale e brilhando ao encontro dos distantes pinheiros, separando os estratos da atmosfera. Tem-se a ilusão de que é possível caminhar no seco, sob ele, até as colinas opostas, e que as andorinhas que o sobrevoam poderiam pousar nele. Na verdade elas, às vezes, mergulham abaixo dessa linha, como se fosse por engano, e não se desiludem. Ao olhar o lago a oeste, faz-se necessário usar ambas as mãos para proteger os olhos tanto do sol refletido quanto do sol verdadeiro, pois eles são igualmente brilhantes; e se, entre os dois, examina-se superfície criticamente, ela é literalmente tão lisa quanto o vidro, exceto onde os insetos, em intervalos iguais, espalha-se por toda a sua extensão, e com seus movimentos ao sol produzem o mais belo brilho imaginável, ou, onde um pato apruma suas penas, ou, como já disse, uma andorinha voa tão baixo que chega a tocá-la. Pode ser que, a distância, um peixe descreva um arco de três ou quatro pés no ar, e haja um clarão brilhante onde ele emerge e outro onde ele atinge a água; às vezes, todo o arco prateado é revelado aqui e ali, talvez apareça um cardo flutuando na superfície, no qual os peixes se lançam e, assim, provocam novas oscilações É como vidro derretido, mas não congelado, e as poucas partículas que nela boiam são puras e belas como as imperfeições do vidro. Muitas vezes é possível detectar uma água mais lisa e escura, separada das demais frações, como se uma teia de aranha invisível limitasse uma região sobre a qual repousam ninfas aquáticas. Do topo de uma colina pode-se ver vários peixes a pular em qualquer parte, pois nenhum lúcio ou peixe-lua apanha um inseto nessa superfície lisa sem perturbar o equilíbrio de todo o lago. É maravilhoso com que detalhamento esse simples fato é anunciado — é a ânsia assassina à mostra — e aqui da minha distante atalaia distingo as ondulações circulares quando têm chegam a alguns metros de diâmetro. Pode-se até conceber um inseto d'água *(Gyrinus)* progredindo incessantemente sobre a superfície lisa a quatrocentos metros de distância, pois esse gênero sulca levemente a água, fazendo uma ondulação notável delimitada por duas linhas divergentes enquanto outros insetos deslizam sobre ela sem ondulá-la de maneira nítida. Quando a superfície está consideravelmente agitada não há insetos sobre ela, mas, em dias calmos, eles deixam seus portos e deslizam aventureiramente, a partir da costa, com curtos impulsos, até cobri-la completamente. É uma ocupação reconfortante, nos belos dias de outono, quando o calor do sol é totalmente bem-vindo, sentar-se em um galho alto, com vista para o lago, e estudar os círculos ondulados que são incessantemente inscritos em sua superfície, porém, invisíveis de outros pontos devido aos reflexos do céu e das árvores nesse espelho. Sobre essa grande extensão não há perturbação que não seja gentilmente suavizada, como, quando um jarro de água é sacudido, os círculos trêmulos buscam a as laterias e tudo fica tranquilo novamente. Nenhum peixe pula, nenhum inseto cai no lago sem que isso seja mostrado em ondulações circulares, em linhas de beleza, como se fosse o constante jorro de sua fonte, o pulsar suave de sua vida, o arfar de seu peito. As emoções da alegria e as emoções da dor são indistinguíveis. Quão pacíficos são os fenômenos do lago! Novamente as obras do homem brilham como na primavera. Sim, cada folha e galho e pedra e teia de aranha brilha agora no meio da tarde como quando cobertos de orvalho em uma manhã de primavera. Cada movimento de um remo ou de um inseto produz reflexos de luz; e se um remo cai, quão doce é o eco!

Num dia assim, de setembro ou outubro, Walden é um nítido espelho da floresta, com pedras tão preciosas, aos meus olhos, quanto mais escassas e raras são. Nada tão belo, tão puro e, ao mesmo tempo, tão grande, como um lago existe na superfície da terra. Água do céu. Não precisa de cerca. Nações vêm e vão sem contaminá-lo. É um espelho que nenhuma pedra quebrará, que o mercúrio nunca desgastará, cujo douramento a Natureza continuamente repara; nenhuma tempestade, nenhuma poeira poderá escurecer sua superfície sempre nova; um espelho no qual toda a impureza apresentada afunda, pois é varrida e polvilhada pelo pincel nebuloso do sol — essa flanela que tudo limpa — que não retém nenhum hálito exalado sobre ele, mas envia o seu próprio para flutuar como nuvens acima de sua superfície, e ser refletido em seu seio.

Um campo de água mostra o espírito que está no ar. Está continuamente recebendo nova vida e movimento de cima. É o intermediário, por natureza, entre a terra e o céu. Sobre a terra apenas a grama e as árvores ondulam, e a água é remexida pelo vento. Vejo onde a brisa corre observando os raios ou faíscas de luz. É notável que possamos olhar para baixo e ver sua superfície. Talvez um dia possamos olhar, do alto, a na superfície do ar longamente e marcar onde um espírito ainda mais sutil o varre.

Os gerrídeos e outros insectos desaparecem no final de outubro, quando chegam as geadas severas; e então em novembro, em um dia calmo, não há absolutamente nada para ondular a superfície do lago. Numa tarde de novembro, na calmaria do final das tempestades de chuva de vários dias, quando o céu ainda estava completamente nublado e o ar cheio de névoa, observei que o lago estava notavelmente liso, de modo que era difícil distinguir sua superfície; não refletia mais os tons brilhantes de outubro, mas as cores sombrias de novembro das colinas circundantes. Embora eu tenha passado por ele o mais suavemente possível, as leves ondulações produzidas por meu barco se estendiam quase até onde eu podia ver e davam uma aparência nervurada aos reflexos. Enquanto eu estava olhando sobre a superfície, vi aqui e ali, a distância, um leve brilho, como se alguns gerrídeos que escaparam das geadas estivessem reunidos ou, talvez, a superfície, sendo tão lisa, traía uma fonte que brotava do fundo. Remando suavemente para um desses lugares, fiquei surpreso ao encontrar-me cercado por miríades de pequenas percas, com cerca de treze centímetros de comprimento, de uma rica cor de bronze contrastando com a água verde, brincando ali e constantemente subindo à superfície e ondulando-a e, às vezes deixando bolhas nela. Nessa água transparente, e aparentemente sem fundo, refletindo as nuvens, eu parecia flutuar no ar dentro de um balão; seus movimentos pareciam uma espécie de voo ou planagem de um bando compacto de pássaros passando logo abaixo do meu barco à direita ou à esquerda e suas barbatanas eram como velas. Havia muitos desses cardumes no lago, aparentemente aproveitando a curta estação antes que o inverno fechasse uma cortina de gelo sobre sua ampla clarabóia, dando à superfície a aparência de ter recebido leve brisa ou algumas gotas de chuva. Quando me aproximei descuidadamente e os assustei, eles fizeram um movimento repentino e provocando ondulações com suas caudas, como se alguém tivesse atingido a água com um galho de arbustos, e instantaneamente se refugiaram nas profundezas. Mais tarde vento soprou forte, a névoa aumentou e as ondas começaram a rolar; e, então as percas saltaram muito mais alto do que antes, meio corpo fora d'água, uma centelha de vultos negros, de sete centímetros de comprimento, despontando acima da superfície. Em dezembro de um certo ano, vi algumas efervescências na superfície e, pensando que iria chover forte imediatamente, pois o ar estava cheio de névoa, apressei-me em tomar meu lugar nos remos e voltar para casa, a chuva parecia aumentar rapidamente e embora eu não a sentisse em meu rosto, já, previ um encharcamento completo. De repente as borbulhas cessaram, pois eram produzidas pela perca e o barulho de meus remos fez com que elas procurassem as profundezas, e, assim, vi seus cardumes desaparecerem repentinamente; então tive uma tarde seca.

Um velho que costumava frequentar esse lago, quando ele era muito escuro, com mais florestas ao redor, há quase sessenta anos, disse-me que, naquela época, ele o via, muito vivo, com patos e outras aves aquáticas, e que havia muitas águias ao redor. Ele vinha para pescar e usava uma velha canoa de toras que encontrou na praia. Era feita de dois troncos de pinheiro-branco cavados e presos juntos, e tinha as pontas quadradas. Era muito desajeitado, mas durou muitos anos antes de ficar encharcado e talvez afundar. Ele não sabia de quem era; pertencia ao lago. Ele costumava fazer um cabo, para sua âncora, de tiras de casca de nogueira amarradas juntas. Um velho oleiro, que morava perto do lago antes da Revolução, disse-lhe que havia um baú de ferro no fundo do lago e que ele o tinha visto. Disse-lhe também que às vezes, o baú, vinha flutuando até a margem, mas quando alguém ia em sua direção, ele voltava para as águas profundas e desaparecia. Fiquei satisfeito ao ouvir falar da velha canoa de toras, que substituiu a canoa indígena, do mesmo material, mas de construção mais graciosa, que talvez tenha sido primeiro uma árvore na margem e depois, por assim dizer, caiu na água para flutuar ali e, por uma geração, foi a embarcação mais adequada para o lago. Lembro-me que quando olhei pela primeira vez para essas profundezas, vi muitos troncos grandes indistintamente deitados no fundo; eles haviam sido derrubados anteriormente ou deixados no gelo no último corte, quando a madeira era mais barata; mas agora eles praticamente desapareceram.

Quando remei pela primeira vez em um barco no Walden, ele estava completamente cercado por pinheiros altos e espessos e bosques de carvalho, e em algumas de suas enseadas, trepadeiras corriam sobre as árvores próximas à água e formavam arcos sob os quais um barco podia passar. As colinas que contornam suas margens são tão íngremes, e as árvores nelas eram tão altas que, quando olhava-se para baixo da extremidade oeste, parecia haver um anfiteatro para algum tipo de espetáculo silvestre. Passava muitas horas, quando era mais jovem, flutuando sobre sua superfície como o Zéfiro desejaria, e após remar meu barco até o meio do lago, deitava-me de costas nos assentos, nas manhãs de verão, sonhando acordado, até ser despertado pela proa ou popa do barco tocando a areia, e levantar-me para ver a que margem meus destinos me impeliram; dias em que a ociosidade era a indústria mais atraente e produtiva. Muitas manhãs eu roubei, preferindo passar assim a parte mais valiosa do dia; pois eu era rico, se não em dinheiro, em horas ensolaradas e nos dias de verão, e os gastava generosamente. Não arrependo-me de não ter empregado mais tempo na oficina ou na mesa do professor. Desde que deixei essas margens, os lenhadores as devastaram ainda mais, e por muitos anos não haverá mais caminhadas pelos corredores da floresta com vistas ocasionais para a água. Minha Musa pode ser desculpada se ficar calada a partir de agora. Como esperar que os pássaros cantem e as corujas piem enquanto seus arvoredos são derrubados?

Agora os troncos das árvores no fundo, a velha canoa de toras e a floresta escura ao redor se foram, e os aldeões, que mal sabem onde fica o lago, em vez de irem beber da sua água ou nelas banharem-se, estão pensando em trazer sua água para a vila em um cano, para lavar seus pratos. Essa água deveria ser tão sagrada quanto a do Ganges, pelo menos! Ganhar o Walden girando uma torneira ou puxando uma rolha! Aquele diabólico Cavalo de Ferro, cujo relincho ensurdecedor é ouvido por toda a cidade, enlameou a Fonte Fervente com seu pé, e foi ele quem percorreu todas as florestas na costa de Walden, aquele cavalo de Troia, com mil homens em sua barriga, introduzido por gregos mercenários! Onde está o campeão do país, o mouro da Mouraria, para encontrá-lo no Deep Cut e enfiar uma lança vingativa entre as costelas da praga inchada?

No entanto, de todos os personagens que conheci, talvez Walden seja o que mais use e melhor preserve sua pureza. Muitos homens foram comparados a ele, mas poucos merecem essa honra. Embora os lenhadores tenham descoberto primeiro essa costa e depois aquela, os irlandeses tenham construído seus chiqueiros por perto, a ferrovia tenha infringido sua fronteira, os cortadores de gelo tenham quebrado sua superfície, ele permanece inalterado— tem a mesma água sobre a qual meus olhos juvenis caíram —, toda a mudança está em mim. Não adquiriu uma ruga permanente depois de todas as suas ondulações. É perenemente jovem, e posso ficar de pé e ver uma andorinha mergulhar para pegar um inseto na sua superfície como outrora. Surpreendeu-me novamente esta noite, como se não o tivesse visto, quase diariamente, por mais de vinte anos: Ora! Aqui está Walden, o mesmo lago na floresta que descobri há tantos anos; onde muitas árvores foram derrubadas no inverno passado, outras estão brotando em sua costa com a força de sempre; o mesmo espelho está em sua superfície, como antes; tem a mesma alegria e felicidade líquidas em si, e em relação seu Criador, e talvez, a mim também. Certamente é obra de um homem corajoso, em quem não havia mancha! Ele contornou essa água com a mão, aprofundou-a e clarificou-a com o seu pensamento, e por querer deu-a a Concord. Vejo no seu rosto que é importunado pela mesma reflexão; e posso dizer, Walden, é você?

> Não é uma ilusão minha,
> Criada para ornamentar uma linha;
> Eu não posso chegar mais perto de Deus e do Céu,
> Do que vivendo, Walden, ao seu lado.
> Eu sou sua margem de pedra,
> E a brisa que com você segrega;
> Na minha mão,
> Sua água e sua areia estão;
> E os mais profundos de seus lugares,
> No meu pensamento são luares.

Os vagões nunca param para olhá-lo; no entanto, imagino que os condutores, bombeiros, guarda-freios, e os passageiros que têm um bilhete de temporada e o veem com frequência, são homens melhores por essa vista. O condutor não se esquece, à noite, que contemplou essa visão de serenidade e pureza pelo menos uma vez durante o dia. Embora visto apenas uma vez, o lago ajuda a lavar a rua State e a fuligem da locomotiva. Alguém propôs que o chamassem "Gota de Deus".

Eu disse que Walden não tem entrada nem saída visíveis, mas está, por um lado, distante e indiretamente relacionado com o Lago Flint, que é mais elevado, por uma cadeia de pequenos lagos que vêm daquela região e, por outro lado, direta e manifestamente com o Rio Concord, que é mais baixo, por uma cadeia semelhante de lagos por meio da qual, em algum outro período geológico, pode ter fluído por uma pequena escavação e, Deus me livre, pode fluir para lá novamente. Se por viver tão reservado e austero, como um eremita na floresta, por tanto tempo, ele adquiriu uma pureza tão maravilhosa, quem não lamentaria que as águas, comparativamente, impuras do Lago Flint fossem misturadas a ele, ou que ele mesmo fosse desperdiçar sua doçura nas ondas do mar?

O Lago Flint, ou Sandy, fica em Lincoln. É o nosso maior lago e mar interior e está a cerca de um quilômetro e meio a leste de Walden. É muito maior que o Walde, diz-se que contém cento e noventa e sete acres, e é mais fértil em peixes; é comparativamente raso e não notavelmente puro. Uma caminhada pela floresta era frequentemente minha diversão. Valia a pena, nem que fosse para sentir o vento soprar livremente em meu rosto, ver as ondas correrem e lembrar a vida dos marinheiros. Eu ia colher castanhas lá, no outono, em dias de vento, quando as nozes caíam na água e chegavam aos meus pés; e um dia, enquanto vagarosamente eu andava ao longo de sua costa cheia de juncos, com respingos frescos salpicando meu rosto, deparei com os destroços de um barco em decomposição. As laterais já tinham desaparecido e pouco mais do que a impressão de seu fundo plano estava entre os juncos; no entanto, seu formato era nitidamente definido como se fosse uma grande almofada carcomida, com suas veias. Era um naufrágio tão impressionante quanto se poderia imaginar à beira-mar e tinha uma moral. A essa altura, é apenas húmus e se misturou à margem do lago e ali os juncos e os íris-amarelos surgiram. Eu costumava admirar as marcas onduladas, no fundo arenoso, na extremidade norte desse lago, endurecidas pela pressão da água e resistentes às pisadas de quem por ali passava; enfeitiçavam-me os juncos que cresciam em fila indiana, em linhas ondulantes, correspondentes àquelas marcas, fileira após fileira, como se as ondas os tivessem plantado. Lá também encontrei, em quantidades consideráveis, bolas curiosas, aparentemente compostas de grama ou raízes finas, talvez de *Eriocáulons*, de um centímetro e meio a dez centímetros de diâmetro, e perfeitamente esféricas. São levadas para frente e para trás em águas rasas em um fundo arenoso e às vezes são lançados na praia. Algumas têm um pouco de areia no meio. A princípio eu diria que foram formadas pela ação das ondas, como uma pedra; no entanto, as menores são feitas de materiais igualmente grosseiros, com um centímetro e meio de comprimento, e são produzidas apenas em uma estação do ano. Além disso, as ondas, eu suspeito, não constroem, mas sim, desgastam um material que já adquiriu consistência. Essas "bolas" preservam sua forma, quando secas por um período indeterminado.

Lago de Flint! Tal é a pobreza de nossa nomenclatura. Que direito tinha o fazendeiro impuro e estúpido, cuja fazenda confinava com essa água do céu, cujas margens ele impiedosamente desnudou, de dar seu nome a ela? Era sovina, que amava mais a superfície refletora de um dólar, ou um centavo brilhante, no qual ele podia ver seu próprio rosto descarado; que consideravam até os patos-selvagens, que ali se instalavam, como invasores; seus dedos cresceram em garras tortas e córneas devido ao longo hábito de agarrar como uma harpia, por isso não é nomeado por mim. Não vou lá para ver nem para ouvir falar de um sujeito que nunca "viu" o lago, que nunca se banhou nele, que nunca o amou, que nunca o protegeu, que nunca falou uma boa palavra sobre ele, nem agradeceu a Deus por tê-lo feito. Melhor seria, para o lago, ser nomeado como os peixes que nadam nele, como as aves selvagens ou quadrúpedes que o frequentam, como as flores silvestres que crescem em suas margens, ou como algum homem ou criança selvagem cujo fio da própria história esteja entrelaçado com o seu; não deveria ter o nome daquele que não poderia mostrar-lhe nenhum título a não ser a escritura que um vizinho ou um legislador, com a mesma opinião, deu àquele que pensava apenas em seu valor monetário; não deveria ter o nome daquele cuja presença amaldiçoou toda a costa; daquele que esgotou a terra ao seu redor e de bom grado teria esgotado as águas dentro dela; daquele que lamentou apenas que não fosse um prado de feno inglês — não havia nada para redimi-lo, de fato, aos seus olhos — e o teria drenado e vendido a lama em seu fundo. Não girou seu moinho e não foi privilégio para ele contemplá-lo. Não respeito seu trabalho nem sua fazenda, onde tudo tem seu preço. Ele é um sujeito que levaria a paisagem, que levaria até seu Deus para o mercado, se pudesse conseguir algum dinheiro com ele; que vai ao mercado porque seu Deus é o negócio. É um sujeito em cuja fazenda nada cresce de graça, cujos campos não dão colheitas, cujos prados não têm flores, cujas árvores não têm frutos, mas dólares; é um sujeito que não ama a beleza de seus frutos, e esses não estão maduros, para ele, até que sejam transformados em dólares. Dá-me a pobreza que goza da verdadeira riqueza! Os fazendeiros são respeitáveis e interessantes para mim na medida em que são pobres, pobres fazendeiros. Uma fazenda modelo! Onde a casa fica como um fungo em um monte de esterco, quartos para homens, cavalos, bois e porcos, limpos e impuros, todos contíguos! Abastecido com homens! Uma grande mancha de graxa, cheirando a estrume e leitelho! Sob um alto estado de cultivo, sendo adubado com os corações e cérebros dos homens! Como plantar batatas no cemitério da igreja! Essa é uma fazenda modelo.

Não, não. Se as características mais belas da paisagem devem receber nomes de homens, que sejam apenas os homens mais nobres e dignos. Que nossos lagos recebam nomes verdadeiros pelo menos como o Mar Icáro, onde "ainda a costa" ressoa uma "tentativa corajosa".

O Lago Goose, de pequena extensão, fica no caminho para o Flint; Fair-Haven, uma expansão do Rio Concord, que dizem conter cerca de setenta acres, fica a um quilômetro e meio a sudoeste; e o Lago White, de cerca de quarenta acres, fica a um quilômetro e meio além de Fair-Haven. Essa é a minha região dos lagos. Esses, mais o Concord River, são meus privilégios de água; e noite e dia, ano após ano, eles moem os grãos que levo até eles.

Desde que os lenhadores, a ferrovia e eu mesmo profanamos Walden, talvez o mais atraente, senão o mais belo, de todos os nossos lagos, a joia da floresta, é o lago White, "branco", derivado da notável pureza de suas águas ou da cor de sua areia. Nesses como em outros aspectos é o gêmeo menor do Walden. Eles são tão parecidos que, pode-se dizer, que devem estar conectados subterraneamente. Têm a mesma costa pedregosa e suas águas são da mesma cor. Como no Walden, em um dia de clima abafado, olhando por entre a floresta vê-se algumas de suas baías que não são muito profundas e têm a cor influenciada pelo reflexo do fundo que as tinge; suas águas são de uma cor verde-azulada ou glauca. Há muitos anos eu costumava ir lá para coletar a areia, em carroças, para fazer lixas, e continuei a visitá-lo desde então. Um frequentador, propôs chamá-lo de Lago Viridente. Talvez possa ser chamado de Lago do Pinheiro Amarelo, pela seguinte circunstância: cerca de quinze anos atrás, você podia ver o topo de um pinheiro, do tipo chamado pinheiro-amarelo por aqui, embora não seja uma espécie distinta, projetando-se acima da superfície, em meio às águas profundas, a muitos metros da costa. Alguns até presumiram que o lago havia se formado no afundamento de uma floresta primitiva. Soube que, em 1792, no artigo *Descrição Topográfica da Cidade de Concord*, escrito por um de seus cidadãos, e publicado nas *Coleções da Sociedade Histórica de Massachusetts*, o autor, depois de falar de Walden e do lago White, acrescenta: "No meio desse último pode ser visto, quando a água está muito baixa, uma árvore que parece ter crescido no local onde está agora, embora as raízes estejam quinze metros abaixo da superfície da água; o tronco dessa árvore está quebrado e naquele local mede trinta e cinco centímetros de diâmetro". Na primavera de 1949, conversei com um homem que morava perto do lago, em Sudbury, que me disse ter arrancado essa árvore há dez ou quinze anos. Conseguia se lembrar que ela ficava a sessenta ou setenta metros da costa, onde a água tinha entre dez e treze metros de profundidade. Era inverno e ele havia tirado gelo pela manhã e resolvera que à tarde, com a ajuda de seus vizinhos, tiraria o velho pinheiro-amarelo. Ele serrou um canal no gelo em direção à costa e o puxou com bois; mas, antes que ele avançasse em seu trabalho, ficou surpreso ao descobrir o pinheiro estava com os tocos dos galhos apontando para baixo e tinha uma extremidade menor firmemente presa no fundo arenoso. Tinha cerca de trinta centímetros de diâmetro na extremidade grande, e ele esperava obter uma boa tora para serrar, mas estava tão podre que servia apenas para combustível; ou nem para isso! — ainda tinha um pouco dessa lenha em seu galpão, na época. Havia marcas de machado e de pica-pau no tronco. Ele pensou que poderia ser uma árvore morta na margem que foi empurrada, pelo vento, para dentro do lago e, depois de flutuar pela correnteza e seu topo ficar encharcado, enquanto a outra extremidade continuava seca e leve, afundou com as raízes para cima. Seu pai, de oitenta anos, não conseguia se lembrar do local sem o pinheiro. Vários troncos grandes ainda podem ser vistos caídos no fundo, onde, devido à ondulação da superfície, parecem enormes cobras d'água em movimento.

Esse lago raramente é profanado por um barco, pois há pouco nele para tentar um pescador. Em vez do lírio-branco, que requer lama, ou da comum bandeira doce, a íris roxa (Iris versicolor) cresce rala na água pura, erguendo-se do fundo pedregoso ao longo da costa, onde é visitada por beija-flores em junho; a cor azulada de suas flores, e principalmente de seus reflexos, estão em singular harmonia com a água glauca do lago.

O lago White e Walden são grandes cristais na superfície da terra — Lagos de Luz. Se estivessem permanentemente congelados e fossem pequenos o suficiente para serem carregados, talvez fossem levados por escravos, como pedras preciosas, para adornar as cabeças dos imperadores; mas sendo líquidos, amplos e garantidos para nós e nossos sucessores para sempre, nós os desconsideramos e corremos atrás do Diamante de Koh-i-Noor. Eles são puros demais para ter valor de mercado, não tem sujeira. Quão mais belos do que nossas vidas, quão mais transparentes do que nossos personagens, eles são! Nunca vimos mesquinhez da parte deles. Quão mais belos do que o lago diante da porta do fazendeiro, no qual seus patos nadam! Neles nadam os limpos patos-selvagens. A Natureza não tem admiradores humanos. Os pássaros com sua plumagem e notas estão em harmonia com as flores, mas que homem ou mulher conspira com a beleza selvagem e luxuriante da Natureza? Ela floresce sozinha, longe das cidades onde residem os humanos. Falais do Céu! Desgraçais a Terra.

BAKER FARM

Às vezes eu vagava por bosques de pinheiros, erguidos como templos, ou como frotas no mar, completamente armados, com galhos ondulantes e brilhantes com a luz, tão belos, verdes e sombreados que os druidas teriam abandonado os carvalhos para fazerem seus cultos à sombra deles; ou pela floresta de cedro, além do Lago de Flint, onde as árvores, cobertas com frondosas bagas azuis, subindo cada vez mais alto, são adequadas para ficarem diante de Valhalla, e o juníparo rasteiro cobre o solo com coroas cheias de frutas; ou ainda pelos pântanos onde as barbas-de-velho pendem em festões dos abetos-brancos, e os cogumelos — mesas redondas dos deuses do pântano — cobrem o chão, e fungos mais bonitos adornam os tocos, como borboletas ou conchas, búzios vegetais; onde a rosa do pântano e o corniso crescem, o sabugueiro vermelho brilha como olhos de diabinhos, o algoz-das-árvores sulca e esmaga as madeiras mais duras em suas dobras, e as bagas do azevinho selvagem fazem o observador esquecer seu lar com sua beleza, e ele também fica deslumbrado e tentado por outras frutas silvestres, proibidas e sem nome; belas demais para o gosto mortal. Em vez de visitar algum estudioso, visitei muitas árvores específicas, de tipos raros nessa vizinhança, situadas bem longe no meio de algum pasto, ou nas profundezas de uma floresta, ou pântano, ou no topo de uma colina; como a bétula negra, da qual temos alguns belos espécimes de sessenta centímetros de diâmetro; e sua prima, a bétula amarela, com uma larga veste dourada e perfumada como a primeira; a faia, que tem um tronco tão reto e lindamente pintado de líquen, é perfeita em todos os seus detalhes, e da qual, exceto espécimes dispersos, conheço apenas um pequeno bosque, de árvores de tamanho considerável que resta no município, supostamente plantado por pombos que outrora foram atraídos pelas castanhas de uma faia que tinha ali perto; vale a pena ver o grão prateado brilhar quando racha-se essa madeira; a tília; o álamo; o *Celtis occidentalis*, ou olmo falso, da qual temos apenas uma árvore bem desenvolvida; alguns mastros mais altos de pinheiro; uma árvore de tronco lenhoso ou uma cicuta mais perfeita do que o normal, erguendo-se como um pagode no meio da floresta; e muitas outras que eu poderia citar. Esses foram os santuários que visitei no verão e no inverno.

Certa vez aconteceu de eu estar bem próximo da extremidade de um arco-íris que preenchia o estrato inferior da atmosfera, tingindo a grama e as folhas ao redor; deslumbrei-me como se olhasse através de um cristal colorido. Era um lago de luz do arco-íris, no qual, por um curto período, vivi como um golfinho. Se tivesse durado mais, poderia ter afetado minhas ocupações e minha vida. Enquanto caminhava pela estrada de ferro, costumava maravilhar-me com o halo de luz ao redor da minha sombra e de bom grado me imaginava como um dos escolhidos. Um de meus visitantes me contou que as sombras de alguns irlandeses não tinham auréola sobre eles e que os nativos eram assim distinguidos. Benvenuto Cellini conta-nos em suas memórias que após um certo sonho ou visão terrível que teve, durante seu confinamento no castelo de Sant'Angelo, uma luz resplandecente apareceu sobre a sombra de sua cabeça, de manhã e à noite, quer ele estivesse em Itália ou França, e era particularmente intensa quando a grama estava úmida de orvalho. Esse foi provavelmente o mesmo fenômeno a que me referi, que é observado especialmente pela manhã, mas também em outras horas e até ao luar. Embora constante, não é comumente notado e, no caso de uma imaginação excitável, como a de Cellini, seria base suficiente para a superstição. Além disso, ele o mostrou a poucos. Não são realmente distinguidos os que estão conscientes de serem considerados?

Certa tarde fui pescar em Fair-Haven e passei pela floresta, com a intenção de abastecer meu escasso estoque de vegetais. Meu caminho passou por Pleasant Meadow, um retiro anexo da Fazenda Baker, cantado por um poeta, dessa forma:

> "Tua entrada é um campo agradável,
> Com algumas árvores frutíferas de beleza incomparável;
> Parte para um riacho que reflete tons rosados,

Onde deslizam ratos-almiscarados;
E as trutas, formam casais enamorados,
Que disparam pelo curso infindável".

Pensei em morar lá antes de ir para Walden. Eu "fisguei" as maçãs, pulei o riacho e assustei os ratos-almiscarados e as trutas. Era uma daquelas tardes que parecem infinitamente longas, na qual muitos eventos podem acontecer, uma grande parte de nossa vida, embora mais da metade dela já houvesse transcorrido quando parti. No caminho, veio uma chuva que me obrigou a ficar meia hora sob um pinheiro, empilhando galhos sobre a cabeça e usando meu lenço como abrigo; e quando por fim fiz um lançamento sobre a erva daninha, encontrei-me de repente na sombra de uma nuvem, e o trovão começou a ressoar com tanta ênfase que eu não pude fazer mais do que ouvir. Os deuses devem estar orgulhosos, pensei, com tantos raios para derrotar um pobre pescador desarmado. Então corri para me abrigar na cabana mais próxima, que ficava a pouco mais de um quilômetro de qualquer estrada, mas muito mais perto do lago, e há muito tempo desabitada:

"E aqui um poeta construiu,
Nos anos que lá se vão,
Uma cabana trivial,
Que segue para a destruição".

Assim são as fábulas da Musa. Lá, como eu descobri, morava agora John Field, um irlandês, sua esposa, e vários filhos, desde o menino de rosto largo que ajudava seu pai no trabalho, e agora vinha correndo ao seu lado do pântano para escapar da chuva, até a criança enrugada, com jeito de sibila e com a cabeça em forma de cone que assentava-se no colo de seu pai como era costume nos palácios dos nobres, e olhava de sua casa, em meio a umidade e à fome, inquisitivamente para o estranho, com o privilégio da infância, sem saber que foi a última de uma linha nobre, e a esperança e o centro de atração do mundo, em vez de um pobre pirralho faminto de John Field. Lá nos sentamos juntos sob a parte do telhado que menos gotejava, enquanto chovia e trovejava lá fora. Eu já havia sentado lá muitas vezes antes do navio que trouxera essa família para a América ser construído. Um homem honesto, trabalhador, mas inexperiente era claramente John Field; e sua esposa, ela também era corajosa para cozinhar tantos jantares sucessivos nos recessos daquele fogão alto; com rosto redondo e gorduroso e peito seco, ainda pensava em melhorar de vida um dia; trazia sempre um esfregão em uma das mãos e, no entanto, nenhum efeito dele era visível em lugar nenhum. As galinhas, que ali também se abrigaram da chuva, andavam pela sala como membros da família, humanizadas demais para serem assadas. Elas paravam e olhavam nos meus olhos ou bicavam meu sapato significativamente. Enquanto isso, meu anfitrião contava-me sua história, como ele trabalhou arduamente "atolando-se" para um fazendeiro vizinho, revirando um prado com uma pá ou enxada ao custo de dez dólares por acre e o uso da terra com estrume por um ano, e seu filho de rosto largo trabalhava alegremente ao lado do pai, sem saber o quão ruim era o negócio que esse havia feito. Tentei ajudá-lo com minha experiência, dizendo-lhe que ele era um dos meus vizinhos mais próximos e que eu, que vinha pescar ali e parecia um vagabundo, ganhava a vida como ele; que eu morava em uma casa pequena, simples e limpa, que dificilmente custou mais do que o aluguel anual que ele pagava por aquela que estava tão ruim; e que, se quisesse, poderia em um mês ou dois construir para si um palácio próprio; que eu não usava chá, nem café, nem manteiga, nem leite, nem carne fresca e, portanto, não precisava trabalhar para obtê-los; e como não trabalhava muito, não tinha que comer muito, e gastava apenas uma ninharia com comida, mas como ele consumia chá, café, manteiga, leite e carne, ele tinha que trabalhar duro para pagá-los e, por trabalhar duro, tinha que comer muito novamente para recuperar energia — e assim seu mundo era tão largo quanto longo —, dava tudo na mesma; era ainda pior, pois estava descontente, tinha desperdiçado sua vida nesse acordo e ainda assim ele considerava uma vantagem ter vindo para a América, já que aqui poderia tomar chá, café e comer carne todos os dias. Porém, a única América verdadeira é aquela onde se tem liberdade para seguir um modo de vida que lhe permita passar sem isso, e onde o Estado não o obrigue a sustentar a escravidão, a guerra e outras despesas supérfluas que resultam direta ou indiretamente do consumismo. Propositadamente falei-lhe como se ele fosse um filósofo, ou desejasse ser um. Eu ficaria feliz se todos os prados da Terra fossem deixados em estado selvagem como consequência, dos homens. Um homem não precisa estudar história para descobrir o que é melhor para sua própria cultura, mas, infelizmente, a cultura de um irlandês é um empreendimento a ser feito com uma espécie de enxada moral. Disse-lhe que o seu árduo trabalho no pântano, exigia-lhe o uso de botas grossas e roupas resistentes, que logo ficavam sujas e gastas, e eu usava sapatos leves e roupas finas, que não custavam nem a metade, embora ele pudesse pensar que eu estava vestido como um cavalheiro (o que, no entanto, não era o caso) e que em uma ou duas horas, sem trabalho, mas como recreação, poderia, se quisesse, pescar quantos peixes precisasse para dois dias, ou ganhar dinheiro suficiente para me sustentar por uma semana vendendo-os. Se ele e sua família vivessem com simplicidade, todos poderiam ir colher mirtilos no verão divertindo-se. John soltou um suspiro, e sua esposa olhou-me com as mãos nos quadris e ambos pareciam estar se perguntando se tinham capital suficiente para começar tal empreitada e como iriam levá-la até o fim. Eu estava navegando por estimativa e eles não viram claramente como fazer acontecer; portanto, suponho que eles ainda vivam bravamente, a sua maneira, cara a cara, dando-se com unhas e dentes, não tendo habilidade para dividir as colunas maciças da vida com qualquer cunha fina e estudá-la em detalhes; só sabendo lidar com a vida grosseiramente, como se manuseassem um cardo, mas lutando em uma desvantagem esmagadora... vivendo sem planejamento e falhando! Infeliz John Field!

— Você nunca pesca? — perguntei.

— Ah, sim, eu pego alguma coisa uma vez ou outra quando estou à toa, pego coisas boas.

— Qual é a sua isca?

— Pego peixinhos prateados com minhocas e depois uso como isca para percas.

— Melhor ir agora, John — disse a esposa, com o rosto brilhante e esperançoso, mas John objetou.

A chuva havia acabado e um arco-íris acima da floresta oriental prometia uma bela noite; então me despedi. Quando saía, pedi água, pretendendo dar uma olhada no fundo do poço, para completar minha análise das instalações. Ai!, havia água rasa e areia movediça, uma corda partida e um balde irrecuperável. Enquanto isso, o recipiente culinário certo foi selecionado, a água foi aparentemente destilada e, após consulta e longa demora, foi entregue ao sedento, sem ter esfriado ou assentado. Esse mingau sustenta a vida aqui, pensei; então, fechando os olhos e fazendo uma barreira contra os ciscos, por uma corrente habilmente direcionada, bebi, genuína hospitalidade, o mais cortês gole que pude. Não sou melindroso quando se trata de boas maneiras.

Quando eu deixei o teto do irlandês depois da chuva, indo em direção ao lago, minha pressa para pescar, vadeando em prados isolados, em pântanos e lamaçais, em lugares abandonados e selvagens, pareceu-me, por um instante despropositada; eu frequentara a escola e a faculdade! Enquanto eu descia a colina em direção ao avermelhado oeste, com o arco-íris sobre os meus ombros, e acompanhado por sons fracos de tilintar trazidos aos meus ouvidos pelo ar limpo, vindos não sei de onde, meu "Bom Gênio" parecia dizer: Vá pescar e caçar em toda parte, dia após dia, cada vez mais longe e descanse em muitos riachos e lareiras sem hesitar. Lembre-se de seu Criador! Levante-se livre de preocupações antes do amanhecer e busque aventuras. Deixe o meio-dia encontrá-lo em outros lagos, e a noite alcançá-lo em qualquer lugar onde se sinta em casa. Não há campos mais ricos do que estes, nem labores mais valiosos do que os que podem ser praticados aqui. Siga selvagem de acordo com a tua natureza, como estes juncos e freios, que nunca se tornarão feno inglês. Deixe o trovão ribombar; e se ameaçar arruinar as colheitas dos agricultores? Esse recado não é para você. Abrigue-se sob a nuvem, enquanto eles fogem para carroças e galpões. Não deixe que ganhar a vida seja o seu ofício, mas o seu esporte. Aproveite a terra, mas não a possua. Por falta de iniciativa e fé, os homens estão onde estão, comprando e vendendo, e passando a vida como servos.

Ó Fazenda Baker!

> "Paisagem onde o elemento mais rico
> É um pequeno raio de sol impudico.

> "Ninguém corre para se divertir
> Em seu terreno cercado por trilhos a lhe ferir."
> "Não discuta com ninguém,
> Com perguntas a arte nunca fica perplexa,
> Tão manso à primeira vista como convém,
> Em tua simples gabardine ruiva desconexa.

> "Venham vocês que amam,
> E vocês que odeiam,
> Filhos do Espírito Santo,
> E Guy Faux sobre seu manto,
> E travem conspirações
> Sob duras vigas das adorações!"

Os homens voltam mansamente para casa à noite apenas vindos do próximo campo ou da rua, onde seus ecos domésticos os assombram, e sua vida definha porque inspira sua própria expiração; suas sombras de manhã e à noite alcançam mais longe do que seus passos diários. Deviam voltar de longe, de aventuras, perigos e descobertas todos os dias, com novas experiências e ânimo renovado.

Antes que eu chegasse ao lago, algum novo impulso trouxe John Field à tona; estava com a mente alterada; deixou seu "atoleiro" antes do pôr do sol. O pobre homem só perdeu algumas iscas enquanto eu pegava uma boa corda; disse que era só sorte minha, e quando trocamos de lugar no barco, a sorte também mudou de lugar. Pobre John Field! — espero que ele não leia isso, a menos que o ajude a melhorar — pensando em viver neste país novo e primitivo sem mudar velhos hábitos! Pescando percas com peixinhos prateados!... É uma boa isca, às vezes, admito. Com um belo horizonte ao seu dispor, ele é um homem pobre, nascido para ser pobre, com a herança da pobreza irlandesa, a avó filha de Adão e os caminhos atoladiços; destinado a não crescer neste mundo, nem seus descendentes, até que seus pés palmados para andar na lama recebam asas.

LEIS SUPERIORES

Ao voltar para casa através da floresta com minha linha de peixes, arrastando minha vara, já estava bastante escuro, vi de relance uma marmota furtivamente em meu caminho e senti uma estranha emoção de prazer selvagem, e fui fortemente tentado a agarrá-la e devorá-la crua; não que eu estivesse com fome, mas exclusivamente por aquela selvageria que ela representava. Uma ou duas vezes, enquanto morava no lago, me vi perambulando pela floresta, como um cão faminto, com um estranho abandono, procurando algum veado que pudesse devorar, e nenhum pedaço de carne seria selvagem demais para mim. As cenas mais selvagens tornaram-se inexplicavelmente familiares. Eu encontrei em mim, e ainda encontro, um instinto para uma vida superior, ou, como é chamada, espiritual, como a maioria dos homens, e outro para uma posição primitiva e selvagem, e eu reverencio os dois. Eu amo o selvagem não menos do que o bom. A selvageria e a aventura que há na pesca ainda me fascinam. Às vezes, gosto de tomar posse da vida e passar o dia mais como os animais. Talvez ao meu contato mais próximo com a Natureza, quando muito jovem, e também à caça, eu deva o gostar dessa maneira de viver. Essas experiências nos apresentam e nos detêm cedo em cenários com os quais, de outra forma, teríamos pouco conhecimento. Pescadores, caçadores, lenhadores e outros, que passam suas vidas nos campos e florestas, em um sentido peculiar, fazendo parte da própria Natureza, muitas vezes têm um olhar mais favorável para observá-la, nos intervalos de suas atividades, do que filósofos ou poetas que se aproximam dela com expectativa. Ela não tem medo de se exibir para eles. O viajante na pradaria é naturalmente um caçador, nas cabeceiras do Missouri e do Columbia um caçador que prepara armadilhas, e nas Cataratas de St. Mary é um pescador. Aquele que é apenas um viajante aprende coisas de segunda mão e pelas metades, e não tem autoridade. Estamos mais interessados quando a ciência relata o que alguns homens já sabem por prática ou instintivamente, pois só isso é uma verdadeira humanidade, ou relato da experiência humana.

Engana-se quem afirma que o ianque tem poucas diversões, porque não tem tantos feriados, e homens e meninos não praticam tantos jogos quanto na Inglaterra, pois aqui os divertimentos mais primitivos, mais solitários, de caça, pesca e afins ainda não deram lugar aos primeiros. Quase todos os meninos da Nova Inglaterra, entre meus contemporâneos, carregaram uma peça para a caça ao ombro entre as idades de dez e quatorze anos; e suas áreas de caça e pesca não eram limitadas, como as reservas de um nobre inglês, e eram ainda mais ilimitadas do que as de um selvagem. Não é de admirar, então, que ele não ficasse com mais frequência no campo. Contudo, já está ocorrendo uma mudança devido não a uma maior humanidade, mas a uma maior escassez de caça, pois talvez o caçador seja o maior amigo dos animais caçados, não excetuando a *Humane Society*.

Além disso, quando estava no lago, às vezes desejava acrescentar peixes à minha refeição para variar. Na verdade, pesquei pela mesma necessidade que os primeiros pescadores. Qualquer humanidade que eu pudesse invocar contra ela era totalmente factícia e dizia respeito mais a minha filosofia do que aos meus sentimentos. Falo de pesca apenas agora, pois há muito tempo já pensava de forma diferente sobre a caça e vendi minha arma antes de ir para a floresta. Não que eu seja menos humano que os outros, mas não percebia que meus sentimentos eram muito afetados. Não tinha pena dos peixes nem das iscas. Isso era hábito. Quanto à caça de aves, nos últimos anos em que andei armado, minha desculpa era que estudava ornitologia e procurava apenas aves novas ou raras. Confesso que agora estou inclinado a pensar que existe uma maneira melhor de estudar ornitologia do que essa. Requer uma atenção tão maior aos hábitos dos pássaros que, pelo menos por esse motivo, estou disposto a omitir a arma. No entanto, apesar da objeção em relação à humanidade, sou compelido a duvidar que esportes igualmente valiosos irão substituir esses; e quando alguns de meus amigos me perguntaram ansiosamente sobre seus meninos, se eles deveriam deixá-los caçar, eu respondi que sim, lembrando que foi uma das melhores partes da minha educação torná-los caçadores, mesmo que apenas por esporte e, se possível, caçadores poderosos para que não considerem nenhuma caça grande o suficiente para eles, neste ou em qualquer ambiente vegetal caçadores e pescadores de homens. Até agora, sou da opinião da freira de Chaucer:

> "Não importa o texto pregar
> Que homem santo não pode caçar".

Há um período na história do indivíduo, como da raça, em que os caçadores são os "melhores homens", como os chamavam os algonquinos. Não podemos deixar de ter pena do menino que nunca disparou uma arma; por isso, ele não é mais humano, mas sua educação foi tristemente negligenciada. Essa foi a minha resposta com relação aos jovens que se empenharam nessa busca, confiando que logo a superariam. Nenhum ser humano, além da impensada idade da meninice, matará arbitrariamente qualquer criatura que dignifica sua vida na mesma intensidade que ele. A lebre chora como uma criança. Eu as advirto, mães, que minhas simpatias nem sempre fazem as distinções filantrópicas usuais.

Essa é frequentemente a introdução do jovem à floresta e a parte mais original de si mesmo. Ele vai para lá, primeiro como um caçador e pescador, até que finalmente, se tem as sementes de uma vida melhor nele, ele distingue seus objetos naturais, como um poeta ou naturalista que seja, e deixa a arma e a vara de pescar para trás. A massa dos homens ainda é e sempre será jovem a esse respeito. Em alguns países, um pároco caçador não é uma visão incomum. Tal pessoa pode ser um bom cão pastor, mas está longe de ser o Bom Pastor. Fiquei surpreso ao considerar que o único motivo óbvio, exceto catar lenha, cortar gelo ou tarefas semelhantes, que, até onde sei, retinha no lago Walden, por meio dia inteiro qualquer um de meus concidadãos, sejam pais ou crianças da cidade, era a pesca Normalmente, eles não achavam que tinham sorte ou eram bem recompensados pelo seu tempo, a menos que conseguissem uma longa linha de peixes, embora tivessem a oportunidade de admirar o lago o tempo todo. Eles poderiam ir lá mil vezes antes que o sedimento da pesca afundasse e deixasse seus propósitos puros, mas sem dúvida esse processo de esclarecimento estaria acontecendo o tempo todo. O governador e seu conselho lembram-se vagamente do lago, pois foram pescar lá quando eram meninos, mas agora eles estão velhos e dignos demais para pescar e, portanto, não saberão mais nada sobre ele — para sempre. No entanto, até eles esperam ir para o Céu. Se o legislador o considera, é principalmente para regular o número de anzóis a serem usados, mas ele não sabe nada sobre o anzol dos anzóis com o qual pescaria o próprio lago, empalando a legislatura como isca. Assim, mesmo em comunidades civilizadas, o embrião do homem passa pelo estágio de desenvolvimento do caçador.

Percebi repetidas vezes, nos últimos anos, que não consigo pescar sem perder um pouco o respeito próprio. Eu tentei de novo e de novo. Tenho habilidade nisso e, como muitos de meus companheiros, um certo instinto que revive de tempos em tempos, mas sempre que termino, sinto que teria sido melhor se não tivesse pescado. Acho que não me engano. É uma vaga insinuação como os primeiros raios da manhã. Existe inquestionavelmente esse instinto em mim, que pertence às ordens inferiores da criação; no entanto, a cada ano, sou menos pescador, embora sem mais humanidade ou mesmo sabedoria; no momento não sou pescador. Vejo que se eu vivesse em uma mata, seria novamente tentado a me tornar um pescador e caçador assíduo. Sei que, há algo essencialmente impuro nessa dieta e em toda a carne, e comecei a ver onde começa o trabalho doméstico e de onde vem o esforço, que custa tanto, para uma casa ter a aparência limpa e respeitável todos os dias; para mantê-la doce e livre de todos os maus odores e visões. Tendo sido meu próprio açougueiro, ajudante de cozinha e cozinheiro, bem como o cavalheiro para quem os pratos foram servidos, posso falar de uma experiência incomumente completa. A objeção prática à comida animal, no meu caso, era sua impureza; e, além disso, quando pesquei, limpei, cozinhei e comi meus peixes, eles pareceram não ter me alimentado direito. A pesca era insignificante e desnecessária, e custava mais do que valia. Um pouco de pão ou algumas batatas também serviriam, com menos problemas e sujeira. Como muitos de meus contemporâneos, raramente, por muitos anos, usei alimentos de origem animal e chá, café etc.; não tanto por causa de quaisquer efeitos nocivos que eu tenha atribuído a eles, mas porque eles não eram agradáveis a minha imaginação. A repugnância à alimentação animal não é efeito da experiência, mas um instinto. Parecia mais bonito viver de forma simples e privar-me em muitos aspectos; e embora nunca tenha feito isso, fui longe o suficiente para agradar minha imaginação. Acredito que todo homem que já se esforçou para preservar suas faculdades superiores ou poéticas nas melhores condições, foi particularmente inclinado a abster-se de alimentos de origem animal e a não ingerir grande quantidade de alimentos de qualquer tipo. É um fato significativo, afirmado por entomologistas, encontro-o em Kirby e Spence, quando afirmam que "alguns insetos em seu estado perfeito, embora providos de órgãos de alimentação, não fazem uso deles"; e estabelecem como "regra geral, que quase todos os insetos nesse estado comem muito menos do que no de larvas. A voraz lagarta quando transformada em borboleta", "e a larva gulosa quando se torna uma mosca", contentam-se com uma ou duas gotas de mel, ou algum outro líquido doce. O abdômen sob as asas da borboleta ainda representa a larva. Esse é o petisco que tenta seu destino insetívoro. O alimentador grosseiro é um homem em estado de larva; e há nações inteiras nessa condição, nações sem fantasia ou imaginação, cujos vastos abdomes as denunciam.

É difícil fornecer e cozinhar uma dieta tão simples e limpa que não ofenda a imaginação, mas essa, penso eu, deve ser, quando muito jovem, e também à caça, eu deva o gostar dessa maneira de o corpo; ambos devem sentar-se à mesma mesa. No entanto, talvez isso possa ser feito. As frutas, comidas com moderação, não nos envergonham de nossos apetites, nem interrompem as atividades mais dignas. Coloque um condimento extra em seu prato e ele o envenenará. Não vale a pena viver de rica culinária. A maioria dos homens se sentiria envergonhada se fosse pega preparando, com as próprias mãos, exatamente tal jantar, seja de origem animal ou vegetal, como é preparado todos os dias para eles por outros. No entanto, até que isso seja diferente, não somos civilizados e, apesar de cavalheiros e senhoras, não somos verdadeiros homens e mulheres. Isso certamente sugere que a mudança deve ser feita. Pode ser inútil perguntar por que a imaginação não se reconcilia com a carne e a gordura. Estou satisfeito por assim ser. Não é uma censura dizer que o homem é um animal carnívoro? É verdade que ele pode e vive, em grande medida, caçando outros animais, mas essa é uma maneira miserável como qualquer um que vá caçar coelhos ou matar cordeiros pode perceber e será considerado um benfeitor de sua raça aquele que conseguir convencer o homem a se limitar a uma vida mais inocente e a uma dieta saudável. Qualquer que seja minha prática, não tenho dúvidas de que faz parte do destino da raça humana, em seu aperfeiçoamento gradual, deixar de comer animais, assim como as tribos selvagens deixaram de comer umas às outras quando entraram em contato com os mais civilizados.

Quem ouve as sugestões fracas, mas constantes de seu interior, que certamente são verdadeiras, não vê a que extremos, até mesmo à insanidade, isso pode levá-lo; e ainda assim, à medida que se torna mais resoluto e fiel, seu caminho ele encontra. A mais leve objeção segura que um homem saudável fizer, acabará por prevalecer sobre os argumentos e costumes da humanidade. Nenhum homem jamais seguiu sua natureza, até que essa o enganasse. Embora o resultado seja a fraqueza corporal, talvez ninguém possa dizer que as consequências são lamentáveis, pois apresentam uma vida em conformidade com princípios mais elevados. Se o dia e a noite são tais que você os cumprimenta com alegria, se sua vida emite uma fragrância como flores e ervas perfumadas e tornou-se mais elástica, mais estrelada, mais imortal... você alcançou o sucesso. Toda a Natureza é sua parabenização, e você tem motivos para se abençoar momentaneamente. Os maiores ganhos e valores estão mais longe de serem apreciados. Chegamos facilmente a duvidar se eles existem. Logo os esquecemos. Eles são a realidade mais elevada. Talvez os fatos mais surpreendentes e reais nunca sejam comunicados de homem para homem. A verdadeira colheita da minha vida diária é tão intangível e indescritível quanto as cores da manhã ou da noite. É um pouco de poeira estelar capturada, um segmento do arco-íris que agarrei.

No entanto, de minha parte, nunca fui extraordinariamente melindroso. Talvez comeria um rato frito com bom gosto, se fosse necessário. Fico feliz por ter bebido água por tanto tempo, pela mesma razão que prefiro o céu natural ao céu de um usuário de ópio. Gostaria de manter-me sempre sóbrio; e há graus infinitos de embriaguez. Acredito que a água é a única bebida para um homem sábio; o vinho não é um licor tão nobre; pode-se frustrar as esperanças de uma manhã com uma xícara de café quente, ou de uma noite com uma chávena de chá! Ah, quão baixo eu caio quando sou tentado por eles! Até a música pode ser inebriante. Tais causas aparentemente insignificantes destruíram a Grécia e Roma, e destruirão a Inglaterra e a América. Entre todas as embriaguezes, quem não prefere estontear-se com o ar que respira? Descobri ter a objeção mais séria aos trabalhos grosseiros e continuados por muito tempo porque eles me obrigavam a comer e a beber grosseiramente também. Para dizer a verdade, acho-me atualmente um pouco menos preciso a esse respeito. Levo menos religião para a mesa, não peço nenhuma bênção; não porque sou mais sábio do que antes, mas, devo confessar, porque, por muito que se possa lamentar, com os anos tenho me tornado mais bronco e indiferente. Talvez essas questões sejam consideradas apenas na juventude, como muitos acreditam acontecer com a poesia. Minha prática é "lugar nenhum", minha opinião está aqui. No entanto, estou longe de me considerar um daqueles privilegiados a quem os Vedas se referem quando dizem que "aquele que tem verdadeira fé no Ser Supremo Onipresente pode comer tudo o que existe", isto é, não é obrigado a indagar o que é a sua comida, ou quem a prepara; e mesmo no caso deles, deve-se observar, como ressaltou um comentarista hindu, que o vedante limita esse privilégio ao "tempo de angústia".

Quem, ainda, não obteve uma satisfação inexprimível com uma comida na qual o apetite não participava? Fico emocionado ao pensar que devo uma percepção mental ao sentido comumente grosseiro do paladar, que fui inspirado pelo paladar, que algumas frutas que comi na encosta de uma colina alimentaram meu espírito. "A alma não sendo dona de si mesma, diz Thseng-tseu, a pessoa olha e não vê; escuta e não ouve; come e não sente o sabor da comida." Aquele que distingue o verdadeiro sabor de sua comida nunca será um glutão; aquele que não o faz, certamente o é. Um puritano pode avançar na crosta de um pão integral com um apetite tão grosseiro quanto um vereador na sua tartaruga; não é a comida que entra na boca que contamina o homem, mas o apetite com que é comida. Não é a qualidade nem a quantidade, mas a devoção aos sabores sensuais. Quando aquilo que é comido não sustenta o corpo animal ou inspira a vida espiritual, serve de alimento para os vermes que nos possuem. Se o caçador gosta de tartarugas da lama, ratos-almiscarados e outros petiscos selvagens, a bela dama se entrega ao gosto da geleia feita de pé de bezerro ou das sardinhas do mar, e eles estão quites. Ele vai para o lago do moinho, ela para o pote de conserva. Espantoso é como eles, como você e eu, podemos viver essa vida viscosa e bestial, comendo e bebendo sem cessar.

Toda a nossa vida é surpreendentemente moral. Nunca há um instante de trégua entre a virtude e o vício. Bondade é o único investimento que nunca falha. Na música da harpa que ressoa pelo mundo é a insistência nisso que nos emociona. A harpa é o tagarela itinerante da Seguradora do Universo, recomendando suas leis, e nossa bondade é toda a taxa que pagamos. Embora a juventude se torne indiferente, as leis do universo não são indiferentes e estão sempre do lado dos mais sensíveis. Ouça cada zéfiro em busca de sua repreensão, pois certamente ela está presente, e é infeliz aquele que não a ouve. Não podemos tocar uma corda ou mover uma parada sem sermos atingidos pela encantadora moral. Muitos ruídos irritantes, distantes, são ouvidos como música, uma orgulhosa e doce sátira sobre a mesquinhez de nossas vidas.

Temos consciência de um animal em nós, que desperta à medida que nossa natureza superior adormece. É réptil e sensual, e talvez não possa ser totalmente expelido; como os vermes que, mesmo em vida e saúde, ocupam nossos corpos. Somos capazes de nos afastar dele, mas nunca mudar sua natureza. Receio que precise gozar de saúde; para que possamos estar bem, mas não puros. Outro dia, peguei a mandíbula inferior de um porco, com dentes e presas brancos e saudáveis, que sugeria haver muita saúde e vigor animal, distintos dos espirituais. Essa criatura subsistiu por outros meios que não a temperança e a pureza. "Aquilo em que os homens diferem dos animais brutos, diz Mencius, é algo muito insignificante; o rebanho comum o perde muito rapidamente, mas os homens superiores preservam-no cuidadosamente." Quem sabe que tipo de vida resultaria se tivéssemos alcançado a pureza? Se eu conhecesse um homem tão sábio que pudesse me ensinar a pureza, iria procurá-lo imediatamente. "O comando sobre nossas paixões, e sobre os sentidos externos do corpo e das boas ações, são declarados pelos Vedas como indispensáveis à aproximação da mente a deus." No entanto, o espírito pode, por um tempo, permear e controlar cada membro e função do corpo, e transmutar o que é sensualidade, na forma mais grosseira, em pureza e devoção. A energia geradora, que quando estamos soltos se dissipa e nos torna impuros, quando somos continentes, nos revigora e nos inspira. A castidade é o florescimento do homem; e o que é chamado Gênio, Heroísmo, Santidade e coisas semelhantes, são apenas vários frutos que o sucedem. O homem flui imediatamente para deus quando o canal da pureza está aberto. Por sua vez, nossa pureza inspira e nossa impureza nos derruba. Abençoado é aquele que tem certeza de que o animal está morrendo nele dia após dia, e o divino sendo estabelecido. Talvez ninguém deva se envergonhar por causa da natureza inferior e bruta à qual o homem está aliado. Temo que sejamos deuses ou semideuses apenas como faunos e sátiros; o divino aliado às bestas, às criaturas de apetite, e que nossa própria vida seja nossa desgraça.

> "Quão feliz é aquele que tem o devido lugar
> Para suas feras e desflorestou seu pensar!
>
> Pode usar cavalo, cabra, lobo e toda besta,
> Só não pode ser burro paratudo o que resta!
> O homem não é apenas uma manada de porcos,
> Mas ele também é aqueles demônios a postos
> Que levaram-nos a uma fúria impetuosa e tornaram-nos piores."

Toda sensualidade é apenas uma, embora assuma muitas formas; toda pureza é uma. Dá no mesmo se um homem come, bebe, coabita ou dorme sensualmente. É apenas um só apetite, e vendo uma pessoa fazer qualquer uma dessas coisas sabermos a intensidade de sua sensualidade. O impuro não pode ficar de pé nem sentar-se com pureza. Quando o réptil é atacado na boca de sua toca, ele se mostra em outra. Se um homem quer ser casto ele deverá ser moderado. O que é a castidade? Como um homem saberá se é casto? Ele não o saberá. Ouvimos falar dessa virtude, mas não sabemos o que é. Falamos de acordo com os boatos que ouvimos. Do esforço vêm a sabedoria e a pureza; da preguiça, a ignorância e a sensualidade. No estudante, a sensualidade é um hábito mental preguiçoso. Uma pessoa impura é universalmente preguiçosa; é aquela que se senta perto de um fogão, que prostra-se com o brilho do sol, que repousa sem estar cansado. Se você deseja evitar a impureza e todos os pecados, trabalhe com seriedade, mesmo que seja limpando um estábulo. A Natureza é difícil de ser subjugada, mas ela deve o ser. De que adianta ser cristão, se não for mais puro que o pagão, se não negar mais a si mesmo, se não for mais religioso? Conheço muitos sistemas de religião considerados pagãos, cujos preceitos enchem o leitor de vergonha e o provocam a novos empreendimentos, embora seja meramente para a realização de ritos.

Hesito em dizer essas coisas, mas não é por causa do assunto (não me importo com o quão obscenas sejam minhas palavras) mas porque não posso falar delas sem trair minha impureza. Discutimos livremente, sem vergonha, sobre uma forma de sensualidade e silenciamos sobre outra. Estamos tão degradados que não podemos falar simplesmente das funções necessárias à natureza humana. Em épocas anteriores, em alguns países, todas as funções eram mencionadas com reverência e regulamentadas por lei. Nada era trivial demais para o legislador hindu, por mais ofensivo que fosse para o gosto moderno. Ele ensinava como comer, beber, coabitar, eliminar excrementos e urina, e assim por diante, elevando o que é mesquinho, e não se desculpando falsamente, chamando essas coisas de ninharias.

Todo homem é o construtor de um templo, o seu próprio corpo, para o deus que ele adora, segundo um estilo puramente seu, e como não pode sair martelando o mármore, molda-se. Somos todos escultores e pintores, e nosso material é nossa própria carne, sangue e ossos. Qualquer nobreza começa imediatamente a refinar os traços de um homem, qualquer mesquinhez ou sensualidade a embrutá-los.

John Farmer estava sentado a sua porta numa noite de setembro, depois de um dia de trabalho árduo, com a mente ainda mais ou menos concentrada em sua jornada. Depois de tomar banho, sentou-se para recriar seu intelecto. Era uma noite bastante fria e alguns de seus vizinhos estavam com medo de geada. Nem bem havia se concentrado em seus pensamentos quando ouviu alguém tocando uma flauta, e esse som se harmonizou com seu humor. Ainda pensava em seu trabalho, mas o seu pensamento, embora continuasse correndo em sua cabeça e ele se visse planejando e executando ideias contra sua vontade, o preocupava muito pouco. Não era mais que peles mortas constantemente se despendendo, mas as notas da flauta chegaram aos seus ouvidos de uma esfera diferente daquela em que ele trabalhava e sugeriram o despertar de certas faculdades que adormeciam nele. Elas gentilmente eliminaram a rua, a vila e o modo em que ele vivia. Uma voz lhe disse: Por que fica aqui e vive esta vida miserável e lamentável, quando uma existência gloriosa é possível para você? Estas mesmas estrelas cintilam sobre outros campos além destes.

— Como sair dessa condição e de fato ir para lá?

Tudo o que ele conseguia pensar era que precisava praticar alguma nova austeridade, deixar sua mente descer ao corpo e redimi-lo, e tratar a si mesmo com respeito cada vez maior.

VIZINHOS BRUTOS

Às vezes, eu tinha um companheiro de pescaria que vinha do outro lado da cidade para minha casa passando pela vila, e pescar o jantar era um exercício social tanto quanto comê-lo.

Eremita. Eu me pergunto o que o mundo está fazendo agora. Não ouvi nem um gafanhoto sobre a samambaia nessas três horas. Os pombos estão todos dormindo em seus poleiros, nenhum alvoroço deles. Era a buzina do meio-dia de um fazendeiro que soou do outro lado da floresta agora? As mãos estão sedentas pela carne de sal cozida, pela cidra e pelo pão indiano. Por que os homens se preocupam tanto? Aquele que não come não precisa trabalhar. Eu me pergunto o quanto eles colheram. Quem viveria onde um corpo nunca pode pensar por causa dos latidos do cão? E ah, os trabalhos domésticos! Manter brilhantes as maçanetas do diabo e vasculhar suas banheiras neste dia claro! Melhor não ter uma casa. Digamos, alguma árvore oca e para visitas matinais e jantares, apenas um pica-pau batendo à porta. Oh, eles enxameiam; o sol é muito quente lá; eles nasceram muito longe da minha vida. Tenho água da nascente e um pão integral na prateleira. Escute! Eu ouço um farfalhar das folhas. Será algum cão de vila mal alimentado cedendo ao instinto da caça? Ou o porco perdido que dizem estar nesta floresta, cujos rastros vi depois da chuva? Ele vem em ritmo acelerado; meus sumagres e roseiras tremem. Ei, Senhor Poeta, é você? O que você acha do mundo hoje?

Poeta. Veja aquelas nuvens; como elas penduram! Essa é a melhor coisa que vi hoje. Não há nada parecido em pinturas antigas, nada parecido em terras estrangeiras... a menos que estivéssemos na costa da Espanha. Esse é um verdadeiro céu mediterrâneo. Eu pensei, como eu tenho minha vida para ganhar, e ainda não comi hoje, que eu poderia ir pescar. Essa é a verdadeira indústria dos poetas. É o único ofício que aprendi. Venha, vamos juntos.

Eremita. Eu não consigo resistir. Meu pão integral logo acabará. Irei com você de bom grado em breve, estou apenas concluindo uma meditação séria. Estou perto do fim. Deixe-me em paz, então, por um tempo. Para que não nos demoremos, você deve cavar a isca enquanto isso. As minhocas raramente são encontradas nessas partes, onde o solo nunca foi adubado com estrume; a raça está quase extinta. O esporte de cavar a isca é quase igual ao de pegar o peixe, quando o apetite não é muito aguçado; e isso você pode se entregar hoje. Eu o aconselharia a afundar a pá lá embaixo, entre os amendoins, onde você vê a erva-de-são-joão acenando. Acho que posso garantir a você uma minhoca para cada três gramados que você revirar, se você olhar bem entre as raízes da grama, como se estivesse capinando. Ou, se você optar por ir mais longe, não será imprudente, pois descobri que o aumento da qualidade da isca é proporcional ao quadrado das distâncias.

Eremita sozinho. Deixe-me ver... onde eu estava? Parece-me que estava quase no estado de espírito em que se enxerga o mundo sob este ângulo: devo ir para o Céu ou pescar? Se eu logo encerrasse esta meditação, outra ocasião tão doce seria oferecida? Eu estava tão perto de adentrar na essência das coisas como nunca estive em minha vida. Temo que meus pensamentos não voltem para mim. Se resolvesse, eu assobiaria para eles. Quando eles nos fazem uma oferta, é sábio dizer que vamos pensar? Meus pensamentos não deixaram rastros e não consigo encontrar o caminho novamente. O que é que eu estava pensando? Foi um dia muito nebuloso. Vou apenas tentar as frases de Confúcio: talvez possam buscar esse estado novamente. Não sei, era melancolia ou um êxtase crescente. Nota: Nunca há senão uma oportunidade da mesma espécie.

Poeta. E agora, Eremita, é ainda muito cedo? Tenho treze minhocas inteiras, além de vários pedaços ou minhocas pequenas. Eles só servirão para os peixes menores, pois não cobrem bem o anzol. Essas iscas da vila são muito grandes; um olho roxo pode fazer uma refeição sem encontrar o espeto.

Eremita. Bem, então vamos embora. Vamos ao Concord? Há um bom esporte lá se a água não estiver muito alta.

Por que exatamente esses objetos que vemos formam um mundo? Por que o homem tem apenas essas espécies de animais como seus vizinhos? Será que nada além de um rato poderia preencher essa fenda? Suspeito que a Pilpay & Co. tenha dado o melhor uso possível aos animais, pois todos eles são bestas de carga, de certa forma, feitos para levar parte de nossos pensamentos.

Os ratos que assombravam minha casa não eram os comuns, que dizem ter sido introduzidos no país, mas um tipo nativo, selvagem, não encontrado na vila. Enviei um a distinto naturalista, que se interessou muito. Quando eu estava construindo, uma fêmea tinha seu ninho embaixo da casa, e antes que eu colocasse o segundo andar e varresse as aparas, saía regularmente na hora do almoço e pegava as migalhas aos meus pés. Provavelmente nunca tinha visto um homem antes; e logo se tornou bastante familiar, e passava por cima dos meus sapatos e das minhas roupas. Podia facilmente subir pelas laterais da sala por meio de impulsos curtos, como um esquilo, ao qual se assemelhava em seus movimentos. Por fim, um dia, ao me apoiar com o cotovelo no banco, ela subiu pelas minhas roupas, desceu pela manga e rodeou o papel que continha meu jantar; enquanto eu o mantinha bem fechado, esquivava-me e brincava de esconde-esconde com ela; e quando finalmente segurei um pedaço de queijo entre o polegar e o indicador, ela veio e mordiscou-o, sentando-se na minha mão, e depois limpou o rosto e as patas, como uma mosca, e foi embora.

Logo um papa-moscas fez um ninho no meu galpão e um tordo usou para proteção um pinheiro que crescia perto da casa. Em junho, a perdiz (*Tetrao umbellus*), que é um pássaro tão tímido, conduziu sua ninhada pelas minhas janelas, vinda da floresta dos fundos para a frente da minha casa, cacarejando e chamando como uma galinha, e com todo o seu comportamento provou ser a galinha da floresta. Os filhotes de repente se dispersaram a minha aproximação, a um sinal da mãe, como se um redemoinho os tivesse varrido. Eles se parecem tanto com as folhas e galhos secos que muitos viajantes já colocaram os pés no meio de uma ninhada e só perceberam quando ouviram o ruflar da mãe pássaro quando ela voou. Seus gritos e miados ansiosos e o bater de suas asas servem para atrair a atenção dos pequenos, que ainda estão longe de suspeitar da vizinhança. A ave protetora rola e gira diante do intruso de tal maneira que ele não consegue, por alguns momentos, detectar que tipo de criatura é. Os filhotes agacham-se imóveis e quase planos, muitas vezes com a cabeça sob uma folha, e prestam atenção apenas às instruções da mãe dadas a distância. Nenhuma abordagem os fará correr novamente e se traírem. Podem até pisar neles, ou fitá-los por um instante, que eles não se denunciam. Eu os coloquei em minha mão, aberta, por um momento, e ainda assim seu único cuidado, obedientes à mãe e ao instinto, era agachar-se ali sem medo ou tremor. Tão perfeito é esse instinto, que uma vez, quando eu os coloquei entre as folhas novamente e um acidentalmente caiu de lado, foi encontrado, com o resto, exatamente na mesma posição dez minutos depois. Eles não são implumes como os filhotes da maioria dos pássaros e são mais perfeitamente desenvolvidos e precoces que os das galinhas. A expressão notavelmente adulta, mas inocente, de seus olhos abertos e serenos é muito memorável. Toda a inteligência parece refletida neles. Eles sugerem não apenas a pureza da infância, mas uma sabedoria esclarecida pela experiência. Tal olhar não nasceu com o pássaro, mas é contemporâneo do céu que ele reflete. A floresta não produz outra joia como essa. O viajante não costuma olhar para um poço tão límpido. O esportista ignorante ou imprudente geralmente atira na mãe, em tal momento, e deixa esses inocentes para serem vítimas de algum animal ou pássaro rondando, ou gradualmente se misturaram às folhas em decomposição com as quais eles tanto se parecem. Diz-se que, quando chocados por uma galinha, eles se dispersam imediatamente com algum alarme e, portanto, se perdem, pois nunca ouvem o chamado da mãe que os reúne novamente. Essas eram minhas galinhas e pintinhos.

 É notável quantas criaturas vivem selvagens e livres, embora secretas, nas florestas, e ainda se sustentam nas proximidades das cidades, suspeitas apenas de caçadores. Como a lontra consegue viver aqui! Cresce até um metro e meio de comprimento, tão grande quanto uma criança, talvez sem que nenhum ser humano a veja. Anteriormente, via o guaxinim na floresta atrás de onde minha casa foi construída e provavelmente ouvia seus ganidos à noite. Normalmente eu descansava uma ou duas horas na sombra ao meio-dia, após o plantio; almoçava e lia um pouco perto de uma origem que era a fonte de um pântano e de um riacho. A água vinha de Brister's Hill, a cerca de um quilômetro de meu campo. A abordagem era por uma sucessão de depressões gramadas descendentes, cheias de pinheiros jovens, em uma floresta maior ao redor do pântano. Lá, em um local muito isolado e sombreado, sob um pinheiro-branco que se espalhava, havia ainda um gramado limpo e firme para se sentar. Eu havia cavado a nascente e feito um poço de água clara e cinzenta, onde podia mergulhar um balde sem agitá-la, e lá ia com esse propósito quase todos os dias no meio do verão, quando o lago estava mais quente. Para lá, também, a galinhola levou sua ninhada, para sondar a lama em busca de minhocas, voando apenas trinta centímetros acima deles, descendo a margem, enquanto eles corriam em tropa abaixo, mas finalmente, ao me ver, ela deixou os filhos e circulava em volta de mim, cada vez mais perto até cerca de um metro e vinte, um metro e meio, fingindo asas e pernas quebradas, para atrair minha atenção e tirá-la de seus filhotes, que já teriam iniciado sua marcha, com pio fraco e contínuo, através do pântano, como ela instruiu. Eu ouvi o pio dos filhotes quando ainda não conseguia ver a mãe. Lá também as rolas pousavam sobre a fonte, ou esvoaçavam de galho em galho dos macios pinheiros-brancos acima de minha cabeça; o esquilo vermelho, descendo pelo galho mais próximo, era particularmente familiar e curioso. Só é preciso ficar parado durante tempo suficiente em algum local atraente na floresta para que todos os seus habitantes venham se exibir.

Fui testemunha de acontecimentos de caráter menos pacífico. Um dia, quando fui até minha pilha de lenha, ou melhor, minha pilha de tocos, observei duas grandes formigas, uma vermelha e a outra muito maior, quase meia polegada de comprimento e preta, lutando ferozmente. Uma vez agarradas, não se largaram, lutaram, lutaram e rolaram incessantemente. Com o olhar difuso, fiquei surpreso ao descobrir que as madeiras estavam cobertas de tais combatentes, que não era um duelo, mas uma batalha, uma guerra entre duas raças de formigas, a vermelha sempre atacando a preta, e frequentemente eram duas vermelhas para cada preta. As legiões desses mirmidões cobriam todas as colinas e vales em meu pátio de madeira, e o chão já estava coberto de mortos e moribundos, vermelhos e negros. Foi a única batalha que já testemunhei, o único campo de batalha em que pisei durante o combate; guerra mutuamente destruidora; os republicanos vermelhos de um lado, e os imperialistas pretos do outro. Por todos os lados estavam engajados em um combate mortal, mas sem nenhum barulho que eu pudesse ouvir, e soldados humanos nunca lutaram tão resolutamente. Observei uma dupla que estava firmemente presa pelas patas, em um pequeno vale ensolarado em meio às lascas; era meio-dia e pareciam preparadas para lutar até o sol se pôr ou a vida se acabar. O menor lutador, o vermelho, se prendeu como um torno à frente do adversário e, em meio a todos os tombos naquele campo, nem por um instante deixou de roer uma de suas antenas perto da raiz, já tendo feito a outra cair, enquanto o preto mais forte o atirava de um lado para o outro e, como vi ao olhar mais de perto, já o havia despojado de vários de seus membros. Lutaram com mais pertinácia do que buldogues. Nenhum dos dois manifestou a menor disposição para recuar. Era evidente que o grito de guerra era "Conquistar ou Morrer". Nesse ínterim, apareceu uma formiga vermelha na encosta desse vale, evidentemente cheia de excitação, que havia despachado seu inimigo ou ainda não havia participado da batalha; provavelmente o último, pois não havia perdido nenhum de seus membros, e cuja mãe a encarregou de retornar com seu escudo ou sobre ele. Ou talvez fosse algum Aquiles, que havia alimentado sua cólera à parte e agora vinha vingar ou resgatar seu Pátroclo. Viu esse combate desigual de longe — pois as pretas tinham quase o dobro do tamanho das vermelhas —, se aproximou com passo rápido até ficar em guarda a meia polegada dos combatentes; então, aproveitando a oportunidade, ela saltou sobre o guerreiro preto e começou suas operações perto da raiz de sua perna dianteira direita, deixando o inimigo escolher entre seus próprios membros; e assim ficaram os três unidos para resto da vida, como se um novo tipo de atração houvesse sido inventado, e esse envergonhava todas as outras fechaduras e cimentos. A essa altura, eu não seria surpreendido se descobrisse que eles tinham suas respectivas bandas musicais posicionadas em alguma lasca eminente tocando suas árias nacionais para excitar os lentos e animar os combatentes moribundos. Eu mesmo estava um tanto excitado, como se fossem homens. Quanto mais se pensa nisso, menor a diferença. E certamente não há luta registrada na história de Concord, nem na história da América, que mereceria um momento de comparação com esse, seja pelos números nela engajados, seja pelo patriotismo e heroísmo exibidos. Quanto aos números e carnificina, era uma Austerlitz ou Dresden. Luta de Concord! Dois mortos do lado dos patriotas e Luther Blanchard ferido! Porque aqui toda formiga era um Buttrick. "Atirem! Pelo amor de Deus, atirem!", e milhares compartilharam o destino de Davis e Hosmer. Não havia um mercenário ali. Não tenho dúvidas de que lutavam por um princípio, tanto quanto nossos ancestrais, e não para evitar um imposto de três centavos sobre o chá; e os resultados dessa batalha são tão importantes e memoráveis, para aqueles a quem ela diz respeito, quanto os da batalha de Bunker Hill, pelo menos.

Peguei a lasca de madeira em que lutavam as três que descrevi, carreguei-a para minha casa e coloquei-a sob um copo no peitoril da janela para ver melhor. Usando um microscópio vi que, a primeira formiga vermelha mencionada, embora estivesse roendo assiduamente uma pata dianteira da inimiga, já tendo cortado sua antena restante, seu próprio peito fora todo dilacerado, expondo os órgãos vitais às mandíbulas da guerreira preta, cujo peitoral era aparentemente grosso demais para ser perfurado; e os escuros olhos da sofredora brilhavam com uma ferocidade que só a guerra poderia excitar. Lutaram por mais meia hora sob o copo e quando olhei novamente, a soldada preta tinha separado as cabeças de suas inimigas de seus corpos, e as cabeças, ainda vivas, estavam penduradas em ambos os lados dela como troféus medonhos pendendo de uma sela. Ainda tão firmemente presas como sempre, ela se esforçava com débeis moções, estando sem tentáculos e com apenas o resto de uma perna, e não sei quantos outros ferimentos, para livrar-se delas; e por fim, depois de mais meia hora, conseguiu. Levantei o copo e ela saiu pelo parapeito da janela naquele estado de aleijada. Se finalmente sobreviveu àquele combate e passou o resto de seus dias em algum *hotel des invalides,* eu não sei, mas sei que sua serventia não valeria muito depois disso. Nunca soube qual "exército" saiu vitorioso, nem a causa da guerra, mas senti, pelo resto daquele dia, como se meus sentimentos tivessem sido excitados e angustiados ao testemunhar a luta, a ferocidade e a carnificina de uma batalha humana diante de minha porta.

Kirby e Spence nos contam que as batalhas de formigas há muito são celebradas e a data delas registrada, embora digam que Huber é o único autor moderno que parece tê-las testemunhado. "Aeneas Sylvius, dizem eles, depois de dar um relato muito circunstanciado de alguém constatando uma delas travada com grande obstinação, por uma espécie grande e outra pequena, no tronco de uma pereira, acrescenta que essa ação foi realizada no Pontificado de Eugênio IV na presença de Nicholas Pistoriensis, um eminente advogado, que relatou toda a história da batalha com a maior fidelidade." Um combate semelhante entre formigas grandes e pequenas é registrado por Olaus Magnus, no qual as pequenas, sendo vitoriosas, teriam enterrado os corpos de seus próprios soldados e deixado os de seus inimigos gigantes como alimento para os pássaros. Esse evento aconteceu antes da expulsão do tirano Christiern II da Suécia. A batalha que testemunhei ocorreu na presidência de Polk, cinco anos antes da passagem do Projeto de Lei do Escravo Fugitivo, de Webster.

Muitos cachorros da vila, preparados apenas para perseguir uma tartaruga de lama em um porão, exercitavam-se na floresta, sem o conhecimento dos donos, e inutilmente cheiravam tocas de raposas e buracos de marmotas; conduzidos talvez por algum vira-lata, que agilmente atravessava a floresta e inspirava um terror natural em seus habitantes. Sempre bem atrás de seu guia, latiam como um touro canino em direção a algum pequeno esquilo que havia subido em uma árvore para escrutinar, galopavam, dobrando os arbustos com seu peso, imaginando que estavam no rastro de algum membro extraviado da família dos gerbos.

Certa vez, fiquei surpreso ao ver um gato caminhando ao longo da margem pedregosa do lago, pois eles raramente se afastam tanto de casa. A surpresa foi mútua. No entanto, os gatos domésticos que passam todo o dia deitados sobre um tapete, parecem bastante à vontade na floresta e, por seu comportamento astuto e furtivo, mostram-se mais nativos do que os habitantes comuns. Uma vez, durante a colheita, encontrei uma gata com seus gatinhos no mato, bastante selvagens, e todos eles, como a mãe, estavam com as costas arqueadas e rosnavam ferozmente para mim. Alguns anos antes de eu morar na floresta, havia o que se chamava de "gato alado" em uma das casas de fazenda, em Lincoln, mais próximas do lago, a do Sr. Gilian Baker. Quando fui vê-la em junho de 1842, ele havia saído para caçar na floresta, como era seu costume (não sei se era macho ou fêmea, sendo assim, uso o pronome mais comum), mas sua dona me contou que veio para a vizinhança pouco mais de um ano antes, em abril, e finalmente foi acolhido na casa deles; que ele era da cor cinza-acastanhada-escura, com uma mancha branca na garganta e pés brancos, e tinha uma cauda grande e espessa como a de uma raposa; que no inverno o pelo crescia grosso e achatado ao longo de seu corpo, formando listras de vinte a vinte e cinco centímetros de comprimento por seis de largura, e sob seu queixo, nas laterais, como um regalo, tinha uns tufos com a parte superior solta e a parte inferior emaranhada como feltro, e na primavera, esses apêndices sumiram. Ganhei um par de suas "asas", que ainda mantenho. Não há nenhum sinal de uma membrana. Alguns pensaram que era parte de um esquilo voador ou algum outro animal selvagem, o que não é impossível, pois, segundo os naturalistas, híbridos prolíficos foram produzidos pelo acasalamento da marta com o gato doméstico. Esse teria sido o tipo certo de gato para eu ter, se eu tivesse algum; pois por que o gato de um poeta não deveria ser alado como o seu cavalo?

No outono, a mobelha (*Colymbus glacialis*) vinha, como de costume, mudar de pele e banhar-se no lago, fazendo a floresta ressoar com sua gargalhada selvagem antes que eu me levantasse. Ao rumor de sua chegada, todos os esportistas de Concord ficavam em alerta, em automóveis e a pé, de dois em dois e três em três, com rifles e binóculos. Eles vinham farfalhando pela floresta como folhas de outono, pelo menos dez homens para cada ave. Alguns se posicionam de um lado do lago, outros do outro lado, pois o pobre pássaro não pode ser onipresente; se ele mergulha aqui, deve subir lá. O gentil vento de outubro se eleva, farfalhando as folhas e ondulando a superfície da água, de modo que nenhum mergulhão pode ser ouvido ou visto, embora seus inimigos varram o lago com binóculos e façam a floresta ressoar com suas descargas. As ondas se levantam generosamente e se lançam com raiva, tomando partido de todas as aves aquáticas, e nossos esportistas devem bater em retirada para a cidade, fazer compras e trabalhos inacabados e assim, pouquíssimas vezes são bem sucedidos. Quando ia buscar um balde d'água de manhã cedo, frequentemente via esse imponente pássaro saindo de minha enseada a poucos metros. Se eu tentasse alcançá-lo em um barco, para ver como ele agiria, ele mergulharia e desapareceria completamente, de modo que eu não o veria novamente; às vezes, só na última parte do dia. Eu era mais do que páreo para ele na superfície. Ele costumava sair na chuva.

Enquanto eu remava ao longo da costa norte em uma tarde muito calma de outubro, pois especialmente nesses dias os pássaros se acomodam nos lagos, como a serralha, procurava em vão, no lago, um mergulhão; de repente um, voando da costa em direção ao meio algumas varas à minha frente, soltou sua risada selvagem e se traiu. Eu o persegui remando e ele mergulhou, mas quando ele subiu estava mais perto do que antes. Ele mergulhou de novo, mas calculei mal a direção que ele tomaria, e dessa vez estávamos separados por vários metros quando ele veio à superfície, pois eu havia ajudado a aumentar a distância; e novamente ele riu alto e forte, e com mais razão do que antes. Ele manobrou com tanta astúcia que não consegui chegar a menos de trinta metros dele. A cada vez, quando vinha à tona, virando a cabeça para um lado e para o outro, ele examinava friamente a água e a terra e, aparentemente, escolhia seu curso de modo que pudesse subir onde houvesse a maior extensão de água e o maior distância do barco. Era surpreendente a rapidez com que ele se decidia e colocava sua determinação em execução. Ele levou-o me rapidamente para a parte mais larga do lago e não podia ser expulso dela. Enquanto ele pensava uma coisa em seu cérebro, eu tentava adivinhá-la no meu. Era um jogo bonito, jogado na superfície lisa do lago, um homem contra um mergulhão. De repente, a peça do adversário desaparece embaixo do tabuleiro, e o problema é colocar a minha mais perto de onde a dele aparecerá novamente. Às vezes ele surgia inesperadamente na margem oposta a minha, tendo aparentemente passado por baixo do barco. Ele era tão rápido e tão incansável que mesmo quando nadava para mais longe, imediatamente mergulhava de novo; e então nenhuma inteligência poderia adivinhar onde no lago, sob a superfície lisa, ele poderia estar correndo como um peixe, pois ele tinha fôlego e habilidade para visitar o leito do lago em sua parte mais profunda. Diz-se que mergulhões foram capturados nos lagos de Nova York a vinte e cinco metros abaixo da superfície com anzóis para trutas; Walden tem mais profundidade do que isso. Quão surpresos devem estar os peixes ao ver esse visitante desajeitado, de outra esfera, acelerando em meio a seus cardumes! No entanto, ele parecia conhecer seu curso com tanta certeza debaixo d'água quanto na superfície, e nadou muito mais rápido lá. Uma ou duas vezes eu vi uma ondulação onde ele aproximou-se da superfície, apenas colocou a cabeça para fora para fazer um reconhecimento e instantaneamente mergulhou novamente. Achei que era melhor para mim descansar dos meus remos e esperar seu reaparecimento, do que tentar calcular onde ele subiria; de novo e de novo, enquanto eu forçava meus olhos sobre a superfície, eu de repente me assustava com sua risada sobrenatural atrás de mim. Por que, depois de mostrar tanta astúcia, ele invariavelmente se traía no momento em que surgia com aquela gargalhada? Seu peito branco não o traia o suficiente? Ele era realmente um idiota bobo, pensei. Eu também podia ouvir o barulho da água quando ele subia e o detectava. Mesmo depois de uma hora ele parecia tão disposto como sempre; mergulhava com a mesma boa vontade e nadava ainda mais longe do que no início. Era surpreendente ver como ele navegava serenamente com o peito imperturbável quando vinha à superfície, fazendo todo o trabalho com os pés palmados dentro d'água. Sua nota habitual era uma risada demoníaca, um tanto parecida com a de uma ave aquática; mas ocasionalmente, quando ele me surpreendia com mais sucesso e aparecia bem longe, ele soltava um longo uivo sobrenatural, provavelmente mais parecido com o de um lobo do que com o de qualquer pássaro; como quando um animal põe o focinho no chão e uiva deliberadamente. Assim era o seu canto — talvez o som mais selvagem que já foi ouvido aqui. Fazia-se soar por toda parte da floresta. Concluí que ele ria zombando de meus esforços, confiante em seus próprios recursos. Embora o céu estivesse nublado a essa altura, o lago estava tão liso que pude ver onde ele quebrou a superfície quando não o ouvi. Seu peito branco, a quietude do ar e a suavidade da água estavam todos contra ele. Por fim, tendo subido a cinquenta metros de distância, ele soltou um daqueles uivos prolongados, como se estivesse chamando o deus dos mergulhões para ajudá-lo, e imediatamente veio um vento do leste e ondulou a superfície, enchendo todo o ar com chuva enevoada. Fiquei impressionado achando ser a oração do mergulhão respondida e seu Deus zangado comigo; e assim o deixei desaparecer na superfície tumultuosa.

Durante horas, nos dias de outono, observava os patos astuciosamente voltearem mantendo-se no meio do lago, longe do esportista; truques que eles teriam menos necessidade de praticar nos igarapés da Louisiana. Quando obrigados a voar, eles circulavam e igarapés sobre o lago a uma altura considerável, de onde podiam ver facilmente outros lagos e o rio; delineavam ciscos negros no céu, e quando eu pensava que eles haviam partido para lá há muito tempo, eles se estabeleceriam em um voo inclinado para uma parte distante que fora deixada livre. O que, além da segurança, eles conseguiam navegando no meio do Walden eu não sei, a menos que eles amem suas águas pela mesma razão que eu.

INAUGURAÇÃO

Em outubro fui colher uvas nos prados do rio e carreguei-me com cachos que achei mais preciosos por sua beleza e fragrância do que por serem alimento. Ali também admirei, embora não tenha colhido, os mirtilos, pequenas pedras preciosas, pingentes de relva do prado, perolados e vermelhos, que os agricultores arrancam com um ancinho feio, transformando o prado suave em um emaranhado, avaliando-os negligentemente apenas pelo que representam em alqueire e dólar, e vendem os despojos para fazer hidromel e vendê-lo Boston e Nova York para satisfazer os gostos dos amantes urbanos da natureza. Também, os carniceiros arrancam as línguas dos bisões da grama da pradaria, indiferente à planta rasgada e caída. A fruta brilhante da bérberis também era apenas alimento para meus olhos; colhia um pequeno estoque de maçãs silvestres que o proprietário e os viajantes haviam ignorado. Quando as castanhas estavam maduras, eu guardava meio alqueire para comer no inverno. Era muito emocionante, naquela época, vagar pelos então ilimitados bosques de castanheiros de Lincoln eles agora dormem seu longo sono sob a ferrovia com um saco no ombro e um pedaço de pau para abrir os cocos, pois nem sempre eu esperava pela geada. Caminhava em meio ao farfalhar das folhas e às ruidosas repreensões dos esquilos-vermelhos e dos gaios, dos quais nozes semirroídas às vezes eu roubava, pois os cocos que eles haviam escolhido certamente continham outros saudáveis. Ocasionalmente eu subia em uma dessas árvores e balançava os seus galhos. Eles também cresciam atrás da minha casa, e uma grande árvore, que quase a cobria, era, quando em flor, um buquê que perfumava toda a vizinhança, mas os esquilos e os gaios comiam a maior parte de seus frutos; os gaios vinham em bandos, de manhã cedo, e tiravam as nozes dos cocos antes que caíssem. Presenteei-os com essas árvores e visitava os bosques mais distantes, compostos inteiramente de castanheiros. Essas nozes, pelo que sei, são um bom substituto para o pão e muitos outros podem ser encontrados. Um dia, cavando em busca de minhocas, descobri o amendoim (*Apios tuberosa*) em sua corda, a batata dos aborígines, uma leguminosa fabulosa, e comecei a questionar se alguma vez eu o tivesse cavado e comido, na minha infância, como eu havia dito, ou apenas tinha sonhado. Muitas vezes vi sua flor vermelha aveludada sustentada pelos caules de outras plantas sem saber identificá-la. O cultivo quase o exterminou. O amendoim um sabor adocicado, muito parecido com o de uma batata exposta à geada, e acho-o melhor cozido do que assado. Essa leguminosa parecia uma fraca promessa da Natureza de criar seus próprios filhos e alimentá-los de forma simples em algum período futuro. Nestes dias de gado gordo e campos de trigo ondulantes, esse humilde alimento, que já foi o totem de uma tribo indígena, está completamente esquecido, ou conhecido apenas por sua folhagens e flores. Se a natureza selvagem reinar mais uma vez, os tenros e luxuosos grãos ingleses provavelmente desaparecerão diante de uma miríade de inimigos e, sem o cuidado do homem, o corvo pode levar de volta até a última semente de milho para o grande milharal do deus do índio, no sudoeste, de onde dizem que ele o trouxe; mas o quase exterminado amendoim reviverá e florescerá apesar das geadas e da selvageria, provando ser indígena e retomando sua antiga importância e dignidade na dieta da tribo caçadora. Ceres ou Minerva, indígena, deve ter sido a criadora ou doadora dele e quando o reinado da poesia começar, suas folhas e fios de nozes podem ser representados em nossas obras de arte.

Já no início do mês de setembro eu tinha visto dois ou três pequenos bordos escarlates do outro lado do lago, abaixo de onde divergiam os caules brancos de três álamos, na ponta de um promontório, perto da água. Ah, muitas histórias contam as suas cores! E gradualmente, de semana em semana, apresentação de cada árvore foi surgindo, e ela se admirava refletida no espelho liso do lago. Cada manhã, o curador dessa galeria substituía os antigos quadros nas paredes por outros novos, distinguidos por cores mais brilhantes ou harmoniosas.

As vespas chegavam aos milhares ao meu alojamento em outubro, como se fosse aposento de inverno, e pousavam nas minhas janelas, no lado de dentro, e nas paredes, mais no alto, às vezes impedindo os visitantes de entrarem. Todas as manhãs, quando estavam entorpecidas pelo frio, eu varria algumas delas para fora, mas não me preocupava muito em livrar-me delas; até me sentia elogiado por considerarem minha casa um abrigo desejável. Nunca me molestaram seriamente, embora gostassem de ficar no meu quarto; e desapareciam gradualmente, por que fendas não sei, evitando o inverno e o frio indescritível.

Como as vespas, antes de finalmente recolher-me durante o de inverno, em novembro, costumava recorrer ao lado nordeste de Walden, que o sol, refletido nos bosques de pinheiros e na costa pedregosa, convertia na lareira do lago; é muito mais agradável e saudável ser aquecido pelo sol enquanto possível, do que por um fogo artificial. Aquecia-me com as brasas ainda vivas que o verão, como um caçador que parte, havia deixado.

Para construir minha chaminé estudei alvenaria. Meus tijolos, sendo de segunda mão, precisavam ser limpos com uma espátula, de modo que aprendi muito sobre tipos de tijolos e ferramentas. A argamassa sobre eles tinha quase cinquenta anos e dizia-se que, com o passar do tempo, ficava mais dura, mas esse é um daqueles ditados que os homens adoram repetir, sejam eles verdadeiros ou não. Tais ditos tornam-se mais resistentes e aderem mais firmemente ao longo do tempo, e seriam necessários muitos golpes para desacreditar um velho sabichão. Muitas das vilas da Mesopotâmia foram construídas com tijolos de segunda mão de muito boa qualidade, obtidos das ruínas da Babilônia, e o cimento sobre eles é mais antigo e provavelmente ainda mais duro. Seja como for, fiquei impressionado com a tenacidade peculiar do aço que suportou tantos golpes violentos sem se desgastar. Como meus tijolos já estiveram em uma chaminé antes, embora eu não tenha lido o nome de Nabucodonosor neles, recolhi quantos pude encontrar, para economizar trabalho e despesas. Preenchi os espaços entre eles com pedras da margem do lago, e também fiz minha argamassa com a areia branca do mesmo local. Demorei-me muito na construção da lareira, pois é a parte vital da casa. Na verdade, trabalhei tão deliberadamente, que embora começasse o empilhamento junto chão, pela manhã, uma pequena fileira de tijolos servia-me de travesseiro à noite; ainda assim, pelo que me lembro, não fiquei com a nuca rígida; meu torcicolo é mais antigo. Abriguei um poeta por quinze dias, nessa época, o que me levou a ocupar o espaço em que trabalhava. Ele carregava sua própria faca, embora eu tivesse duas, e costumávamos limpá-las enfiando-as na terra. Ele dividia comigo o trabalho de cozinhar. Fiquei satisfeito ao ver minha lareira subindo solidamente aos poucos, e, refleti que, se prosseguia lentamente, estava destinada a durar muito tempo. A chaminé é, até certo ponto, uma estrutura independente, de pé no chão e subindo pela casa até o céu. Muitas vezes, após um incêndio, ela ainda permanece de pé, impondo a sua importância e independência. Isso foi no final do verão. Já era novembro.

    O vento norte já havia começado a esfriar o lago, embora tenha levado muitas semanas de vento constante para fazê-lo, de tão profundo que é. Quando comecei a acender o fogo à noite, antes de rebocar minha casa, a chaminé transportava a fumaça muito bem, por causa das numerosas fendas entre as tábuas. No entanto, passei algumas noites agradáveis naquele cômodo quase frio e arejado, cercado pelas ásperas tábuas marrons cheias de nós e vigas ainda com a casca. A casa não agradou-me muito depois de rebocada, embora eu fosse obrigado a confessar que era mais confortável. Não deveria todo lugar, onde o homem habita, ser alto o suficiente para criar alguma obscuridade onde sombras bruxuleantes pudessem brincar à noite sobre as vigas? Essas formas são mais agradáveis à fantasia e à imaginação do que os afrescos ou móveis caros. Só comecei a habitar na minha casa, posso dizer, quando estabeleci usá-la tanto para me aquecer quanto para me abrigar. Eu tinha dois velhos cães de fogo para manter a lenha na lareira, e me fez bem ver a fuligem se formar na parte de trás da chaminé que eu havia construído; eu atiçava o fogo mais razão e com mais satisfação do que o habitual. Minha morada era pequena e eu dificilmente poderia produzir um eco dentro dela. Ela parecia maior por ser um cômodo único e distante dos vizinhos. Todas as atrações de uma casa estavam concentradas em um cômodo: era cozinha, quarto, sala e despensa ao mesmo tempo. Qualquer satisfação que pai ou filho, patrão ou servo obtém ao morar em uma casa, eu alcancei. Cato disse que o senhor de uma família (*patremfamilias*) deve ter em sua vila rústica "*cellam oleariam, vinariam, dolia multa, uti lubeat caritatem expectare, et rei, et virtuti, et gloriæ erit*", isto é, "uma adega de vinho e azeite, muitos tonéis, para que seja agradável esperar nos tempos difíceis; será para sua vantagem, virtude e glória". Eu tinha no meu porão um barril de batatas, cerca de duas quartas de ervilhas com gorgulhos, na prateleira, um pouco de arroz, uma jarra de melaço e alguns quilos de centeio e farinha indiana.

Às vezes sonho com uma casa maior e mais movimentada, construída em uma idade de ouro, de materiais duráveis, sem trabalho de arabescos ou *boiseries*, que ainda consistirá em apenas um cômodo — um salão vasto, rude, substancial, primitivo, sem teto ou reboco, com vigas nuas e terças sustentando uma espécie de céu inferior para proteger da chuva e da neve — de forma que as estacas e travessas mestras fiquem de fora para que ali o rei e a rainha recebam as homenagens quando os viajantes fizerem reverência ao prostrado Saturno, de uma dinastia mais antiga; uma casa cavernosa, onde será preciso uma tocha em um poste para ver o telhado; onde outros podem morar na lareira, alguns no recesso de uma janela ou em assentos, uns em uma extremidade do cômodo, outros na outra, e também no alto das vigas com as aranhas, se quiserem; uma casa onde se entra quando abri-se a porta externa e a cerimônia acaba-se; onde o viajante cansado pode se lavar, comer, conversar e dormir, sem mais jornada; um abrigo que todos gostariam de alcançar em uma noite tempestuosa, contendo todos os elementos essenciais de uma casa e nada para cuidar na casa; onde pode-se ver todos os tesouros da casa de uma só vez, e cada coisa pendurada em seu gancho, para que qualquer pessoa possa usá-la; ao mesmo tempo cozinha, despensa, sala, quarto, depósito e sótão, onde tem coisas tão necessárias como um barril e uma escada, coisa tão conveniente como um armário, e ouve-se a panela ferver, e presta-se homenagem ao fogo que cozinha o jantar e ao forno que assa o pão, e onde os móveis e utensílios necessários são os ornamentos principais; onde a roupa não é estendida, nem o fogo apagado, nem preocupa-se a dona da casa, e onde será preciso sair da frente do alçapão, quando o cozinheiro descer ao porão, e assim saber-se-á se o chão é sólido ou oco sem precisar bater os pés. Uma casa cujo interior é aberto e manifesto como um ninho de passarinho, onde não se pode entrar pela porta da frente nem sair pelos fundos sem ver alguns de seus habitantes; onde ser um hóspede é ser presenteado com a liberdade da casa, e não ser cuidadosamente excluído de sete oitavos dela, trancado em uma cela particular e instruído a se sentir em casa lá... em confinamento solitário. Normalmente um anfitrião não permite que se aproximem da lareira dele, mas faz com que o pedreiro construa outra em algum lugar do cômodo, e a hospitalidade é a arte de mantê-lo à maior distância. Há tanto segredo sobre a comida como se tivessem a intenção de envenená-lo. Estou ciente de que estive nas instalações de muitos homens e poderia ter sido legalmente expulso, mas não sinto que estive no lar de muitos homens. Eu poderia visitar, com minhas roupas velhas, um rei e uma rainha que vivessem com simplicidade em uma casa como a que descrevi, se a encontrasse no meu caminho, mas sair de um palácio luxuoso será tudo o que desejarei, se algum dia estiver em um.

A linguagem das salas de visitas perde-se toda a sua energia e degenera-se totalmente com o palavreado; nossas vidas se passam distantes de seus símbolos, e suas metáforas e metonímias estão tão apartadas que precisariam ser trazidas em carrinhos e elevadores de comida, por assim dizer: a sala fica muito longe da cozinha e da oficina. O jantar é apenas a parábola de um jantar, comumente. Julga-se que apenas o selvagem more perto o suficiente da Natureza e da Verdade para pedir-lhes um tropo emprestado. Como pode o estudioso, que mora no Território do Noroeste ou na Ilha de Man, dizer o que é fundamental na cozinha?

Apenas um ou dois de meus convidados tiveram a coragem de ficar e comer um mingau comigo, mas quando viram as intempéries se aproximando, bateram em retirada depressa, como se os alicerces da minha casa fossem ruir, no entanto, resistiu a muitos mingaus.

Não reboquei a casa até que estivesse um clima gélido. Trouxe um pouco de areia mais branca e limpa da margem oposta do lago em um barco, meio de transporte que permitia-me ir muito mais longe, se necessário. Nesse ínterim, minha casa estava coberta de telhas até o chão por todos os lados. Ao revestir, tive o prazer de cravar cada prego com um único golpe do martelo, e era minha ambição transferir o reboco da placa para a parede de maneira limpa e rápida. Lembrei-me da história de um sujeito arrogante que, em roupas finas, costumava passear pela vila dando conselhos aos trabalhadores. Arriscando um dia substituir as palavras por palavras, ele arregaçou as mangas, pegou uma placa com reboco e encheu uma pá; com um olhar satisfeito em direção ao ripamento acima, fez um gesto audaz naquela direção e imediatamente, para sua completa derrota, recebeu todo o conteúdo em sua camisa frisada. Admirei-me novamente com a economia e a conveniência do reboco, que fecha tão efetivamente o frio e tem um acabamento bonito, e aprendi os vários acidentes aos quais o pedreiro está sujeito. Fiquei surpreso ao ver como os tijolos eram sedentos — bebiam toda a umidade do meu reboco antes que eu o alisasse — e quantos baldes de água são necessários para batizar uma nova lareira. No inverno anterior, eu havia feito uma pequena quantidade de cal, queimando as conchas do *Unio fluviatilis* que nosso rio fornece, como experimento; então eu sabia de onde vinham meus materiais. Também poderia ter conseguido uma boa pedra calcária a um quilômetro e meio ou dois e tê-la queimado eu mesmo, se quisesse.

Durante esse período o lago havia se coberto de placas gelo nas enseadas mais sombreadas e rasas; eram precisos alguns dias ou mesmo semanas para acontecer o seu congelamento geral. O primeiro gelo é especialmente interessante e perfeito por ser resistente, escuro e transparente, oferece a melhor oportunidade para se examinar o fundo do leito onde o lago é raso; pois pode-se deitar no gelo de apenas uma polegada de espessura, como um inseto patinador na superfície da água, e estudar o fundo à vontade, a apenas cinco ou sete centímetros de distância, como se fosse uma imagem atrás de um vidro, já que a água estará necessariamente quieta. Há muitas ranhuras na areia por onde algumas criaturas passaram cumprindo o seu caminho; e, como destroços, está coberta de casulos de larvas feitos de pequenos grãos de quartzo branco. Talvez essas tenham sulcado a areia, pois encontra-se alguns casulos nas ranhuras, embora sejam profundas e largas para terem sido feitas por elas. O próprio gelo é o objeto de maior interesse, e deve-se aproveitar a primeira oportunidade para estudá-lo. Se você examinado de perto, pela manhã, logo após o congelamento, apresentará muitas bolhas, que a princípio pareciam estar dentro dele, estão contra sua superfície inferior, e que mais bolhas estão continuamente subindo do fundo. Só enquanto o gelo estiver muito sólido e escuro, pode-se ver a água através dele. Essas bolhas têm entre um e meio a três milímetros de diâmetro, são muito claras e bonitas, e refletem a face de quem as observa através do gelo. Pode haver trinta ou quarenta delas em três centímetros quadrados. Há dentro do gelo bolhas de diversos formatos e diâmetros; se o gelo estiver bem fresco, serão mais frequentes as bolhas esféricas, minúsculas, uma seguidamente acima da outra, como um cordão de contas. As bolhas que se formam dentro do gelo não são tão numerosas nem óbvias quanto as que estão abaixo. Às vezes, eu costumava jogar pedras para testar a resistência do gelo, e aquelas que o rompiam levavam ar consigo, formando bolhas brancas muito grandes e visíveis logo abaixo da placa. Certa vez, quando voltei ao mesmo local quarenta e oito horas depois, percebi que aquelas bolhas grandes ainda estavam perfeitas, embora mais dois centímetros e meio de gelo tivessem se formado engrossando a placa, como eu podia ver nitidamente pela emenda na borda de um pedaço. Como os últimos dois dias foram muito quentes, o gelo não estava mais transparente e nem mostrava a cor verde-escura da água e o fundo, mas opaco, esbranquiçado ou cinza, e, embora duas vezes mais espesso, não era mais resistente do que antes, pois as bolhas de ar tinham se expandido muito sob esse calor e se fundido, perdendo sua regularidade; elas não estavam mais uma diretamente acima da outra, mas como moedas prateadas derramadas de um saco: uma sobrepondo a outra, ou em finas camadas, como se tivessem sofrido pequenas clivagens. A beleza do gelo havia desaparecido e era tarde demais para estudar o fundo do lago. Curioso para saber em que posição minhas grandes bolhas estavam em relação ao novo gelo, quebrei um pedaço contendo uma de tamanho médio e o virei de cabeça para baixo. O novo gelo havia se formado ao redor e sob a bolha, de modo que ela estava entre os dois gelos. Estava completamente dentro do gelo inferior, mas encostada no superior e era achatada, ou talvez levemente lenticular, com uma borda arredondada, com cerca de uns cinco centímetros de espessura e dez de diâmetro. Fiquei surpreso ao observar que sob a bolha, o gelo havia derretido, com grande regularidade, na forma de uma xícara invertida, até a altura de um centímetro e pouco do centro, deixando uma fina divisão entre a água e a bolha, com menos de um três milímetros de espessura; e em muitos lugares, as pequenas bolhas que ficaram nessa divisão haviam estourado e provavelmente não havia gelo algum sob as maiores bolhas, que tinham trinta centímetros de diâmetro. Concluí que o número infinito de bolhas minúsculas que eu tinha visto inicialmente contra a superfície inferior do gelo agora também estavam congeladas e que cada uma, a sua medida, tinha atuado como uma lente de vidro, produzido calor e derretido o gelo. Essas são as pequenas armas que contribuem para fazer o gelo estalar e derreter.

    Finalmente o inverno se estabeleceu de verdade e assim que eu terminei o reboco, o vento começou a uivar ao redor da casa, como se não tivesse permissão para fazê-lo até então. Noite após noite os gansos chegavam, desajeitadamente no escuro, com o clangor de suas asas e seu grasnado. Mesmo depois que o solo estava coberto de neve, alguns pousavam em Walden, e outros voavam baixo sobre as florestas em direção a Fair Haven, rumo ao México. Várias vezes, ao voltar da vila às dez ou onze horas da noite, ouvi o ruído de um bando de gansos, ou patos, nas folhas secas do bosque que fica atrás da minha casa, onde eles iam para se alimentar, e também o estridente grasnido do líder enquanto eles partiam apressados. Em 1845 o lago Walden congelou completamente, pela primeira vez, na noite de 22 de dezembro; o lago Flint e outros mais rasos e o rio tinham congelado há dez dias ou mais. Em 46 o Walden congelou no dia 16; em 49, por volta do dia 31; em 50, por volta do dia 27 de dezembro; em 52, no dia 5 de janeiro; em 53, no dia 31 de dezembro. A neve já cobria o solo desde 25 de novembro e me cercava de repente com a paisagem do inverno. Recolhi-me ainda mais em minha concha e esforcei-me para manter um fogo brilhante tanto dentro da minha casa quanto dentro do meu peito. Minha tarefa, ao ar livre, agora era coletar madeira na floresta, trazendo-a em minhas mãos ou nos meus ombros, ou, às vezes, arrastando um pinheiro morto sob cada braço até o meu galpão. Uma velha cerca de floresta que tivera melhores dias, foi uma grande conquista para mim. Eu a sacrifiquei a Vulcano, pois já não servia mais ao deus Terminus. Quão mais interessante é a refeição desse homem que acaba de sair na neve para caçar, ou melhor, para roubar a lenha para cozinhá-la! Seu pão e carne são valiosos. Existem muitos gravetos e madeira desperdiçada, de todos os tipos, nas florestas da maioria das nossas cidades, para alimentar muitos fogaréus, mas que não nutrem nenhum e ainda atrapalham o crescimento da madeira jovem, segundo alguns observadores. Havia também a madeira trazida pela corrente do lago. No decorrer do verão, eu havia descoberto uma jangada de toras de pinheiro resinoso com casca, feita pelos irlandeses quando a ferrovia foi construída. Eu a puxei parcialmente para a margem. Depois de ficar dentro d'água por dois anos e, em seguida, permanecer no seco por seis meses, ela estava saudável, embora encharcada demais para secar. Eu me diverti um dia de inverno com essa madeira pelo lago, quase meio quilômetro, patinando atrás dela com uma das extremidades de um tronco de quatro metros de comprimento no meu ombro e a outra deslizando sobre o gelo; ou amarrando vários troncos juntos com um cipó e, em seguida, com uma bétula ou amieiro mais longo, que tinha um gancho na ponta, os arrastava. Apesar de completamente encharcados, e quase tão pesados quanto chumbo, esses troncos não apenas queimavam por muito tempo, como também produziam um fogo muito intendo; até penso que eles queimavam melhor por terem ficado mergulhados; como se a resina, estando confinada pela água, queimasse por mais tempo, como em uma lâmpada.

    Gilpin, em seu relato sobre os habitantes da fronteira florestal da Inglaterra, diz que "as transgressões dos invasores e as casas e cercas erguidas nas fronteiras da floresta eram consideradas grandes incômodos pela antiga lei florestal e eram severamente punidas sob o nome de usurpação de terras, por tenderem *ad terrorem ferarum — ad nocumentum forestæ*, etc.", ou seja, à importunação dos animais com a caça e ao prejuízo da floresta. Eu, porém, estava mais interessado na preservação da carne de caça e da vegetação que os próprios caçadores ou lenhadores e tanto quanto se eu fosse o próprio Lord Warden. Se alguma parte da floresta fosse queimada, mesmo que por acidente, eu ficava triste com uma tristeza que durava mais tempo e era mais inconsolável do que a dos proprietários e afligia-me quando ela era derrubada pelos próprios proprietários. Eu gostaria que os agricultores, ao cortarem uma floresta, sentissem parte da reverência que os antigos romanos sentiam quando chegavam para clarear ou deixar entrar a luz em um bosque sagrado (*lucum conlucare*), ou seja, acreditassem que ela é sagrada para algum deus. Os romanos faziam uma oferta expiatória e oravam: "Qualquer que seja o deus ou deusa a quem este bosque seja sagrado, seja propício a mim, a minha família e a meus filhos, etc".

É notável o valor ainda atribuído à madeira mesmo nesta era e neste novo país, um valor mais duradouro e universal do que o do ouro. Apesar de todas as nossas descobertas e invenções, nenhum homem passará por um monte de madeira sem se importar. Ela é tão valiosa para nós como era para nossos ancestrais saxões e normandos. Se eles faziam seus arcos com ela, nós fazemos as coronhas de nossas armas com ela. Michaux, há mais de trinta anos, diz que o preço da madeira para combustível em Nova York e Filadélfia "quase iguala e às vezes excede o da melhor madeira em Paris, embora essa capital imensa requeira anualmente mais de trezentas mil cordas e seja cercada até uma distância de quatrocentos e oitenta quilômetros por planícies cultivadas".

Em minha cidade, o preço da madeira sobe constantemente, e a única questão é: quão mais alto será este ano do que foi no ano passado. Marceneiros e comerciantes que vêm pessoalmente à floresta sem nenhum outro objetivo, com certeza vão ao leilão de madeira e até pagam um alto preço pelo privilégio de pegá-las depois que o lenhador fizer seu trabalho. Já faz muitos anos que os homens recorrem à floresta para obter combustível e materiais para as artes; o homem da Nova Inglaterra e o homem da Nova Holanda, o parisiense e o celta, o fazendeiro e Robin Hood, Goody Blake e Harry Gill, na maior parte do mundo, o príncipe e o camponês, o erudito e o selvagem, requerem igualmente ainda alguns gravetos da floresta para aquecê-los e cozinhar sua comida. Nem eu poderia viver sem eles.

Todo homem olha para sua pilha de lenha com uma espécie de afeição. Adoro ter a minha diante da minha janela, e quanto mais madeira melhor para me lembrar do meu trabalho agradável. Eu tinha um velho machado que ninguém reclamou, com o qual, nos dias de inverno, no lado ensolarado da casa, aplanava os tocos que havia arrancado do meu campo de feijão. Como meu condutor profetizou, quando eu estava arando, eles me aqueceram duas vezes, uma vez enquanto eu os arrancava e outra quando eles estavam no fogo, nenhum combustível poderia fornecer mais calor. Quanto ao machado, fui aconselhado a fazer com que o ferreiro da vila fizesse sua "manutenção", mas eu fiz isso ao colocar um cabo de nogueira da floresta nele. Não era o ideal, mas pelo menos estava firme.

Alguns pedaços de pinho grosso eram um grande tesouro. É interessante lembrar quanto desse alimento para o fogo ainda está escondido nas entranhas da terra. Nos anos anteriores, eu costumava explorar alguma encosta nua de uma colina, onde antes havia um bosque de pinheiros, e extrair as grossas raízes de pinheiros. São quase indestrutíveis. Tocos de trinta ou quarenta anos, pelo menos, ainda estarão intactos no interior, embora o alburno tenha se tornado humo, como percebe-se pelas escamas da casca grossa formando um anel na terra de dez ou doze centímetros de altura. Com machado e pá explora-se essa mina, e segue-se o estoque medular, amarelo como sebo de boi; é como se tivesse golpeado um veio de ouro, bem no fundo da terra. Comumente acendia meu fogo com as folhas secas da floresta, que eu havia guardado em meu galpão antes da chegada da neve. Nogueira verde finamente dividida faz os gravetos do lenhador, quando ele acampa na floresta. De vez em quando eu consigo um pouco. Quando os aldeões estavam acendendo suas fogueiras além do horizonte, eu também avisava aos vários habitantes selvagens do vale de Walden, com a fumaça da minha chaminé, que eu estava acordado.

> Fumaça de asas leves, pássaro icário,
> Moldando teus erros em teu voo diário,
> Cotovia sem canto, mensageira do raiozinho,
> Circulando acima dos vales como a teu ninho;
> Um sonho partindo de forma sombria
> Na visão da meia-noite, recolhendo teus atinos,
> À noite, velando as estrelas e de dia
> Escurecendo a luz e bloqueando os delírios;
> Vai meu incenso para cima desta lareira,
> E peça aos deuses que perdoem esta chama derradeira.

A madeira verde e dura, recém-cortada, embora eu tenha usado pouco dela, atendia ao meu propósito melhor do que qualquer outra. Às vezes deixava uma boa fogueira quando ia passar numa tarde de inverno e quando voltava, três ou quatro horas depois, ainda encontrava o fogo vivo e com chamas. Minha casa não ficava vazia, embora eu tivesse saído. Era como se eu mantivesse uma alegre governanta. Era eu e a Chama que vivíamos lá e geralmente minha governanta provava ser confiável. Um dia, porém, enquanto cortava lenha, pensei em olhar pela janela para ver se a casa não estava pegando fogo — foi a única vez que me lembro de ter ficado particularmente preocupado a esse respeito —, então olhei e vi que uma faísca havia atingido minha cama, entrei e a apaguei quando ela já tinha queimado uma região tão grande quanto a minha mão. Como minha casa ocupava uma posição muito ensolarada e protegida, e seu telhado era bem baixo, eu podia deixar o fogo apagar-se no meio de quase todos os dias de inverno.

As toupeiras entravam no meu porão, mordiscavam algumas batatas e faziam camas, confortáveis, com alguns fios, deixados durante o reboco, e com papéis, pois mesmo os animais mais selvagens amam o conforto e o calor tanto quanto o homem, e eles sobrevivem ao inverno apenas porque protegem-se. Alguns de meus amigos falavam que mudei-me para a floresta com o propósito de me congelar. O animal apenas faz uma cama, que aquece com o corpo, em local resguardado; já o homem, tendo descoberto o fogo, encaixota um pouco de ar em um lugar espaçoso e o aquece para não privar--se do calor; faz dele sua cama, na qual pode mover-se despojado de roupas mais pesadas, mantendo quase um verão no meio do inverno, e por meio de janelas, de vidro, deixar entrar a luz, e com uma lâmpada prolongar o dia. Assim, ele vai um ou dois passos além do instinto e reserva um pouco de tempo para as artes plásticas.

Quando, depois de muito tempo exposto às mais rudes rajadas, todo o meu corpo começava a ficar entorpecido, eu procurava a atmosfera aquecida da minha casa e logo recuperava minhas faculdades e parecia haver revivido. Nem o morador mais luxuoso pode gabar-se desse conforto e ninguém precisa de preocupar em especular como a raça humana será finalmente destruída. Seria fácil cortar seus fios a qualquer momento com uma rajada um pouco mais forte do vento norte. Continuamos contando as sextas-feiras frias e as grandes nevascas, mas uma sexta-feira um pouco mais fria, ou mais neve, colocaria um ponto final na existência do homem no globo terrestre.

No inverno seguinte, usei um pequeno fogão para economizar, já que não era o dono da floresta, mas ele não mantinha o fogo tão bem quanto a lareira. Cozinhar era então, em grande parte, não mais um processo poético, mas apenas químico. Em breve se esquecerá, pelo uso dos fogões, que costumávamos assar batatas nas cinzas, à moda indígena. O fogão não só ocupava espaço e aromava a casa, mas também escondia o fogo, e eu sentia como se tivesse perdido um companheiro. Sempre um rosto pode ser divisado no fogo. O trabalhador, olhando para ele à noite, purifica seus pensamentos da escória e da lama que eles acumularam durante o dia. Eu já não podia mais sentar-me e olhar para o fogo, e as palavras pertinentes a um poeta voltaram a mim com nova força:

"Nunca, chama brilhante, pode ser negada a mim
A tua querida imagem da vida, simpatia sem fim.
O que senão minhas esperanças dispararam sempre tão brilhantes?
O que senão minhas fortunas afundaram tanto nas noites?
Por que fostes banida de nossas lareiras e salas?
Tu que és bem-vinda e amada por todas as alas.
A tua existência era muito fantasiosa
Para a luz comum da nossa vida ociosa?
Teu brilho conversa misteriosa manteve
Com nossas almas e segredos deteve?
Bem, estamos seguros e fortes, por enquanto nos sentamos
Ao lado de uma lareira onde nenhuma sombra vaga enxergamos,
Onde nada alegra nem entristece, mas o fogo
que aquece pés e mãos... nem aspira mais rogo.
Dispondo do fogo utilitário e compacto,
O presente pode sentar e dormir rápido,
Sem temer os fantasmas que do passado sombrio caminharam,
E conosco a luz desigual da velha lenha conversaram".

ANTIGOS HABITANTES E VISITANTES DE INVERNO

Passei algumas robustas tempestades de neve e interessantes noites de inverno ao lado da minha lareira, enquanto a neve girava violentamente lá fora, e até o pio da coruja era abafado. Por muitas semanas, não encontrei ninguém em minhas caminhadas, exceto aqueles que vinham ocasionalmente para cortar lenha e levá-la de trenó até a vila. As marcas deixadas pelos trenós ajudaram-me a fazer um caminho através da neve mais profunda, pois quando eu passei o vento soprou as folhas de carvalho em minhas pegadas, onde elas se alojaram e, ao absorverem os raios do sol, derreteram a neve, e assim não apenas fizeram uma trilha seca para os meus pés, como também marcaram uma linha escura que foi, à noite, o meu guia. Para a companhia humana, fui obrigado a invocar os antigos ocupantes dessas florestas. Na memória de muitos de meus concidadãos, a estrada perto da qual fica minha casa ressoava as risadas e falatórios dos habitantes, e os bosques que a cercam eram entalhados e pontilhados aqui e ali com seus pequenos jardins e habitações, embora na época fossem muito mais fechados pela floresta do que agora. Em alguns lugares, pelo que me lembro, os pinheiros raspavam os dois lados de uma carruagem ao mesmo tempo, e mulheres e crianças que eram obrigadas a irem sozinhas e a pé por esse caminho até Lincoln o faziam com medo, e muitas vezes corriam boa parte do percurso. Embora fosse uma humilde rota para as vilas vizinhas, ou para os lenhadores outrora divertia o viajante mais do que agora, por sua variedade, e perdurava por mais tempo em sua memória. Onde agora campos abertos e firmes se estendem da vila até a floresta, corria um caminho por um pântano de bordo sobre uma fundação de toras, cujos restos, sem dúvida, ainda estão por baixo da atual estrada empoeirada que vai da fazenda de Stratton, agora um asilo, até a colina de Brister.

A leste de meu campo de feijão, do outro lado da estrada, vivia Cato Ingraham, escravo de Duncan Ingraham, escudeiro, cavalheiro, da vila de Concord, que construiu uma casa para ele e lhe deu permissão para morar na floresta de Walden; Cato, não *Uticensis*, mas *Concordiensis*. Alguns dizem que ele era um negro da Guiné. Há alguns que se lembram de seu pequeno terreno entre as nogueiras, que ele pretendia cuidar até ficar velho e precisar das árvores, mas um especulador mais jovem e branco ficou com elas por fim e hoje ocupa uma casa igualmente pequena. O porão meio destruído da casa de Cato ainda existe, embora conhecido por poucos, sendo escondido do viajante por uma franja de pinheiros. Agora está cheio de sumagre (*Rhus glabra*) e uma das primeiras espécies de vara de ouro (Solidago stricta) cresce lá luxuriosamente.

Aqui, bem no canto do meu campo, ainda mais perto da cidade, ficava a casinha de Zilpha, uma mulher negra, onde fiava linho para os habitantes da cidade e fazia o bosque de Walden ressoar o seu canto estridente, pois ela tinha uma voz alta e notável. Por fim, na guerra de 1812, sua residência foi incendiada por soldados ingleses, prisioneiros em liberdade condicional, quando ela estava fora, e seu gato, cachorro e galinhas foram todos queimados juntos. Levava uma vida difícil e um tanto desumana. Um velho frequentador desses bosques lembra que, ao passar pela casa dela certa tarde, ouviu-a murmurar para si mesma sobre a panela gorgolejante: "Vocês são todos ossos, ossos!".

Nesse local vi tijolos em meio ao bosque de carvalhos.

Descendo a estrada, à direita, na colina de Brister Hill, vivia Brister Freeman, um negro habilidoso — outrora escravo do escudeiro Cummings — afastado, ainda crescem as macieiras que Brister plantou e cuidou; árvores grandes e velhas agora, mas seus frutos ainda silvestres e cidra para o meu gosto. Não faz muito tempo, li no epitáfio do seu túmulo no antigo cemitério de Lincoln, um pouco afastado, perto das sepulturas anônimas de alguns granadeiros britânicos que caíram na retirada de Concord, a denominação "Sippio Brister" — uma honrosa alusão a Cipião Africano —, "um homem de cor", como se fosse descolorido. Também constava, com ênfase impressionante, quando ele morreu; o que era uma maneira indireta de afirmar que ele viveu. Com ele morava Fenda, sua esposa hospitaleira, que lia a sorte jocosamente — grande, redonda e negra, mais negra do que qualquer uma das filhas da noite, um orbe tão escuro como nunca surgiu em Concord antes ou depois.

Mais abaixo na colina, à esquerda, na velha estrada na floresta, há marcas de uma propriedade da família Stratten; cujo pomar outrora cobria toda a encosta da colina de Brister, mas há muito tempo foi morto por pinheiros, exceto alguns tocos, cujas velhas raízes ainda fornecem as mudas para as muitas árvores frutíferas da vila.

Mais perto ainda da cidade, fica, Breed, do outro lado do caminho, bem na beira da floresta; terreno famoso pelas travessuras de um demônio, não nomeado distintamente na mitologia antiga, que desempenhou um papel proeminente e surpreendente em nossa vida na Nova Inglaterra e merece, tanto quanto qualquer personagem mitológico, ter sua biografia escrita um dia. Chega disfarçado de amigo ou colaborador e depois destrói todos os valores e mata a família — o rum da Nova Inglaterra. A história ainda não vai contar as tragédias acontecidas aqui; será preciso o tempo intervir de alguma forma para suavizá-la e dar um tom azul a elas. A memória mais indistinta e duvidosa diz que nesse lugar existiu uma taberna; também um poço, que temperava a bebida do viajante e refrescava seu cavalo. Aqui, então, os homens se cumprimentavam, ouviam e contavam as novidades e seguiam seus caminhos novamente.

A cabana de Breed ainda estava de pé até uma dúzia de anos atrás, embora estivesse desocupada há muito tempo. Era mais ou menos do tamanho da minha. Foi incendiada por meninos travessos, em uma noite de eleição, se não me engano. Eu morava na periferia do vilarejo e havia *acabado de me perder no Gondibert* de Davenant, naquele inverno em que sofri com uma letargia — que, aliás, nunca soube se deveria considerar uma predisposição familiar, tendo um tio que dorme barbeando-se e é obrigado a limpar as batatas do seu porão aos domingos, a fim de ficar acordado para cumprir suas obrigações religiosas, ou como consequência da minha tentativa de ler a coleção de poesia inglesa de Chalmers sem pular nenhum verso; o que abalou bastante os meus nervos. Tinha acabado de concentrar-me na leitura quando os sinos tocaram avisando do fogo e, na pressa, os motores seguiram naquela direção, liderados por uma tropa dispersa de homens e meninos, e eu entre os primeiros, pois havia saltado o riacho do sono. Pensávamos que o incêndio era mais ao sul, após a floresta — nós já havíamos corrido para ver outros incêndios antes —, em algum celeiro, loja ou casa de habitação, ou todos juntos. "É o celeiro de Baker", gritou um. "É a casa de Codman", afirmou outro. E então, novas faíscas subiram acima do bosque, como se um telhado tivesse desabado, e todos nós gritamos "Concord ao resgate!". Vagões passavam com velocidade furiosa levando, talvez, entre os demais, o agente da Companhia de Seguros, que era obrigado a acompanhar qualquer sinistro. Amiúde a sirene dos bombeiros tilintava atrás, mais lenta e segura; e na retaguarda de todos, como depois foi comentando, vinham aqueles que atearam o fogo e soaram o alarme. Assim continuamos como verdadeiros idealistas, rejeitando as evidências de nossos sentidos, até que numa curva da estrada ouvimos o crepitar e realmente sentimos o calor do fogo que saía por cima do muro, e percebemos, ai de nós, que estávamos lá. A própria proximidade do fogo esfriou nosso ardor. A princípio pensamos em jogar um pouco de água, mas decidimos deixar a cabana queimar; estava perdida, era inútil qualquer tentativa de salvá-la. Ficamos em volta do "nosso" incêndio, empurrando uns aos outros, expressando nossos sentimentos por meio de trombetas ou, em tom mais baixo, nos referindo às grandes conflagrações que o mundo testemunhou, incluindo a loja de Bascom, e, entre nós, pensamos que, se estivéssemos lá com nossos bombeiros e um poço de água, poderíamos transformar aquele trágico incêndio universal em outro dilúvio. Por fim, retiramo-nos sem fazer mal nenhum; eu voltei ao sono e para *Gondibert*. Quanto a *Gondibert*, gostaria de excluir aquela passagem no prefácio sobre a inteligência ser a pólvora da alma... "mas a maioria da humanidade é estranha à inteligência, como os indígenas o são à pólvora".

Por acaso, na noite seguinte, mais ou menos na mesma hora que acontecera o incêndio, caminhei por ali pelos campos e, ouvindo um gemido baixo naquele local, aproximei-me no escuro e vi o único sobrevivente da família que conheço, o herdeiro das suas virtudes e dos seus vícios, que era o único interessado nesse incêndio, deitado de bruços e olhando por cima da parede do porão para as cinzas ainda fumegantes embaixo, murmurando para si mesmo, como é de seu costume. Ele havia trabalhado longe, nos prados do rio, o dia todo e usou os primeiros momentos que pôde chamar de seus para visitar a casa dos pais e da sua juventude. Ele examinava o porão por todos os lados e ângulos sempre deitado sobre ele, como se houvesse algum tesouro, escondido entre as pedras, onde não havia absolutamente nada além de um monte de tijolos e cinzas. A casa tinha desaparecido; ele olhava para o que restava. Ele se acalmou com o amparo que minha mera presença implicava e me mostrou, tanto quanto a escuridão permitia, onde o poço coberto ficava e, graças a Deus, nunca poderia ser queimado. Ele tateou por muito tempo ao longo da parede para encontrar o instrumento de tirar água do poço que seu pai havia cortado e montado, procurando o gancho de ferro ou grampo no qual havia sido preso um peso. — tudo a que ele agora podia se agarrar —, para me convencer de que não era um instrumento comum. Eu o toquei, e ainda o observo quase diariamente em minhas caminhadas, pois dele pende a história de uma família.

Ainda à esquerda, onde se avistam o poço e os lilases junto ao muro, no campo, agora, aberto, viviam Nutting e Le Grosse. Voltemos para Lincoln.

Mais no interior na floresta do que qualquer um desses, onde a estrada se aproxima mais do lago, Wyman, o oleiro, instalou-se e fornecia a seus concidadãos utensílios de barro; deixou descendentes para sucedê-lo na função. Nenhum desses era em bens mundanos, mantiveram a terra por persistência enquanto viveram; e lá muitas vezes o xerife aparecia, em vão, para recolher os impostos e "confiscava uma madeira", por uma questão de formalidade, como li em seus aposentos, não havendo mais nada em que ele pudesse colocar as mãos. Um dia, no meio do verão, quando eu estava capinando, um homem, que carregava uma carga de cerâmica para o mercado, parou seu cavalo perto do meu campo e perguntou sobre Wyman, o filho. Há muito tempo havia comprado uma roda de oleiro dele e desejava saber o que havia acontecido com ele. Eu li sobre a argila e a roda do oleiro nas Escrituras, mas nunca me ocorreu que os potes que hoje usavam não eram os mesmos desde aqueles dias, ou crescidos em árvores como as cabaças; e fiquei satisfeito em ouvir que uma arte tão única já foi praticada em minha vizinhança.

O último habitante desta floresta, antes de mim, foi um irlandês, Hugh Quoil (se é que escrevi o nome dele com todas as curvas), que ocupava o terreno de Wyman — Coronel Quoil, ele era chamado. Rumores diziam que ele fora soldado em Waterloo. Se ele ainda estivesse vivo, eu o teria feito travar suas batalhas novamente. Seu ofício aqui era o de escavador de valas. Napoleão foi para Santa Helena; Quoil veio para os bosques de Walden. Tudo o que sei dele é trágico. Ele era um homem de boas maneiras, como alguém que já viu o mundo, e era capaz de um discurso inspirador, informativo e impactante. Usava um grande casaco, mesmo no verão, e era afetado pelo *delirium tremens*, e seu rosto era da cor do carmim. Ele morreu na estrada ao pé da colina de Brister logo depois que cheguei à floresta, de modo que não me lembro dele como vizinho. Antes de sua casa ser demolida, quando as pessoas a evitavam como a "um castelo azarado", eu a visitei. Lá estavam suas roupas velhas enroladas, como se fossem ele mesmo, sobre sua cama de tábuas elevadas; um cachimbo quebrado na lareira, em vez de uma tigela quebrada na fonte. Esta nunca poderia ter sido o símbolo de sua morte, pois ele me confessou que, embora tivesse ouvido falar da fonte de Brister, nunca a tinha visto. Cartas sujas, reis de ouros, espadas e copas, estavam espalhadas pelo chão. Uma galinha preta, que o administrador não conseguiu pegar, preta e silenciosa como a noite nem mesmo piava esperando Reynard, foi se empoleirar no cômodo ao lado. Ao fundo tinha o contorno indistinto de um jardim plantado, mas que nunca recebera a primeira capina, por causa daqueles tremores terríveis que Quoil apresentava, embora já fosse tempo de colheita. Estava infestado de absinto romano e carrapichos que grudaram em minhas roupas. A pele de uma marmota foi recentemente estirada nos fundos da casa, um troféu da sua última Waterloo, mas ele não precisava mais de nenhum gorro quente ou luvas.

Apenas uma depressão na terra marca o local dessas habitações, com pedras de porões destruídos, e morangos, framboesas, bagas de dedais, arbustos de avelã e sumagres crescendo no gramado ensolarado. Algum pinheiro ou carvalho nodoso ocupa o que era o recanto da chaminé, e uma bétula negra de cheiro doce, ondula onde estava a pedra da porta. Não vi a cavidade do poço, onde antes escorria uma nascente; ali só se via grama seca. É provavelmente que tenha sido exageradamente coberto — para não ser descoberto até algum dia tardio — com uma pedra plana sob o gramado, quando o último da corrida partiu. Que ato doloroso deve ser esse — cobrir um poço! Coincidente com a abertura de poços de lágrimas. Destroços de porões, abandonadas tocas de raposa, velhos arbustos, são tudo o que resta onde antes havia agitação e labuta da vida humana, e onde, sob conceitos distintos "destino, livre-arbítrio e presciência absoluta", eram alternadamente discutidos. Tudo o que aprendi com tais discussões equivale a apenas: "Cato e Brister tiravam lã"; que é tão edificante quanto a história das escolas de filosofia mais famosas.

Ainda cresce o lilás vivaz uma geração após a porta, o lintel e o peitoril se forem, desdobrando suas flores perfumadas a cada primavera, para serem colhidas pelo viajante pensativo; o último daquela estirpe, único sobrevivente daquela família, foi plantado e cuidado por mãos de crianças, em jardim dos fundos, agora cresce ao lado dos muros em pastos aposentados e vai dando lugar a novos arbustos. Mal pensavam as crianças pretas que a pequenininha muda com apenas dois brotos, que eles enfiaram no chão à sombra da casa e regavam diariamente, se enraizaria assim e sobreviveria a eles abrigando-se na parte traseira da casa que a sombreava. Apoderou-se do jardim e do pomar do homem adulto, e conta a sua história, ao andarilho solitário, meio século depois de ter nascido e crescido — florescendo com tanta beleza e cheirando tão docemente quanto na primeira primavera. Destaco suas cores ainda ternas, frescas, alegres e lilases.

Por que esta pequena vila, germe de algo maior, falhou enquanto Concord mantém sua posição? Não havia ali vantagens naturais e privilégios de água farta? Sim, o profundo lago Walden e a fresca fonte de Brister — privilégio de beber longos e saudáveis goles neles, mas não usufruído por muitos homens, exceto para diluir suas bebidas. Esses eram uma raça sedenta. Os negócios de cestaria, vassoura de estábulo, fabricação de esteiras, secagem de milho, fiação de linho e cerâmica não poderiam ter prosperado aqui, fazendo o deserto florescer como a rosa, e numerosas posteridades herdassem a terra de seus pais? O solo estéril teria pelo menos sido um empecilho à degeneração das terras baixas. Ora, quão pouco a memória desses habitantes humanos realça a beleza da paisagem! Mais uma vez, talvez, a Natureza tente — tendo-me como primeiro colono, e fazendo com que a minha casa construída, na primavera passada, venha ser a mais antiga da vila.

Não sei se algum homem já construiu no local que ocupo. Livra-me de uma cidade construída no local de uma cidade mais antiga, cujos materiais são ruínas, cujos jardins são cemitérios; onde o solo é branqueado e amaldiçoado, e antes que isso se torne necessário, a própria Terra será destruída. Com tais reminiscências repovoei a mata e embalei meu sono.

No inverno, raramente recebi uma visita. Quando a neve caía mais forte, nenhum andarilho se aventurava por perto da minha casa por uma semana ou quinze dias, mas lá eu vivia tão confortável quanto um rato do prado, ou como gado e aves que dizem ter sobrevivido por muito tempo enterrados em montes de neve, mesmo sem comida; ou como a família daquele primeiro colono na cidade de Sutton, neste estado, cuja cabana foi completamente coberta pela grande neve de 1717 quando ele estava ausente, e um indígena a encontrou apenas pelo buraco que a fumaça da chaminé fez no monte, e assim salvou a família. Nenhum indígena amigo se preocupou comigo; nem eu precisava dele, pois o dono da casa estava em casa. A Grande Neve! Como é alegre ouvir isso! Quando os fazendeiros não conseguiam chegar às matas e pântanos com suas parelhas, e eram obrigados a cortar as árvores de sombra diante de suas casas, e quando a crosta era mais dura, cortavam as árvores nos pântanos, a três metros do chão, como apareceu na primavera seguinte.

Nas neves mais fortes, o caminho que usava da estrada até minha casa, com cerca de oitocentos metros, poderia ser representado por uma linha pontilhada sinuosa, com grandes intervalos entre os pontos. Durante uma semana de tempo estável dei exatamente o mesmo número de passos, e do mesmo tamanho, indo e vindo, pisando deliberadamente e com a precisão de um compasso em minhas próprias pegadas profundas — a tal rotina o inverno nos reduz... ainda assim, muitas vezes elas estavam cheias do próprio azul do céu. Nenhum clima interferia fatalmente em minhas caminhadas, ou melhor, em minhas idas à floresta, pois frequentemente caminhava doze ou vinte e cinco quilômetros pela neve mais profunda para encontrar uma faia, ou uma bétula amarela, ou um velho conhecido entre os pinheiros, quando o gelo e a neve, envergavam os seus galhos e afiavam seus topos, transformando-os em abetos. Subindo até o topo das colinas mais altas, quando a neve estava com quase meio metro de altura, eu provocava outra tempestade de neve, sobre a minha cabeça, a cada passo; às vezes rastejava e ou andava de quatro sobre minhas mãos e joelhos, quando os caçadores estavam nos quartéis de inverno. Uma tarde diverti-me observando uma coruja (*Strix nebulosa*) sentada em um dos galhos mortos de um pinheiro-branco, perto do tronco, em plena luz do dia, e a cinco metros de mim. Ela podia me ouvir quando eu me movia ou andava na neve, mas não podia me ver claramente. Quando eu fazia mais barulho, ela esticava o pescoço, erguia as penas do pescoço e arregalava os olhos, mas as suas pálpebras em breve fechavam-se de novo, ela recomeçava o cochilo. Eu também senti uma influência sonolenta depois de observar por meia hora, sentado com os olhos meio abertos, como um gato, uma irmã alada do gato. Havia apenas uma fenda estreita deixada entre suas pálpebras, pela qual preservou uma relação peninsular comigo; assim, com os olhos semicerrados, olhando da terra dos sonhos, e tentando me perceber, eu, um vago objeto ou cisco que interrompia suas visões. Por fim, com algum ruído mais alto ou com minha aproximação, ela demonstrava confiança e se virava lentamente em seu poleiro, como se impaciente por ter seus sonhos perturbados; e quando se lançou e voou entre os pinheiros, abrindo as asas em uma amplitude admirável, não ouvi o menor som vindo dela. Assim, guiada entre os ramos dos pinheiros mais por um delicado senso de vizinhança do que pela visão, sentindo seu caminho crepuscular com suas asas sensíveis, ela encontrou um novo poleiro, onde poderia esperar em paz o amanhecer de um novo dia.

Enquanto caminhava pelo longo caminho feito para a ferrovia no meio dos prados, encontrei muitos ventos fortes e cortantes, pois em nenhum lugar ele é mais livre; e quando a geada me atingiu em uma face, virei para ela a outra também, apesar de não ser cristão. Também não era muito melhor a situação na estrada onde transitavam os carros, na colina de Brister Cheguei à cidade, como um indígena esperto, quando a neve dos campos abertos estava todo empilhada nas laterais da estrada de Walden e meia hora era o suficiente para obliterar os rastros do último viajante. E quando voltei, novos montes haviam se formado, nos quais eu tropeçava, onde o forte vento noroeste estava depositando a neve em pó em um ângulo agudo da estrada; nem o rastro de um coelho, nem mesmo a pegada do menor rato podia ser vista. Sempre encontrei mesmo no meio do inverno, algum pântano tépido e primaveril onde a grama ainda brotava com seu verde perene, e onde algum pássaro mais resistente esperava o retorno da primavera.

Às vezes, apesar da neve, quando voltava de minha caminhada à noite, cruzava com os rastros profundos de um lenhador saindo de minha porta e encontrava uma pilha de aparas na lareira, e minha casa com o cheiro de seu cachimbo. Ou num domingo à tarde, se por acaso estivesse em casa, ouvia o rangido da neve feito pelo passo de um lavrador cabeçudo, que de longe pelo mato, à procura da minha casa, para conversar um pouco; um dos poucos com a vocação de "homem da fazenda"; vestia uma roupa de trabalho em vez de um avental de professor e está tão pronto para extrair a moral da Igreja ou do Estado quanto para transportar uma carga de esterco do seu curral. Conversávamos sobre tempos rudes e simples, quando os homens se sentavam ao redor de grandes fogueiras em clima frio e revigorante, com as cabeças lúcidas; e quando faltava sobremesa, testávamos nossos dentes nas muitas nozes que os esquilos sábios há muito abandonaram, pois aquelas que têm as cascas mais grossas geralmente estão vazias.

Quem veio de mais longe para a minha cabana, enfrentando as neves mais severas e as tempestades mais sombrias, foi um poeta. Um fazendeiro, um caçador, um soldado, um repórter, até mesmo um filósofo, podem se assustar, mas nada pode deter um poeta, pois, ele é movido por puro amor. Quem pode prever suas idas e vindas? Seu negócio o chama a qualquer hora, mesmo quando os médicos dormem. Fizemos aquela pequena casa vibrar com ruidosa alegria e ressoar com o murmúrio de muita conversa sóbria, redimindo-nos então ao vale do Walden pelos longos silêncios. A Broadway estaria enfadonha em comparação. Em intervalos, havia saudações regulares de risadas, que poderiam referir-se indiferentemente ao último comentário proferido ou à próxima piada. Fizemos muitas teorias da vida "sem migalhas" sobre um prato ralo de mingau, que combinava as vantagens do convívio com a lucidez que a filosofia exige.

Não devo esquecer que durante meu último inverno no lago houve outro visitante bem-vindo, que veio pela vila, desfiando a neve, a chuva e a escuridão, até que viu a luz da minha cabana por entre as árvores e compartilhou comigo longas noites de inverno. Um dos últimos filósofos — Connecticut o deu ao mundo. Primeiro ele vendeu produtos, depois, como ele declara, seus miolos. Esses ele ainda vende, afirmando a existência de Deus e desgraçando o homem quando considera como fruto apenas o seu cérebro, como a casca da noz e sua semente. Acho que ele deve ser o homem de mais fé de todos os vivos. Suas palavras e atitudes sempre supõem um estado de coisas melhor que aquele ao qual os outros homens estão familiarizados, e ele será o último homem a se decepcionar com o avanço dos tempos. Ele não tem nenhum empreendimento no presente e ainda que desconsiderado agora, chegará o dia em que leis insuspeitas pela maioria entrarão em vigor, e mestres de famílias e governantes virão a ele em busca de conselhos.

"Quão cegos os que não conseguem ver a serenidade!"

Um verdadeiro amigo do homem; quase o único amigo do progresso humano. Uma Velha Mortalidade, digamos antes, uma Imortalidade, com incansável paciência e fé fazia clara a imagem gravada nos corpos dos homens — a do Deus de quem eles são apenas monumentos desfigurados e miseráveis. Com seu intelecto hospitaleiro, ele abraça crianças, mendigos, loucos e estudiosos, e entretém o pensamento de todos acrescentando-lhes comumente alguma amplitude e elegância. Acho que ele deveria manter uma pousada na estrada do mundo, onde filósofos de todas as nações pudessem se hospedar, e em sua entrada deveria estar impresso: "Descanso para o homem, mas não para sua besta. Entrem aqueles que têm lazer e uma mente quieta, que buscam sinceramente o caminho certo". Ele é talvez o homem mais são e com o menor número de manias que eu conheça; o mesmo ontem e amanhã. Passeamos conversando e efetivamente deixando o mundo para trás, pois ele não estava comprometido com nenhuma instituição, nasceu livre, ingênuo. Para qualquer lado que fôssemos, parecia que os Céus e a Terra se encontravam, pois ele realçava a beleza da paisagem de uma forma única. Um homem vestido de azul, cujo teto mais adequado é o céu abrangente que reflete sua serenidade. Não cogito que ele possa morrer um dia, mas a natureza não pode poupá-lo.

Tendo cada um algumas lascas de pensamento bem secas, sentamos e as talhamos, experimentando nossas facas e admirando o grão claro e amarelado do pinheiro. Vadeamos com tanta delicadeza e reverência, as águas e revolvemo-las com tanta suavidade que os peixes do pensamento não se assustaram com o riacho, nem temeram nenhum pescador na margem, mas iam e vinham grandiosamente, como as nuvens que flutuavam pelo céu ocidental, e os bandos de madrepérola que se formavam e dissolviam-se. Elucidamos revisando a mitologia, contornando uma fábula aqui e ali, e construindo castelos no ar para os quais a terra não oferecia fundamento digno. Grande Observador! Grande Expectador! Conversar com ele era como aproveitar uma noite de entretenimento na Nova Inglaterra. Ah!, uma conversa que tivemos a três — o eremita e filósofo, o velho colono de quem já falei, e eu —, expandiu e inundou minha casinha. Não ousaria dizer quantas libras de peso havia na pressão atmosférica em cada centímetro quadrado daquela casa; o êxtase abriu suas emendas de modo que tiveram que ser calafetadas para impedir o vazamento consequente — mas eu já estava preparado para esse tipo de explosão.

Houve um outro homem com quem tive "trocas sólidas", que serão lembradas por muito tempo. Conversamos em sua casa na vila, e também quando me visitava de tempos em tempos. Ele era a companhia que eu tinha por lá.

Também aqui, como em todo o lado, às vezes esperava o Visitante que nunca veio. O *Vishnu Purana* diz: "O dono da casa deve permanecer, no entardecer, em seu pátio o tempo necessário para ordenhar uma vaca, ou mais, se ele quiser, aguardando a chegada de um visitante". Frequentemente cumpria esse dever de hospitalidade e esperava o suficiente para ordenhar todo um rebanho de vacas, mas não via um homem se aproximando.

ANIMAIS DE INVERNO

Quando os lagos estavam firmemente congelados, ofereciam não apenas rotas novas e mais curtas para muitos pontos, mas também novas vistas, em suas superfícies, da paisagem familiar ao seu redor. Quando atravessei o lago Flint, depois de coberto de neve, embora muitas vezes tivesse remado e patinado sobre ele, achei-o tão inesperadamente largo e tão estranho que não conseguia pensar em nada além da baía de Baffin. As colinas de Lincoln se erguiam ao meu redor na extremidade de uma planície nevada, na qual eu não me lembrava de ter estado antes; e os pescadores, a uma distância indeterminada sobre o gelo, movendo-se lentamente com seus cães lupinos, passavam por caçadores de focas ou esquimós, ou na neblina apareciam como criaturas fabulosas, e eu não sabia se eram gigantes ou pigmeus. Fazia esse curso quando fui dar uma palestra em Lincoln à noite; não havia nenhuma estrada e nenhuma casa entre minha própria cabana e a sala de palestras. No lago Goose, que ficava no meu caminho, vivia uma colônia de ratos-almiscarados que erguiam suas cabanas bem em cima do gelo, embora nenhuma fosse visto quando eu o atravessava.

Walden, sendo como o resto, geralmente sem neve, ou com apenas montes rasos e interrompidos, era meu quintal, onde eu podia andar livremente quando a neve tinha quase meio metro de altura em outros lugares e os aldeões estavam confinados a suas ruas. Lá, longe das ruas da vila, e exceto em intervalos muito longos, do tinir dos sinos dos trenós, eu deslizava como em um vasto pátio de alces bem trilhado, coberto por bosques de carvalhos e pinheiros solenes curvados com neve eriçado de gelo.

Como som das noites de inverno, e frequentemente dos dias de inverno, ouvia a nota triste, mas melodiosa de uma coruja piando indefinidamente longe; um som como o mundo congelado faria se fosse golpeado com uma palheta adequada; era a própria língua vernácula da floresta de Walden, e finalmente bastante familiar para mim, embora eu nunca tenha visto a ave enquanto ela cantava. Raramente abri minha porta em uma noite de inverno sem ouvir Hoo hoo hoo, hooer, hoo, soava sonoramente, e os três primeiros piados eram acentuados como se dissessem "how der do", e, às vezes apenas "hoo hoo". Certa noite, no início do inverno, antes que o lago congelasse, por volta das nove horas, fiquei assustado com o alto grasnar de gansos e, caminhando até a porta, ouvi o som do bater de suas asas como uma tempestade na floresta enquanto voavam baixo sobre minha casa. Eles passaram sobre o lago em direção a Fair Haven, aparentemente dissuadidos de se estabelecerem por causa da minha casa; o ganso guia grasnava a espaço regulares. De repente uma inconfundível coruja, muito próxima de mim, com a voz mais áspera e forte que já ouvi de qualquer habitante da floresta, respondeu, a intervalos regulares, ao ganso determinada a expor e a assustar esse intruso da baía de Hudson, exibindo uma maior intimidade e volume de voz de um nativo, para expulsá-lo do horizonte de Concord. "O que você quer ao alarmar a cidadela a esta hora da noite consagrada a mim? Você acha que alguma vez fui pega cochilando a essa hora dessas e que não tenho pulmões e garganta tão bons quanto você? Boo-hoo, boo-hoo, boo-hoo!" Foi uma das discussões mais emocionantes que já ouvi. E, no entanto, quem tivesse um ouvido perspicaz, perceberia nela os elementos de uma concórdia como essas planícies nunca ouviram!

Também ouvia o barulho do gelo no lago, meu grande companheiro de quarto naquela parte de Concord, como se estivesse inquieto em sua cama e quisesse se virar, sofresse de flatulência e tivesse sonhos ruins; também era acordado pela rachadura do solo sob a geada, sentia como se alguém tivesse empurrado uma parelha contra a minha porta e pela manhã encontrava uma rachadura na terra com trezentos metros de comprimento e um centímetro de largura.

Às vezes eu ouvia as raposas andando sobre a crosta de neve, em noites de luar, em busca de uma perdiz ou outro animal, esganiçado de forma louca e demoníaca como cães da floresta, como se estivessem lutando com alguma ansiedade, ou procurando comunicação, lutando por luz e para serem simples cachorros e correrem livremente nas ruas, pois se levarmos em conta as eras, não pode haver uma mutação acontecendo entre os animais, assim como entre os homens? Pareciam-me homens rudimentares, escavadores, de pé para sua defesa, esperando sua transformação. Raramente, uma raposa chegava perto da minha janela atraída pela luz, regougava uma maldição vulpina para mim e depois recuava.

Normalmente o esquilo-vermelho (*Sciurus Hudsonius*) me acordava de madrugada, correndo sobre o telhado e subindo e descendo pelas laterais da casa, como se enviado da mata para esse fim. No decorrer do inverno, joguei meio alqueire de espigas de milho-doce, que não estavam maduras, na crosta de neve perto da minha porta e me diverti observando os movimentos dos vários animais que eram atraídos por elas. No crepúsculo e à noite, os coelhos vinham regularmente e faziam uma refeição farta. Durante todo o dia os esquilos-vermelhos iam e vinham, e me proporcionavam muito entretenimento com suas manobras. Tinha vários movimentos para a aproximação: cautelosamente através dos arbustos de carvalho; correndo sobre a crosta de neve aos trancos e barrancos como uma folha soprada pelo vento; ora com alguns passos com velocidade espantosa e desperdício de energia uma ligeireza inconcebível com seus "trotadores", como se fosse uma aposta e muitos passos, quase pulos, para frente, mas nunca avançando mais do que dois metros de cada vez; parando repentinamente com uma expressão engraçada e uma cambalhota gratuita, como se todos os olhos do universo estivessem fixos nele — pois todos os movimentos de um esquilo, mesmo nos recessos mais solitários da floresta, implicam espectadores tanto quanto os de uma dançarina —, gastando mais tempo em paradas e circunspecção do que seria suficiente para percorrer toda a distância. Nunca vi um esquilo caminhar vagarosamente; antes que se diga Jack Robinson, ele estará no topo de um jovem pinheiro, dando corda em seu relógio e repreendendo todos os espectadores imaginários, soliloquiando e falando com todo o universo ao mesmo tempo — por razão que nunca pude detectar, ou que ele próprio estivesse ciência, eu suspeito. Por fim ele alcançava o milho e, selecionando uma espiga, subia da mesma forma trigonométrica incerta até a vara mais alta da minha pilha de lenha, diante da minha janela, onde me olhava de frente e ali se sentava por horas, abastecendo-se com uma espiga nova de vez em quando, mordiscando a princípio com voracidade e jogando a espiga seminua de um lado para o outro; até ficar ainda mais delicado e brincar com sua comida, provando apenas o interior do caroço; e a espiga, que estava equilibrada sobre a vara por uma pata, escorregar de sua mão descuidada e cair no chão. Nessa hora, ele olhava para ela com uma expressão de incerteza, como se suspeitasse que ela tivesse vida, sem decidir se a pegaria de novo, se pegaria uma nova, ou partiria; ora observava milho, ora ouvia o que soprava o vento. Assim, o pequeno atrevido desperdiçava muitas espigas em uma manhã; finalmente, pegava uma espiga mais comprida e espessa, consideravelmente maior do que ele, e equilibrando-a com habilidade, corria para a floresta, como um tigre com um búfalo, fazia o curso em zigue-zague e com pausas frequentes, tropeçando por que a carga era muito pesada para ele e caia o tempo todo, fazendo a queda em diagonal entre uma perpendicular e uma horizontal, mas um esquilo é determinado — sujeito singularmente frívolo e caprichoso — e assim ele ia com a espiga para onde ele morava. Talvez a carregasse para o topo de um pinheiro a cerca de duzentos metros de distância. Depois eu encontraria os sabugos espalhados pela floresta, em várias direções.

Por fim chegam os gaios, cujos gritos discordantes foram ouvidos muito antes, enquanto se aproximavam cautelosamente a duzentos metros de distância e, de maneira furtiva e sorrateira, voam de árvore em árvore, cada vez mais perto, e pegam grãos que os esquilos deixaram cair. Então um deles, sentado em um galho de pinheiro, tenta engolir apressadamente um grão que é grande demais para sua garganta e o sufoca; e depois de muito trabalho, ele o vomitou e passou uma hora tentando quebrá-lo com repetidos golpes de seu bico. Eles eram ladrões e eu não tinha muito respeito por eles; já os esquilos, embora a princípio tímidos, agiam como se estivessem pegando o que era deles.

Vinham também os chapins em bandos, que, apanhando as migalhas que os esquilos deixavam cair, voavam para o ramo mais próximo e, colocando-as sob suas garras, rasgavam-se com seus pequenos bicos, como se fosse um inseto na casca, até que estivessem suficientemente reduzidas para passarem por suas gargantas delgadas. Um pequeno bando desses chapins vinha diariamente para colher o jantar na minha pilha de lenha, ou as migalhas na minha porta, com notas fracas, esvoaçantes, reproduziam o tilintar de pingentes de gelo na grama, ou então um alegre "dei dei dei", ou mais raramente, em dias de primavera, um magro um vindo do lado da floresta. Eles eram tão familiares que finalmente um deles pousou em uma braçada de madeira que eu carregava e bicou os galhos sem medo. Certa vez, tive um pardal pousado em meu ombro por um momento enquanto eu estava capinando um jardim do vilarejo e senti que era mais distinto por essa circunstância do que se usasse uma dragona. Os esquilos também se tornaram bastante familiares, e ocasionalmente pulavam em meu sapato, quando esse era o caminho mais curto.

Quando o solo não estava mais totalmente coberto, e novamente perto do final do inverno, quando a neve havia derretido na encosta sul da minha colina e em torno da minha pilha de lenha, as perdizes saíam da floresta de manhã e à noite para se alimentarem ali. Seja por qual for o lado que se ande na floresta, a perdiz sai voando com um zumbido de asas, sacudindo das folhas secas e dos galhos altos, a neve que desce pelos raios do sol como poeira dourada, pois esse bravo pássaro não se assusta com o inverno. É frequentemente coberto por montes de neve e, diz-se que "às vezes mergulha de ponta na neve macia, onde permanece escondido por um ou dois dias". Eu costumava afugentá-los também em campo aberto, porque eles saíam da floresta ao pôr do sol para "brotarem" nas macieiras silvestres. Eles pousam regularmente, todas as noites, em determinadas árvores, onde o astuto esportista os espera, e os pomares distantes, próximos à floresta, sofrem muito com isso. Fico feliz que a perdiz se alimente de qualquer maneira; é uma ave própria da Natureza que vive de brotos e água.

Em algumas escuras manhãs ou nas curtas tardes de inverno, eu ouvia uma matilha de cães atravessando toda a mata, com latidos e ganidos de caça, incapazes de resistir ao instinto, e ao som da buzina, provando que o homem estava na retaguarda. A floresta ressoava novamente, mas nenhuma raposa avança em direção ao lago, nem a matilha persegue seu Acteon. E às vezes à noite eu vejo os caçadores voltando, com uma única cauda peluda arrastada do seu trenó como um troféu, procurando sua pousada. Eles dizem que se a caça permanecesse no seio da terra congelada, ela estaria segura, ou se ela corresse em linha reta, nenhum cão de raposa poderia alcançá-la, mas tendo deixado seus perseguidores para trás, ela para descansar e ouvir até que eles apareçam e, quando recomeça a correr ela, circula em volta de seus antigos esconderijos, onde os caçadores a aguardam. Outras vezes, ela corre sobre um muro por muitos metros e depois pula para o lado, e parece saber que a água não reterá seu cheiro. Um caçador disse-me que certa vez viu uma raposa perseguida por cães irromper em Walden, quando o gelo estava coberto por poças rasas, correr até a metade e depois retornar à mesma margem. Em pouco tempo os cães chegaram, mas ali eles perderam o rastro. Certa vez um bando caçando sozinho passou em frente a minha porta e circulou em volta da minha casa, ganindo e perseguindo, sem me perceber, como se estivesse afligido por uma espécie de loucura, e nada poderia desviá-los da caça. Assim, eles circulam até encontrarem a trilha recente de uma raposa, pois um cão sábio abandonará todo o resto por isso. Um dia, um homem veio de Lexington a minha cabana para perguntar sobre seu cão que fez uma grande trilha e estava caçando sozinho há uma semana. Temo que ele não tenha percebido tudo o que lhe contei, pois toda vez que tentava responder as suas perguntas, ele me interrompia perguntando: "O que você faz aqui?" Ele havia perdido um cachorro, mas encontrou um homem.

Um velho caçador reservado, que costumava tomar banho no Walden uma vez por ano, quando a água estava mais quente, e nessas ocasiões me visitar disse-me que muitos anos atrás ele pegou sua arma uma tarde e saiu para um passeio na floresta de Walden; e enquanto caminhava pela estrada de Wayland ouviu o som de cães se aproximando, e logo uma raposa saltou do muro para a estrada, e tão rápido quanto o pensamento saltou muro para fora da estrada, e sua bala rápida não a atingiu. Algum tempo depois veio um velho cão e seus três filhotes em plena perseguição, caçando por conta própria, e desapareceram novamente na floresta. No final da tarde, enquanto descansava na densa floresta ao sul de Walden, ele ouviu cães na direção de Fair Haven, ainda perseguindo a raposa; e para cá estavam vindo, pois seus gritos ecoavam na floresta soando cada vez mais perto, ora de Well Meadow, ora de Baker Farm. Por um longo tempo ele ficou parado ouvindo a música, tão doce ao ouvido de um caçador, quando de repente a raposa apareceu, correndo dos caçadores num ritmo fácil, cujo som foi ocultado por um generoso farfalhar das folhas, rápida e silenciosa, comendo o terreno, deixando seus perseguidores para trás; e, saltando sobre uma rocha no meio da floresta, sentou-se ereta e ouvindo atenta, de costas para o caçador. Por um instante, a compaixão conteve o braço do caçador, mas esse foi um momento de curta duração, e tão rápido quanto o pensamento pode ser, pegou a arma e bum! A raposa, rolando sobre a rocha, caiu morta no chão. O caçador ainda manteve-se no lugar e ouvia os cães. Eles vieram e agora os bosques próximos ressoavam por todas as suas aleias seus gritos demoníacos. Por fim, a velha cadela surgiu à vista com o focinho no chão e varejando o ar como se estivesse possuída, e correu diretamente para a rocha; ao ver a raposa morta, ela de repente parou como se estivesse muda de espanto, e deu voltas e mais voltas em silêncio; um a um dos filhotes chegaram e, como a mãe, ficaram sóbrios, em silêncio diante do mistério. Então o caçador aproximou-se e ficou no meio deles, e a questão foi resolvida. Os cães observavam o caçador esfolando a raposa, depois entraram na mata e voltaram para a floresta. Naquela noite, um cidadão de Weston veio à cabana do caçador de Concord para perguntar por seus cães e contar que por uma semana eles caçavam por conta própria nos bosques de Weston. O caçador de Concord disse-lhe o que sabia e ofereceu-lhe a pele da raposa, mas o outro recusou e partiu. Ele não encontrou seus cães naquela noite, mas no dia seguinte soube que eles haviam cruzado o rio e pernoitado em uma casa de fazenda, de onde, tendo sido bem alimentados, partiram de manhã cedo.

O caçador que me contou isso lembra-se de um certo Sam Nutting, que costumava caçar ursos em Fair Haven Ledges e trocar suas peles por rum na vila de Concord e que disse-lhe, inclusive, que tinha visto um alce ali. Nutting tinha um famoso cão de caça chamado Burgoyne (ele pronunciava Bugine) que meu informante costumava pegar emprestado. No "livro de registros" de um antigo comerciante desta cidade, que também foi capitão, escrivão e representante do povo, encontro as seguintes anotações: 18 de janeiro de 1742-3, John Melven, por uma pele de raposa cinza, 0-2-3 — não são mais encontradas aqui —; em 7 de fevereiro de 1743, Hezekiah Stratton, tem crédito por uma pele de gato de tamanho médio 0-1-4½" — claro que era de um gato selvagem, pois Stratton foi sargento na velha guerra francesa e não teria crédito por caça menos nobre. O crédito também era dado para peles de veado, e elas eram vendidas diariamente. Um homem ainda preserva os chifres do último veado que foi morto nesta vizinhança, e outro me contou os detalhes da caçada em que seu tio estava envolvido. Os caçadores eram anteriormente uma turma numerosa e alegre aqui. Lembro-me bem de um magro *nimrod*, que pegava uma folha na beira da estrada e tirava dela um som mais selvagem e melodioso, do que o de qualquer trompa de caça.

À noite, quando havia lua, já encontrei cães de caça rondando pela floresta; eles se esquivavam do meu caminho, como se estivessem com medo, e ficavam em silêncio entre os arbustos até que eu passasse.

Esquilos e ratos selvagens disputavam meu estoque de nozes. Havia dezenas de pinheiros ao redor de minha casa, de três a dez centímetros de diâmetro, que haviam sido roídos por ratos no inverno anterior — um inverno norueguês para eles, pois a neve foi longa e alta e eles foram obrigados a incluir uma grande proporção de casca de pinheiro na sua dieta. Essas árvores estavam vivas e aparentemente florescentes no meio do verão, e muitas delas cresceram trinta centímetros, embora muito roídas, mas no inverno, sem exceção, estavam mortas. É notável que um único camundongo possa matar um pinheiro inteiro, roendo-o em volta, em vez de para cima e para baixo, mas talvez seja necessário para desbastar essas árvores que costumam crescer densamente.

As lebres (*Lepus Americanus*) eram muito familiares. Uma fez sua toca sob minha casa durante todo o inverno; separada de mim apenas pelo piso, me assustava todas as manhãs com sua partida apressada quando eu começava a me mexer — tum, tum, tum, batia a cabeça nas tábuas do chão, atarantada. As lebres costumavam passar pela minha porta ao entardecer para mordiscar os restos de batata que eu havia jogado fora, e eram tão quase da cor do chão que dificilmente podiam ser distinguidos quando paradas. No crepúsculo, perdia e recuperava alternadamente a visão de alguma delas sentada imóvel sob minha janela. Quando eu abria minha porta à noite, eles saíam com um guincho e um salto. Tão à mão, elas incitavam a minha pena. Uma noite, uma delas estava sentado a minha porta, a dois passos de mim, a princípio tremendo de medo, mas sem vontade de se mover; era uma pobre coisinha, magra e ossuda, com orelhas irregulares e nariz pontudo, rabo escasso e patas finas. Parecia que a Natureza não continha mais o sangue das raças mais nobres e usou uma nova reserva. Seus grandes olhos pareciam jovens e doentios, quase hidrópicos. Dei um passo e eis que ele se atirou como uma mola elástica sobre a crosta de neve, esticando seu corpo e seus membros em um movimento gracioso, e logo colocou a floresta entre mim e ele — bicho selvagem livre, afirmando seu vigor e a dignidade da Natureza. Não sem razão era sua magreza. Tal era por sua natureza. *(Lepus, levipes,* pés leves — alguns pensam.)

O que é um bosque sem coelhos e perdizes? Eles são os animais mais simples e nativos; famílias antigas e veneráveis conhecidas tanto na antiguidade quanto nos tempos modernos; têm o mesmo matiz e pitoresquice da Natureza; aliados mais próximos das folhas e do solo — e uns dos outros, indiferentemente de serem alados ou dentudos. Não há o temor surpresa selvagem quando um coelho ou uma perdiz irrompe, apenas surpresa natural, tão esperada quanto o farfalhar de folhas. A perdiz e o coelho certamente prosperarão, como verdadeiros nativos da terra, quaisquer que sejam as revoluções que ocorram. Se a floresta for cortada, os brotos e os arbustos que nascerem lhe fornecerão ocultação, e eles se tornarão mais numerosos do que nunca. Pobre da terra que não consegue sustentar ema lebre! Ao redor de cada pântanos pode-se ver perdizes e coelhos; nossas florestas estão repletas de ambos; vivem ameaçados por cercas de galhos e armadilhas de crina de cavalo feitas por vaqueiros.

O LAGO NO INVERNO

Depois de uma noite tranquila de inverno, acordei com a impressão de que alguma pergunta havia sido feita a mim, à qual eu vinha tentando em vão responder durante o sono: O quê? Como? Quando? Onde? Havia a natureza nascente, na qual vivem todas as criaturas, olhando pelas minhas amplas janelas com rosto sereno e satisfeito, e sem nenhuma pergunta em seus lábios. Acordei com uma pergunta respondida: com a Natureza e a luz do dia. A neve profunda na terra pontilhada de pinheiros jovens, e a própria encosta da colina em que minha casa está localizada, parecia dizer: Avante! A natureza não faz perguntas e não responde a nenhuma pergunta que nós, mortais, fazemos. Ela já tomou sua resolução há muito tempo. "Ó Príncipe, nossos olhos contemplam com admiração e transmitem à alma o maravilhoso e variado espetáculo deste universo. A noite vela sem dúvida uma parte desta gloriosa criação, mas o dia vem para nos revelar esta grande obra, que se estende da terra até as planícies do éter."

Sigo, então, para meu trabalho matinal. Primeiro pego um machado e um balde e saio em busca de água, se não for um sonho. Depois de uma noite fria e com neve, preciso de uma varinha de condão para encontrá-la. Todo inverno, a superfície líquida e trêmula do lago, que era tão sensível a cada respiração e refletia todas as luzes e sombras, torna-se sólida até a profundidade de trinta, trinta e cinco centímetros para suportar os animais mais pesados, e talvez a neve o cobre com uma espessura igual, e não o deixa ser distinguido de nenhum campo plano. Como as marmotas nas colinas ao redor, o lago fecha as pálpebras e fica inativo por três meses ou mais. Na planície coberta de neve, como se estivesse em um pasto em meio às colinas, abro um caminho, primeiro, por trinta centímetros de neve e, depois, por trinta centímetros de gelo; quebro uma janela sob meus pés, por onde, ajoelhado, bebo e tiro água. Observo silenciosa sala dos peixes, permeada por uma luz suavizada como através de uma janela de vidro fosco e também o piso de areia brilhante igual ao que se vê verão. Ali reina uma serenidade perene e sem ondas como no céu âmbar do crepúsculo, correspondente ao temperamento frio e uniforme dos habitantes. O céu está sob nossos ventres e também sobre nossos dorsos.

De manhã cedo, enquanto todas as coisas estão crespas com a geada, os homens vêm com molinetes de pesca e almoço magro, e descem suas finas linhas pelo campo nevado para pegar lúcios e percas; são homens selvagens, que instintivamente seguem outras modas e confiam em outras autoridades diferentes das de seus concidadãos, e com suas idas e vindas costuram cidades que de outra forma ficariam isoladas. Eles sentam-se sobre as folhas secas de carvalho, na margem, e comem seu almoço envolvidos em seus casacos grossos; são tão sábios em sua cultura natural quanto o cidadão urbano é na artificial. Eles nunca consultaram livros e sabem muito mais e dizem muito menos do que já fizeram. Dizem que não sabem o porquê das coisas que praticam. Ali está um pescando lúcios usando uma perca adulta como isca. O balde dele transborda admiração, está repleto de peixes, como um lago no verão. Será que ele mantém o verão trancado em sua casa ou sabe para onde ele se retirou? Como conseguiu tanto peixe no meio do inverno? Oh, ele tirou larvas de troncos podres desde que o solo congelou e fêz-las de iscas. Sua própria vida se passa mais intimamente ligada à Natureza do que os estudos do naturalista; ele mesmo é um objeto de estudo para o naturalista. O naturalista levanta o musgo e bate suavemente com a faca em busca de insetos e o homem rude abre toras até o centro com seu machado, e musgo e casca voam por toda parte. Ele ganha a vida utilizando árvores. Tal homem tem direito de pescar, e eu adoro ver a Natureza nele. A perca engole a larva, o lúcio engole a perca e o pescador engole o lúcio e assim todas as fendas na escala do ser são preenchidas.

Um dia, passeando ao redor do lago em tempo nublado, diverti-me com o modo primitivo que um pescador mais rude havia adotado. Ele colocou galhos de amieiro, com iscas, sobre os buracos estreitos no gelo, separados por vinte ou vinte e cinco metros e a igual distância da costa, e tendo prendido a ponta da linha a um tronco para evitar que ela corresse, passou a linha frouxa sobre um galho de amieiro, a um pé ou mais acima do gelo, e amarrou uma folha seca de carvalho nela, que, sendo puxada para baixo, denunciaria uma mordida. Esses amieiros surgiam em meio à névoa, em intervalos regulares, enquanto se caminhava em volta do lago.

Ah, os lúcios do Walden! Quando os vejo deitados no gelo, ou no poço que o pescador abre no gelo, fazendo um buraquinho para deixar passar a água, sempre me surpreendo com sua rara beleza, como se fossem peixes fabulosos; são tão estranhos em nossas ruas e em nossos bosques, como é estranha a Arábia à nossa vida em Concord. Possuem uma beleza deslumbrante e transcendente que a distância são distinguidos do cadavérico bacalhau e do arinca cuja fama é alardeada nas nossas ruas. Não são verdes como os pinheiros, nem cinzas como as pedras, nem azuis como o céu, mas têm, a meu ver, se possível, cores ainda mais raras, como flores e pedras preciosas, como se fossem as pérolas, os "núcleos" animalizados ou os cristais das águas do Walden. Eles, é claro, são totalmente Walden; eles são pequenos Waldens do reino animal, são os Waldenses. É surpreendente que eles sejam capturados ali — que nessa fonte profunda e espaçosa, bem abaixo das parelhas, carruagens e trenós que tilintam quando percorrem a estrada de Walden, esse grande peixe dourado e esmeralda nade. Nunca tive a chance de ver esse peixe em nenhum mercado; seria o centro de atração de todos os olhos ali. Rapidamente, com algumas contrações convulsivas, eles desistem de seus fantasmas aquáticos e como um mortal transladado antes do tempo, transfere-se para o ar rarefeito do Céu.

Como eu desejava recuperar o fundo perdido do lago Walden, examinei-o cuidadosamente, antes que o gelo se quebrasse, no início de 1846, com bússola, corrente e linha de sondagem. Muitas histórias foram contadas sobre o fundo, ou melhor, sobre a falta de fundo desse lago, o que, certamente, não tinha fundamento. É questionável por quanto tempo os homens acreditarão na falta de fundo de um lago sem se dar ao trabalho de sondá-lo. Eu visitei dois desses lagos sem fundo em caminhadas pela vizinhança. Muitos acreditam que Walden alcança o outro lado do globo. Alguns que ficaram deitados no gelo por um longo tempo, olhando para baixo através do meio ilusório — o gelo —, talvez com olhos lacrimejantes, foram levados a conclusões precipitadas pelo medo de pegar um resfriado em seus peitos e viram vastos buracos "nos quais uma carga de feno pode ser conduzida", se houvesse alguém para conduzi-la viram também a fonte indubitável do Estige e a entrada para as Regiões Infernais. Outros desceram da vila com um peso de cinquenta e seis kg e uma carroça cheia de corda de dois centímetros e meio, mas não conseguiram encontrar o fundo, pois quando os cinquenta e seis kg paravam no caminho, eles continuavam baixando a corda na vã tentativa de medir sua profundidade verdadeiramente assombrosa. Posso garantir aos meus leitores que Walden tem um fundo razoavelmente compacto em uma profundidade razoável, embora incomum. Eu o medi facilmente com uma linha de pesca de bacalhau e uma pedra pesando cerca de um quilo, e pude dizer com precisão quando a pedra tocou fundo, tendo que puxar com muito mais força do que quando tinha, por baixo, água para me ajudar. A maior profundidade era de exatamente trinta e um metros, aos quais podem ser adicionados um metro e meio que aumentou por causa da enchente, fazendo trinta e dois e meio. Esta é uma profundidade notável para uma área tão pequena; no entanto, nem dois centímetros dela podem ser poupados pela imaginação. E se todos os lagos fossem rasos? Não reagiriam as mentes dos homens? Sou grato por esse lago ser profundo e puro e ter se tornado um símbolo. Enquanto os homens acreditarem no infinito, pensarão que alguns lagos são sem fundo.

O proprietário de uma fábrica, ao saber da profundidade que eu havia encontrado, pensou que não poderia ser verdade, pois, a julgar por seu conhecimento de represas, a areia não descansaria em um ângulo tão íngreme. Os lagos mais profundos não são tão profundos, em proporção a sua área, quanto muitos supõem e se drenados não deixariam vales portentoso. Eles não são como taças entre as colinas; o Walden, que é tão extraordinariamente profundo para sua área, aparece em uma seção vertical, pelo seu centro, não mais fundo do que um prato raso. A maioria dos lagos, se esvaziados, deixariam um prado não mais fundo do que os que frequentemente vemos. William Gilpin, que é tão admirável em tudo o que se refere a paisagens, e normalmente tão correto, esteve na cabeceira do Loch Fyne, na Escócia, que ele descreve como "uma baía de água salgada, sessenta ou setenta braças de profundidade, seis quilômetros e meio de largura", e cerca de cento e trinta quilômetros de comprimento ladeado por montanhas, observa: "Se pudéssemos tê-la visto imediatamente após o choque diluviano, ou qualquer convulsão da natureza que a tenha ocasionado, antes que as águas convergissem para ali, que abismo colossal teríamos presenciado!

"Tão alto quanto ergueram as colinas túmidas,
Tão baixo afundou a cavidade côncava ampla e sinistra,
Permitindo um vasto e espelhado leito de águas serenas."

Se usarmos o diâmetro menor do Loch Fyne e aplicarmos essas proporções ao Walden que, como vimos, aparece em uma seção vertical apenas como um prato, mostrar-se-á quatro vezes mais raso. Também terá os horrores do seu abismo aumentados, o Loch Fyne quando esvaziado. Sem dúvida, muitos vales sorridentes com seus extensos campos de milho ocupam exatamente esse "horrível abismo", do qual as águas recuaram, embora exija a perspicácia e a visão balizada do geólogo para convencer os habitantes desavisados desse fato. Frequentemente um olhar curioso pode detectar as margens de um lago primitivo ao pé das colinas, e nenhuma elevação subsequente da planície foi necessária para ocultar sua história. É mais fácil, como sabem os que trabalham nas estradas, encontrar os buracos nas poças formadas depois de uma chuva. A imaginação, se lhe dá o mínimo de espaço, mergulha mais fundo e voa mais alto do que a Natureza. Então, provavelmente, a profundidade do oceano será considerada muito insignificante em comparação com sua imensidão.

Ao sondar o gelo, pude determinar a forma do leito com maior precisão do que é possível observando portos que não congelam, e fiquei surpreso com sua regularidade geral. Na parte mais profunda há vários tabuleiros mais nivelados do que muitos campos expostos ao vento, ao sol e ao arado. Em um exemplo, em uma linha escolhida, arbitrariamente, a profundidade não variou mais de trinta centímetros em cento e cinquenta metros, e, próximo ao meio, eu poderia calcular a variação para cada trinta metros em qualquer direção, de antemão, entre oito e dez centímetros. Alguns estão acostumados a falar de buracos profundos e perigosos, mesmo em lagos arenosos e tranquilos como esse, mas o efeito da água nessas circunstâncias é nivelar todas as desigualdades. A regularidade do fundo e sua conformidade com as margens e às colinas vizinhas eram tão perfeitas que um promontório distante se revelou nas sondagens, e sua direção poderia ser determinada observando a margem oposta. Cabo torna-se barra, planície, banco de areia; vale, desfiladeiro e águas profundas, canais.

Quando mapeei o lago na escala onde cinquenta metros eram representados dois centímetros e anotei as sondagens, mais de cem ao todo, observei uma notável coincidência: tendo notado que o número que indicava a maior profundidade estava aparentemente no centro do mapa, coloquei uma régua no sentido do comprimento e depois no da largura e descobri, para minha surpresa, que a linha de maior comprimento cruzava a linha de maior largura exatamente no ponto de maior profundidade, apesar de o meio estar quase nivelado, o contorno do lago longe de ser regular, e o comprimento e a largura extremos foram medidos nas enseadas; e eu disse a mim mesmo: quem sabe se essa descoberta não conduziria à parte mais profunda do oceano, bem como a de um lago ou poça? Não é essa a regra também para a altura das montanhas, que são vistas como reversas aos vales? Sabemos que, necessariamente, uma colina não é mais alta em sua parte mais estreita.

De cinco enseadas, observou-se que três, ou todas as que haviam sido sondadas, tinham uma barra em sua foz e ali a água era mais profunda, de modo que a baía tende a ser uma expansão da água para a terra não apenas horizontalmente, mas também verticalmente, que forma um corpo d'água independente; a direção dos dois cabos mostra o curso da barra. Cada porto na costa marítima também tem sua barra na entrada. Na proporção em que a boca da enseada era mais larga em comparação com seu comprimento, a água sobre a barra era mais profunda em comparação com a da bacia. Dados, então, o comprimento e a largura da enseada e as peculiaridades da costa circundante, têm-se elementos suficientes para fazer uma fórmula para todos os casos.

A fim de ver o quão perto eu poderia chegar, com essa experiência, ao ponto mais profundo de um lago observando apenas os contornos de sua superfície e as características de suas margens, fiz um esboço do lago White que contém cerca de quarenta e um acres, e assim como o Walden, não tem nenhuma ilha, nem qualquer entrada ou saída visível. Como as linhas da maior e menor largura quase se misturavam onde dois cabos opostos se aproximavam e duas baías opostas recuavam, aventurei-me a marcar um ponto, a uma curta distância da linha da maior largura, mas ainda na linha de maior comprimento, como sendo o mais profundo. Descobriu-se que a parte mais profunda ficava a trinta metros, na direção para a qual me inclinei, e era apenas um palmo mais profunda, ou seja, tinha 20 metros. É claro que um riacho ou uma ilha no lago tornaria o problema muito mais complicado.

Se conhecêssemos todas as leis da Natureza, precisaríamos de apenas um fato, ou a descrição de um fenômeno real, para inferir todos os resultados particulares daquele ponto. Agora conhecemos apenas algumas leis e nosso resultado é viciado, não, é claro, por qualquer confusão ou irregularidade da Natureza, mas por nossa ignorância de elementos essenciais ao cálculo. Nossas noções de lei e harmonia são comumente confinadas às instâncias que detectamos, mas a harmonia que resulta de um número muito maior de leis aparentemente conflitantes, mas realmente concordantes, que não detectamos, é ainda mais maravilhosa. As leis particulares são como nossos pontos de vista, assim como, para o viajante, o contorno de uma montanha varia a cada passo e tem um número infinito de perfis, embora absolutamente apenas uma forma. Mesmo se a rachasse ou perfurasse, ele não a compreenderia em sua totalidade.

O que observei do lago não é menos verdadeiro na ética. É a lei da média. A regra dos dois diâmetros não apenas nos guia em direção ao sol, no seu sistema, e ao coração no homem, mas traça linhas concorrentes às do comprimento e largura do agregado de comportamentos diários e particulares de um homem e às ondas da vida em seus rios e afluentes onde elas se cruzam está a altura ou profundidade de seu caráter. Talvez precisemos apenas saber como suas costas se inclinam diante das circunstâncias adjacentes para inferir sua profundidade e leito oculto. Aquele que se vê cercado por circunstâncias montanhosas, cujos picos ofuscam e se refletem em seu seio, sugere uma profundidade correspondente nele; já aquele de costas planas e lisas prova que ele é raso. Em nossos corpos, uma sobrancelha proeminente e ousada cai e indica uma profundidade de pensamento correspondente. Também há uma barra na entrada de cada enseada nossa, ou inclinação particular; cada uma é nosso porto por uma temporada, na qual ficamos detidos e ficamos parcialmente protegidos. Essas inclinações geralmente não são caprichosas, mas sua forma, tamanho e direção são determinados pelos promontórios da vida, os antigos eixos de elevação. Quando essa barra é aumentada gradualmente por tempestades, marés ou correntes, ou há um abaixamento das águas de modo que ela atinja a superfície, aquilo que a princípio era apenas uma inclinação em que um pensamento foi abrigado torna-se um lago individual, separado do oceano, onde o pensamento assegura suas próprias condições, muda de salgado a doce e torna-se um mar salobro, morto ou um pântano. Com o advento de cada indivíduo nesta vida, não podemos supor que tal barreira tenha surgido em algum lugar? É verdade, somos tão pobres navegadores que nossos pensamentos, na maioria das vezes, ficam parados em uma costa sem porto; estão familiarizados apenas com as baías da poesia, ou dirigem-se para os portos públicos ou às docas secas da ciência, onde meramente se reajustam para este mundo, e nenhuma corrente natural concorre para individualizá-los.

Quanto à entrada ou saída de Walden, não descobri nada além de chuva, neve e evaporação, embora talvez, com um termômetro e uma linha de sondagem, esses lugares possam ser encontrados, pois onde a água flui para um lago provavelmente é mais frio no verão e mais quente no inverno. Quando os homens do gelo trabalhavam aqui em 1946 e 47, os blocos enviados para a praia foram, certo dia, rejeitados por aqueles que os empilhavam; não eram grossos o suficiente para ficarem lado a lado com o resto; e os cortadores descobriram, assim, que o gelo de um pequeno espaço era cinco ou sete centímetros mais fino do que os de outros lugares, o que os fez pensar que havia uma entrada ali. Eles também me mostraram, em outro lugar, o que eles achavam ser um "buraco de escoamento", através do qual o lago vazou, sob uma colina, para um prado vizinho, propondo-me subir sobre uma crosta de gelo para vê-lo. Era uma pequena cavidade abaixo de três metros de água, mas acho que posso garantir que o lago não precise de solda até que encontrem um vazamento pior do que esse. Alguém sugeriu que se tal "buraco de escoamento" fosse encontrado, sua conexão com o prado, se existisse, poderia ser comprovada transportando algum pó colorido ou serragem para a boca do buraco e, em seguida, colocando um filtro sobre a nascente no prado, que pegaria algumas das partículas carregadas pela corrente.

Enquanto eu ei observava, o gelo, que tinha quarenta centímetros de espessura, ondulava como a água sob um leve vento. É sabido que um nível não consegue medir a flutuação do gelo. A cinco metros da costa a sua maior flutuação, quando observada por meio de um nível em terra direcionado a uma equipe graduada no gelo, era de quase dois centímetros, embora o gelo parecesse firmemente preso à margem; provavelmente a flutuação era maior no meio. Quem sabe se nossos instrumentos fossem bastante sensíveis poderíamos detectar uma ondulação na crosta terrestre? Quando duas pernas do meu nível estavam na praia e a terceira no gelo, e as miras eram direcionadas para o gelo, uma elevação ou queda desse de uma quantidade quase infinitesimal, fez uma diferença de vários pés em uma árvore do outro lado do lago. Quando comecei a abrir buracos para sondagem, havia entre cinco e sete centímetros de água entre o gelo e a neve espessa que o havia caído até agora; a água começou imediatamente a brotar nesses buracos e continuou a correr por dois dias em riachos robustos, que desgastaram o gelo por todos os lados e contribuíram essencialmente, senão principalmente, para secar a superfície do lago; pois, conforme a água corria, ela levantava e fazia flutuar o gelo. Isso foi como abrir um buraco no fundo de um navio para deixar a água sair. Quando buracos no gelo congelam e uma chuva sucede, e finalmente um novo congelamento forma um gelo fresco e liso sobre tudo, ele é lindamente manchado internamente por figuras escuras, com a forma de teias de aranha — são chamadas de rosetas de gelo —, produzidas pelas ranhuras desgastadas pela água que flui de todos os lados convergindo um centro. Às vezes, também, quando o gelo estava coberto de poças rasas, eu via uma sombra dupla de mim mesmo, uma sobre a outra, uma no gelo, a outra nas árvores ou na encosta.

Enquanto ainda é frio em janeiro e a neve e o gelo são espessos e sólidos, o morador prudente vem da vila para buscar gelo para refrescar sua bebida no verão; é impressionantemente, até mesmo pateticamente sábio, prever o calor e a sede de julho ainda em janeiro — vestindo um casaco grosso e luvas. Isto quando tantas coisas imprescindíveis não são providenciadas. Pode ser que ele não acumule tesouros neste mundo que possam refrescar sua bebida de verão no outro. Ele corta o lago sólido, abre a casa dos peixes e transporta o gelo, preso por correntes e estacas de madeiras amarradas, pelo ar favorável do inverno, até os porões invernais, para ali armazená-lo até usá-lo no verão. Parece um pedaço azul do céu que foi solidificado, pois, ao longe, se desenha pelas ruas. Esses cortadores de gelo são uma raça alegre, cheia de brincadeiras e esportes, e quando eu estava entre eles costumavam convidar-me para serrar o poço com eles, eu ficando embaixo.

Certa manhã, no inverno de 1846/47, centenas de homens de origem hiperbórea desceram para o nosso lago, com muitos carros cheios de ferramentas agrícolas de aparência desajeitada, trenós, arados, carrinhos de mão, facas de grama, pás, serras, ancinhos, e cada homem estava armado com um bastão de ponta dupla, como não é descrito no *New-England Farmer* ou no *Cultivator*. Eu não sabia se eles tinham vindo para semear centeio no inverno ou algum outro tipo de grão recém-chegado da Islândia. Como não vi esterco, julguei que eles pretendiam roçar a terra, como eu havia feito, pensando que o solo era profundo e havia permanecido em pousio por tempo suficiente. Disseram que o senhor fazendeiro, que os havia mandado, queria dobrar seu dinheiro, que, pelo que entendi, já somava meio milhão, mas para cobrir cada um de seus dólares com outro, ele mandou tirar o único casaco, sim, a própria pele, do lago Walden em meio a um inverno rigoroso. Eles começaram a trabalhar imediatamente, arando, gradando, rolando, sulcando, em ordem admirável, como se estivessem empenhados em fazer desta uma fazenda modelo, mas quando eu estava olhando atentamente para ver que tipo de semente eles jogariam nos sulcos, um bando deles começou a enganchar a terra virgem, com um puxão peculiar, e levá-la até a areia, ou melhor, até a água (pois era um solo regado por nascentes) na verdade, e arrastá-la em trenós, e então imaginei que eles deviam estar cortando turfa. Eles iam e vinham todos os dias, com um guincho peculiar de locomotiva, de e para algum ponto das regiões polares; pareciam um bando de pássaros árticos. Às vezes Walden revidava: um homem contratado, caminhando atrás de sua parelha, escorregou por uma fenda no chão em direção ao Tártaro, e ele que era tão corajoso, de repente, tornou-se apenas a nona parte de um homem, quase destituído de seu calor animal, e ficou feliz em refugiar-se em minha casa, onde reconheceu que havia alguma virtude em um fogão. Com frequência o solo congelado arrancava um pedaço de aço de um arado, ou um arado encalhava no sulco e tinha que ser cortado.

Sendo claro, cem irlandeses, com capatazes ianques, vinham de Cambridge todos os dias para tirar gelo. Eles o dividiam em barras por métodos muito conhecidos para exigir descrição, os levavam de trenó até a praia, onde rapidamente eram içados para uma plataforma por ganchos de ferro e equipamentos puxados por cavalos Eram empilhadas tão cuidadosamente como se faz com os barris de farinha, e, ali, colocadas lado a lado, e fileira após fileira, formavam a base sólida de um obelisco, como se estivessem destinadas a perfurar as nuvens. Disseram-me que em um bom dia poderiam retirar até mil toneladas de gelo; o que dava o rendimento de cerca de um acre. Sulcos profundos e "buracos de berço" foram abertos no gelo, como em terra firme, pela passagem dos trenós na mesma trilha, e os cavalos invariavelmente comiam sua aveia em buracos de gelo escavados como baldes. Os trabalhadores arrumavam os blocos de gelo ao ar livre em um monte de quase onze metros de altura que ocupava trinta ou trinta e cinco metros quadrados, colocando feno entre as camadas para protegê-los do ar, porque quando o vento, embora nunca tão frio, encontra uma passagem, ele cria grandes cavidades, deixando pequenos suportes ou pinos apenas aqui e ali, e finalmente o monte desmancha-se. A princípio, parecia um vasto forte azul ou Valhalla, mas quando começaram a enfiar o feno grosso do prado nas fendas, e isso ficou coberto com geada e gelo, parecia uma venerável ruína coberta de musgo e construída de mármore tingido de azul, a própria cabana do Winter — aquele velho que vemos no almanaque —, como se ele tivesse um projeto para veranear conosco. Eles calculavam que nem vinte e cinco por cento desse gelo chegariam ao seu destino e que dois ou três por cento seriam desperdiçados nos carros de transporte. Uma parte grande desse amontoado de gelo teria um destino diferente do pretendido; porque o gelo não se manteria tão bem quanto o esperado, contendo mais ar do que o normal, ou por algum outro motivo, nunca chegaria ao mercado. Esse monte feito no inverno de 1846/47 e estimado em dez mil toneladas, foi finalmente coberto com feno e tábuas, e embora tenha sido descoberto no mês de julho seguinte, uma parte dele levada e, o resto permanecendo exposto ao sol, durou naquele verão e no inverno seguinte, e não foi totalmente derretido até setembro de 1848. Assim, o lago recuperou a maior parte.

Como a água, o gelo do Walden, visto de perto, tem uma tonalidade verde, mas a distância é lindamente azul, e pode facilmente ser distinguindo do gelo branco do rio, ou do gelo meramente esverdeado de algumas lagoas que ficam a um quarto de milha adiante. Às vezes, um desses grandes blocos escorrega do trenó que passa pela rua da vila e ali fica, por uma semana, como uma grande esmeralda, despertando o interesse dos transeuntes. Já notei que uma parte da água, do Walden, que no estado líquido é verde, muitas vezes, quando congelada, parece, sob o mesmo ângulo, azul. Assim, as cavidades ao redor desse lago serão, no inverno, preenchidas com uma água esverdeada, um pouco parecida com a sua, mas no dia seguinte terão um gelo azul. Talvez a cor azul da água e do gelo deva-se à luz e ao ar que contêm, e quanto mais transparente mais azul. O gelo é um interessante corpo para contemplação. Disseram-me que havia, nos depósitos de gelo no Lago Fresco, há cinco anos, barras que estavam em perfeito congelamento. Por que em um balde a água logo se torna pútrida e a congelada permanece fresca para sempre? Costuma-se dizer que essa é a diferença entre as afeições e o intelecto.

Assim, durante dezesseis dias, vi da minha janela cem homens trabalhando como lavradores ocupados, com parelhas e cavalos e aparentemente todos os implementos agrícolas uma imagem como a que vemos na primeira página do almanaque. Sempre que olhava para fora, lembrava-me da fábula da cotovia e dos ceifeiros, ou da parábola do semeador e coisas semelhantes; e agora todos eles se foram, e em mais trinta dias, provavelmente, eu olharei da mesma janela para a pura água verde-mar do Walden, refletindo as nuvens e as árvores, e enviando suas evaporações em solidão, e nenhum vestígio acusará que muitos homens estiveram lá. Talvez eu ouça um mergulhão solitário rir enquanto mergulha e se empluma, ou veja um pescador solitário em seu barco, como uma folha flutuante, contemplando sua forma refletida nas ondas, onde ultimamente cem homens trabalhavam com segurança.

Parece que os habitantes sufocantes de Charleston e Nova Orleans, de Madras, Bombaim e Calcutá bebem em meu poço. De manhã, banho meu intelecto na filosofia estupenda e cosmogonal do *Bhagavad Gita*, desde cuja composição se passaram anos dos deuses, e em comparação com o qual nosso mundo moderno e sua literatura parecem insignificantes e triviais. Duvido que essa filosofia não seja referida a um estado anterior de existência, tão distante está sua sublimidade de nossas concepções. Largo o livro e vou ao meu poço buscar água, e eis!, lá encontro o servo do Bramin, sacerdote de Brahma, Vishnu e Indra, que ainda senta-se em seu templo no Ganges lendo os Vedas, ou mora na raiz de uma árvore com ração e água. Encontrei o servo vindo tirar água para seu mestre, e nossos baldes ralaram-se no mesmo poço. A água pura do Walden é misturada à água sagrada do Ganges. Com ventos favoráveis são levadas além das fabulosas ilhas da Atlântida e das Hespérides, fazem o périplo de Hanno e flutuam por Ternate e Tidore, e pela foz do Golfo Pérsico; são envolvidas pelos ventos tropicais dos mares da Índia, e desembarcam em portos dos quais Alexande apenas ouviu os nomes.

PRIMAVERA

A abertura de grandes extensões pelos cortadores de gelo geralmente faz com que um lago descongele mais cedo, pois, a água agitada pelo vento, mesmo no frio, desgasta o gelo circundante. Esse, porém, não foi o efeito sobre Walden naquele ano, porque ele logo conseguiu uma roupa nova e grossa para substituir a velha. Esse lago nunca se rompe tão cedo quanto os outros nesta vizinhança, tanto por causa de sua maior profundidade, quanto por não ter um riacho passando por ele, para derreter ou desgastar o seu gelo. Nunca soube que tenha rachado durante o inverno, nem mesmo no de 1852/53, que foi uma verdadeira provação para os lagos. O seu gelo normalmente abre-se por volta de primeiro de abril, uma semana ou dez dias depois do lago Flint e Fair Haven, começando a derreter no lado norte e nas partes mais rasas onde começou a congelar. Ele indica melhor do que qualquer água por aqui o progresso absoluto da estação, sendo menos afetado por mudanças transitórias de temperatura. Um forte frio de alguns dias em março pode retardar muito a abertura das antigas lagoas, enquanto a temperatura do Walden aumenta quase ininterruptamente. Um termômetro lançado no meio de Walden em 6 de março de 1847, marcou 0°, ou ponto de congelamento; perto da costa 0,5°; no meio do lago Flint, no mesmo dia, 0,27°; a sessenta metros da margem, em águas rasas, sob o gelo de trinta centímetros de espessura, a 2,22°. Essa diferença de cerca de dois graus e meio entre a temperatura das águas profundas e rasas do Lago Flint, e o fato de que uma grande proporção dele é comparativamente rasa, mostra por que deveria se romper muito mais cedo do que Walden. O gelo na parte mais rasa era nesse momento vários centímetros mais fino do que no meio do lago. No auge do inverno, o meio do lago era mais quente e o gelo mais fino ali. Assim também, todo aquele que passou pela margem do lago no verão deve ter percebido como a água é muito mais quente perto da costa, onde tem apenas oito ou dez centímetros de profundidade, ou a uma pequena distância da margem, e na superfície de onde é profundo, do que, lá embaixo perto do fundo. Na primavera, o sol não apenas exerce influência através do aumento da temperatura do ar e da terra, mas seu calor passa através do gelo de trinta centímetros ou mais de espessura e é refletido pelo fundo em águas rasas, e assim também aquece a água e derrete o lado de baixo do gelo, ao mesmo tempo em que o derrete mais diretamente por cima, tornando-o desigual e fazendo com que as bolhas de ar que contém se estendam para cima e para baixo até que esteja completamente em forma de favo de mel, e finalmente o gelo desaparece repentinamente em uma única chuva de primavera. O gelo tem seu veio, assim como a madeira, e quando um bloco começa a trincar ou "favear", isto é, assumir a aparência de favo de mel, qualquer que seja sua posição, as células de ar formam ângulos retos com a superfície da água. Onde há uma rocha ou um tronco emergindo, o gelo sobre ele é muito mais fino e é frequentemente dissolvido pelo calor refletido. Disseram-me que em um experimento em Cambridge para congelar a água em um tanque raso de madeira, embora o ar frio circulasse por baixo e tivesse acesso a ambos os lados, o reflexo, do sol, que vinha do fundo, mais do que contrabalançou essa vantagem. Quando uma chuva forte, no meio do inverno, derrete a neve sobre o Walden e deixa um gelo duro, escuro ou transparente no meio dele, haverá em torno das margens uma faixa bem larga de gelo branco poroso, embora mais espesso, criada pelo calor refletido. Além disso, como eu já disse, as próprias bolhas dentro do gelo funcionam como vidros refletores para derreter o gelo abaixo.

Os fenômenos do ano todo acontecem, em um único dia, em um lago, em pequena escala. Todas as manhãs a água rasa é aquecida, mais rapidamente do que a profunda, até atingir a temperatura correspondente à estação, e todas as noites ela é resfriada sob as mesmas leis até a manhã. O dia é um epítome do ano. A noite é o inverno, a manhã e a tarde são a primavera e o outono, e o meio-dia é o verão. O estalo e a expansão do gelo indicam uma mudança de temperatura. Em uma agradável manhã, após uma noite fria, 24 de fevereiro de 1850, tendo ido passar o dia no lago Flint, notei com surpresa que quando bati no gelo com a cabeça de meu machado, ele ressoou como um gongo por muitas hastes ao redor, ou como se eu tivesse batido em uma pele firme de um tambor. O lago começou a ranger cerca de uma hora após o nascer do sol, quando sentiu a influência dos raios, sobre ele vindos das colinas; ele espreguiçou-se e bocejou como um homem acordado com um tumulto, gradualmente crescente, que durou três ou quatro horas. Fez uma curta sesta ao meio-dia e explodiu mais uma vez em direção à noite, quando o sol estava retirando sua influência. No estágio certo do tempo, um lago dispara seu canhão noturno com grande regularidade, mas se no meio do dia está cheio de rachaduras e o ar menos elástico, ele já perdeu completamente sua ressonância e os peixes e os ratos-almiscarados não serão atordoados por seu estouro. Os pescadores dizem que o "ribombar do lago" assusta os peixes e os impede de morder a isca. O lago não troveja todas as noites, e não posso dizer com certeza quando esperar seu trovão, mas embora eu não perceba nenhuma diferença no clima, ele percebe. Quem teria suspeitado que algo tão grande, frio e de pele dura, fosse tão sensível? No entanto, ele tem a sua lei e, à obediência, troveja quando deve, tão certamente quanto os botões se expandem na primavera. A Terra está toda viva e coberta de papilas. O maior dos lagos é tão sensível às mudanças atmosféricas quanto o mercúrio em um barômetro.

Uma atração em vir viver a floresta era ter tempo e oportunidade de ver a primavera chegar. O gelo no lago finalmente começa a ser alveolado, e posso pisar nele deixando concavidades pelo caminho. Nevoeiros, chuvas e sóis mais quentes estão gradualmente derretendo a neve; os dias ficaram sensivelmente mais longos; e vejo que passarei o inverno sem aumentar minha pilha de lenha, pois grandes fogueiras não são mais necessárias. Estou alerta para os primeiros sinais da primavera, para ouvir a nota casual de algum pássaro chegando, ou o guincho do esquilo listrado, pois suas provisões devem estar quase esgotadas, ou ver a marmota se aventurar fora de seus aposentos de inverno. No dia 13 de março, já tinha ouvido o pássaro azul e o pardal, o gelo ainda tinha quase trinta centímetros de espessura. À medida que o tempo esquentava, ele não foi sensivelmente desgastado pela água, nem quebrou e flutuou como nos rios, mas embora estivesse completamente derretido por dois metros de largura em torno da costa, o meio do lado estava apenas alveolado e saturado de água, de modo que podia-se pisar nele porque ainda tinha quinze centímetros de espessura. Na noite do dia seguinte, depois de uma chuva morna seguida de neblina, o gelo desapareceu completamente; carregado pela neblina, sumiu... Um ano atravessei o lago, passando pelo seu meio apenas cinco dias antes do gelo desaparecer completamente. Em 1845, Walden foi totalmente aberto pela primeira vez em 1º de abril; em 46, 25 de março; em 47, 8 de abril; em 51, 28 de março; em 18 de abril de 1952; em 53, 23 de março; em 54, por volta de 7 de abril.

Qualquer incidente relacionado com o degelo dos rios e lagos e com as mudanças do tempo é particularmente interessante para nós, que vivemos em um clima de tantos extremos. Quando chegam os dias mais quentes, aqueles que moram perto do rio ouvem o gelo estalar à noite com um grito assustador, tão alto quanto uma artilharia, como se seus grilhões de gelo fossem rasgados de ponta a ponta, e dentro de alguns dias o veem saindo rapidamente. Então o jacaré sai da lama provocando tremores de terra. Um velho, que tem sido um observador atento da Natureza, e parece tão sábio em relação a todas as suas operações como se ela fosse um navio feito no tronco quando ele era um menino e ele tivesse ajudado a bater sua quilha — chegou a sua plenitude e dificilmente pode adquirir mais conhecimento natural mesmo que viva até a idade de Matusalém —, me disse, e fiquei surpreso ao ouvi-lo expressar admiração por qualquer uma das operações da Natureza, pois pensei que não havia segredos entre eles. Naquele dia de primavera ele pegou sua arma e seu barco e pensou em se divertir um pouco com os patos. Ainda havia gelo nos prados, mas havia desaparecido completamente do rio, e ele desceu sem obstrução de Sudbury, onde morava, para o lago Fair Haven, que descobriu, inesperadamente, estar coberto em sua maior parte por um campo firme de gelo. Era um dia quente e ele ficou surpreso ao ver uma quantidade tão grande de gelo remanescente. Não vendo nenhum pato, ele escondeu seu barco no lado norte, atrás de uma ilha no lago, e então se escondeu nos arbustos do lado sul, para esperá-los. O gelo estava derretido a quinze ou vinte metros da margem, e havia uma lâmina de água quente e suave, com um fundo lamacento, como os patos adoram, e ele pensou que provavelmente alguns apareceriam em breve. Depois de ficar imóvel por cerca de uma hora, ele ouviu um som baixo e aparentemente muito distante, mas singularmente forte e impressionante, diferente de qualquer coisa que ele já tivesse ouvido. Crescia gradualmente e expandia-se como se fosse ter um final universal e memorável, um ímpeto e um rugido taciturnos pareceram-lhe como o som de um vasto bando de aves chegando. Acomodou-se ali e, pegando sua espingarda, levantou-se apressado e excitado, mas ele descobriu, para sua surpresa, que todo o corpo de gelo havia saído enquanto ele estava escondido e flutuou para a margem; o som que ele ouviu foi feito por sua borda raspando na costa — a princípio suavemente mordiscado e desmantelado, mas por fim levantou e espalhou seus destroços ao longo da ilha até a uma altura considerável antes de parar.

Os raios do sol atingiram o ângulo certo, e ventos quentes sopram névoa e chuva e derretem os bancos de neve. O sol dispersando a névoa sorri a uma paisagem manchada de vermelho e de um branco encardido com o da fumaça do incenso, pela qual o viajante escolhe seu caminho de ilhota em ilhota, animado pela música de mil ribeirões e córregos tilintantes cujas veias estão cheias do sangue do inverno que vão carregando.

Poucos fenômenos me deram mais prazer do que observar as formas que a areia e a argila assumem, durante ao escorrerem pelas laterais de um profundo corte na ferrovia por onde passo a caminho da vila; fenômeno não muito comum, embora o número de bancos desses materiais tenha se multiplicado desde que as ferrovias surgiram. O material compõe-se areia de todos os graus de finura e de várias cores matizadas, comumente misturada com um pouco de argila. Quando a geada chega na primavera, e mesmo em um dia de degelo no inverno, a areia começa a escorrer pelas encostas como se fosse lava, esparsadamente irrompendo na neve e transbordando onde antes não se via areia. Inúmeros riachos se sobrepõem e se entrelaçam, exibindo uma espécie de "produto híbrido" que parte acata à lei da correnteza e parte à da vegetação. À medida que flui, assume a forma de folhas ou trepadeiras, formando montes de ramos carnudos de trinta centímetros ou mais de altura e assemelhando-se, quando olhando para baixo, aos talos laciniados, lobulados e imbricados de alguns líquenes; remetem também a corais, patas de leopardo e pés de pássaros, cérebros, pulmões e intestinos, e a excrementos de todos os tipos. É uma "vegetação" verdadeiramente grotesca, cujas formas e cores vemos esculpidas no bronze, uma espécie de folhagem arquitetônica mais antiga e típica que o acanto, a chicória, a hera, a videira ou qualquer outra; corpo destinado a se tornar um enigmático estudo para os futuros geólogos. Todo o corte impressionou-me como se fosse uma caverna com suas estalactites expostas à luz. As várias tonalidades da areia são singularmente ricas e agradáveis, abrangendo as diversas cores do ferro: marrom, cinza, amarelo e vermelho. Quando a massa que flui atinge o ralo ao pé da margem, ela se espalha mais plana, em fios — os riachos, separados dela, perdem sua forma semicilíndrica e tornam-se gradualmente mais lisos e largos, correndo juntos por estarem mais limpos —, até formar uma "areia" pode-se perceber plana, ainda variada e lindamente sombreada, na qual pode-se perceber as formas originais da vegetação; finalmente, a areia imersa na água, forma bancos como as que se formam na foz dos rios, e os formas da vegetação se perdem nas ondulações.

O talude, que tem de sete a quatorze metros de altura, às vezes é coberta por uma massa desse tipo de folhagem, ou ruptura arenosa, por quatrocentos metros, em um ou em ambos os lados, produto de um dia de primavera. O que torna notável essa folhagem de areia é o fato de ela surgir repentinamente. Quando vejo de um lado o talude inerte — pois o sol age primeiro de um lado — e do outro essa folhagem luxuriante, criada em uma hora, sou afetado por um sentido peculiar como se eu estivesse no laboratório do Artista que fez o mundo e a mim; observando-o ainda trabalhando, divertindo-se nesse barranco e, com excesso de energia, espalhando seus novos *designs*. Sinto-me como se estivesse mais perto dos órgãos vitais do mundo, pois esse transbordamento arenoso assemelha-se massa foliácea que se despende da superfície cutânea do corpo animal. Encontra-se assim nas próprias areias uma antecipação da folha vegetal. Não é de admirar que a Terra apresente-se externamente em camadas, pois ela trabalha essa ideia internamente. Os átomos já aprenderam e seguem essa lei. A folha pendente vê alio seu protótipo. Internamente, seja no globo ou no corpo animal, é um lóbulo espesso e úmido, uma palavra especialmente aplicável ao fígado, pulmões e folhas de gordura (λείβω, labor, *lapsus*, fluir ou deslizar para baixo, um deslize; λοβος, *globus*, lobo, globo; também *lap*, *flap*, e muitas outras palavras) externamente uma folha fina e seca, assim como o f e v são um b prensado e seco. As consoantes de lobo são lb, a massa macia do b (lobo único, ou B, lóbulo duplo) com a líquida l atrás dela pressionando-o para frente. Em globo, glb, o g gutural acrescenta ao significado a capacidade da garganta. As penas e asas das aves ainda são mais secas e finas folhas. Assim também, passa a lagarta grosseira na terra à borboleta esvoaçante. O próprio globo continuamente transcende e se traduz, e torna-se alado em sua órbita. Até o gelo começa com delicadas folhas de cristal, como se tivesse fluído em moldes que as folhas das plantas aquáticas imprimiram no espelho aquoso. A árvore inteira é apenas uma folha, e os rios são folhas ainda mais vastas, a polpa é a terra permeada, e as vilas e cidades são os ovos de insetos em suas axilas.

Quando o sol se retira a areia para de fluir, mas pela manhã os riachos começarão mais uma vez a se ramificarem em uma miríade de outros, fazendo uma alusão aos vasos sanguíneos são formados. Observando de perto a massa descongelada, nota-se um pequeno fluxo de areia amolecida em forma de gota, que como a ponta dedo, vai tateando seu caminho da descida lenta e cegamente, até que finalmente com mais calor e umidade, à medida que o sol vai subindo, a porção mais fluida, no esforço de obedecer à lei, à qual acata o mais inerte, separa-se dessa e forma um canal ou artéria sinuosa, na qual se vê um prateado riacho passando, como um raio, pelas folhas carnudas ou galhos e de vez em quando sendo engolido pela areia. É incrível como a areia se organiza rapidamente e com perfeição, à medida que flui, usando o melhor material que sua massa oferece, para formar as bordas afiadas de seu canal. Tais são as nascentes dos rios. Na matéria siliciosa que a água deposita talvez esteja o sistema ósseo, e no solo ainda mais fino e na matéria orgânica, a fibra carnuda ou tecido celular. O que é o homem senão uma massa de barro fresco? A ponta do dedo humano é apenas uma gota congelada. Os dedos das mãos e dos pés fluem em sua extensão da massa descongelada do corpo. Quem pode prever como o corpo humano se expandiria e fluiria sob Céus mais benditos? A mão não é uma folha de palmeira que se estende com seus lóbulos e veios? A orelha pode ser considerada, fantasiosamente, como um líquen, *umbilicaria*, na lateral da cabeça, com seu lóbulo ou gota. Os lábios — *labium*, do trabalho (?) — protejam-se ou cairão dos lados da boca cavernosa. O nariz é uma gota manifesta ou estalactite solidificada. O queixo é uma gota ainda maior, o gotejamento confluente do rosto. As bochechas são um deslizamento das sobrancelhas para o vale do rosto, opostas e difundidas como maças do rosto. Cada lóbulo arredondado da folha vegetal também é uma gota grossa e agora ociosa, maior ou menor os lóbulos são os dedos da folha; e quantos lóbulos tiver, em tantas direções tende a fluir, e mais calor ou outras influências estimulantes teriam feito com que fluísse ainda mais longe.

Acredito que esta encosta ilustre o princípio de todas as operações da Natureza. O Criador desta Terra patenteou apenas uma folha. O que Champollion decifrará nesse hieróglifo para nós, para que possamos finalmente virar uma nova página? Esse fenômeno é mais emocionante para mim do que a exuberância e a fertilidade das vinhas. É verdade que é um tanto excrementício em seu caráter, e não há fim para os montes de fígados e entranhas, como se o globo fosse virado do avesso, mas isso sugere pelo menos que a Natureza tem algumas entranhas e, novamente, é a mãe da humanidade. E a geada retira-se do solo. Chega a primavera. O fim da geada precede a primavera, verde e florida, como a mitologia precede a poesia. Não conheço nada mais purgativo para os gases e indigestões do inverno. Isso me convence de que a Terra ainda está em seus panos e estende seus dedos do bebê para todos os lados. Cachos brotam da testa mais careca. Não há nada inorgânico. Os montes folhosos estendem-se ao longo do barranco como a escória de uma fornalha, mostrando que a Natureza está "a todo vapor". A Terra não é um mero fragmento de história morta, estrato sobre estrato como as folhas de um livro, a ser estudada principalmente por geólogos e antiquários, mas uma poesia viva como as folhas de uma árvore, que precedem as flores e os frutos — não um fóssil, mas uma Terra viva. Em comparação com a grande vida da Terra toda a vida animal e vegetal é meramente parasitária. Suas agonias arrancarão as exúvias dos túmulos. O Homem pode derreter seus metais e lançá-los nos moldes mais bonitos que tiver e; eles nunca me excitarão como as formas nas quais esta Terra fundida flui. E não apenas ela, mas também as instituições sobre ela que são plásticas como argila nas mãos do oleiro.

Rapidamente não apenas nessas rampas, mas em todas as colinas e planícies e em todas as cavidades, a geada sai do solo como um animal que há pouco dormias em sua toca e procura o mar com música ou migra nas nuvens. Thaw, com sua gentil persuasão, é mais poderoso do que Thor com seu martelo. Um derrete, o outro quebra em pedaços.

Quando o chão estava em parte sem neve e alguns dias quentes haviam secado um pouco sua superfície, era agradável comparar os primeiros sinais tenros do ano recém-nascido com a beleza majestosa da vegetação murcha que resistiu ao inverno — sempre-viva, vara-de-ouro e graciosas gramíneas selvagens, mais ostensivas e interessantes do que no verão, como se sua beleza não estivesse madura até então; até mesmo capim-algodão, tifas, verbascos, ervas-de-são-joão, entre outras plantas de caule forte, aqueles celeiros inesgotáveis que entretêm os primeiros pássaros —, ervas daninhas decentes, que cobrem a Natureza viúva. Sinto-me particularmente atraído pelo topo arqueado e em forma de feixe do *Scirpus cyperinus*, ele traz de volta o verão às memórias de inverno e está entre as formas que a arte gosta de copiar e que, no reino vegetal, têm, como a astronomia, a mesma relação com os tipos já existentes na mente do homem, É um estilo antigo; mais antigo que o grego ou egípcio. Muitos dos fenômenos do inverno são sugestivos de uma ternura inexprimível e de uma delicadeza frágil. Estamos acostumados a ouvir esse rei descrito como um tirano rude e turbulento; mas com a gentileza de um amante ele adorna as tranças do verão.

Com a aproximação da primavera, os esquilos-vermelhos entraram sob minha casa, diretamente sob meus pés, enquanto eu lia ou escrevia, e mantinham as mais estranhas risadas e chilreios e piruetas vocais e sons gorgolejantes que já foram ouvidos; e quando eu batia os pés, eles apenas faziam um som ainda mais alto, como se tivessem perdido todo o medo e respeito com suas brincadeiras malucas, desafiando a humanidade a detê-los. Não, não... esquilinho... esquilinhos. Eles eram totalmente surdos aos meus argumentos, ou falhavam em perceber sua força, e eu caía em um tipo de repreensão jocosa

O primeiro pardal da primavera! O ano começando com uma esperança mais jovem do que nunca! Os fracos gorjeios ouvidos sobre os campos parcialmente nus e úmidos do pássaro azul, do pardal-cantor e do asa-vermelha, soavam como se os últimos flocos do inverno tilintassem ao cair! O que são histórias, cronologias, tradições e todas as revelações escritas? Os riachos cantam canções de natal e madrigais para a primavera. O falcão do pântano navegando baixo sobre o prado já está procurando a primeira vida viscosa que desperta. O som da neve derretendo é ouvido em todos os vales, e o gelo se dissolve rapidamente nas lagoas. A grama arde nas encostas como um fogo de primavera — "*et primitus oritur herba imbribus primoribus evocata*" — como se a terra enviasse um calor interno para saudar o sol que volta; não amarela, mas verde é a cor de sua chama; — o símbolo da juventude perpétua, a lâmina de grama, como uma longa fita verde, flui do gramado para o verão, detida de fato pela geada, mas logo avança novamente, levantando sua lança de feno do ano passado com a estímulo da vida nova sob suas raízes. Ele cresce com a mesma obstinação que o riacho escorre do solo e como ele tanto se identifica que nos meados de junho, quando os riachos estão secos, as lâminas de grama são seus canais e, de ano para ano, os rebanhos bebem nesse riacho verde perene, e o cortador retira dele o abastecimento de inverno. Assim nossa vida humana morre até a raiz e ainda estende sua lâmina verde para a eternidade.

Walden está derretendo rapidamente. Há um canal com duas hastes de largura ao longo dos lados norte e oeste, e mais largo ainda na extremidade leste. Um grande campo de gelo se desprendeu do corpo principal. Ouço um pardal cantando nos arbustos da praia — olit, olit, olit, chip, chip, chip, che char, che wiss, wiss, wiss. Ele também está ajudando a quebrá-lo. Quão bonitas são as grandes curvas arrebatadoras na borda do gelo, correspondendo um pouco às da costa, mas mais regulares! É extraordinariamente duro, devido ao recente frio severo, mas transitório, e todo frisado ou ondulado como o chão de um palácio. O vento desliza para o leste sobre sua superfície opaca em vão, até atingir a superfície viva abaixo. É glorioso contemplar essa fita de água brilhando ao sol, a face nua do lago cheia de alegria e juventude, como se falasse da alegria dos peixes dentro dele e das areias em sua margem — um brilho prateado como o das escamas de um *leuciscus* assemelhava-o a um peixe vivo. Eis o contraste entre o inverno e a primavera! Walden estava morto e está vivo novamente. Nesta primavera ele se desfez de forma mais constante, como eu já disse.

A passagem das tempestades e do inverno profundo para o tempo sereno e ameno, das horas escuras e lentas para as claras e elásticas, é uma crise memorável que todas as coisas proclamam. Parece mágica, instantânea. De repente, um influxo de luz encheu minha casa, embora a noite estivesse próxima, as nuvens do inverno ainda pairassem sobre ela e os beirais pingassem com a chuva de granizo. Olhei pela janela e, viva! Onde ontem havia gelo cinzento, estava o lago transparente, já calmo e cheio de esperança como em uma noite de verão, refletindo um céu em seu seio, embora nenhum fosse visível acima, como se tivesse conexão com algum horizonte remoto. Ouvi um tordo à distância, pareceu-me ser o primeiro que ouvia em muitos milhares de anos, cuja nota não esquecerei por muitos outros milhares — a mesma doce e poderosa canção de outrora. Ó, pisco de peito vermelho, és um presente no final de um dia de verão na Nova Inglaterra! Se eu pudesse encontrar o galho em que ele está sentado! Sim, queria ver o galhinho! Esse, pelo menos, não é um *Turdus migratorius*. Os pinheiros e os carvalhos ao redor de minha casa, que há tanto tempo estavam caídos, subitamente retomaram suas diversas características, parecendo mais brilhantes, mais verdes, e mais eretos e vivos, como se tivessem sido efetivamente limpos e restaurados pela chuva. Eu sabia que não iria mais chover. Olhando para qualquer galho da floresta, sim, para sua própria pilha de madeira, é possível saber se o inverno já passou ou não. À medida que escurecia, ficava assustado com o grasnar dos gansos voando baixo sobre a floresta, como viajantes cansados chegando tarde dos lagos do sul e finalmente se entregando a queixas desenfreadas e consolo mútuo. De pé a minha porta, eu podia ouvir o bater de suas asas quando, em direção a minha casa, eles avistaram a luz e, com um clamor abafado, giraram e pousaram no lago. Então entrei, fechei a porta e passei minha primeira noite de primavera no bosque.

De manhã, da porta, observei os gansos através da névoa, navegando no meio do lago, a cinquenta varas de distância, tão numerosos e tumultuados que Walden parecia um lago artificial para sua diversão. Quando caminhei para a praia, eles imediatamente iniciaram o voo com um grande bater de asas ao sinal de seu comandante, e após voarem em círculo sobre minha cabeça, eram vinte e nove aves, seguiram em direção Canadá, guiados pelo grasnar do líder a intervalos uniformes, confiando em quebrar o jejum em poças mais lamacentas. Uma revoada de patos ergueu-se ao mesmo tempo e tomou o rumo do norte na esteira de seus primos mais ruidosos.

Por uma semana ouvi o clangor de algum ganso solitário, nas manhãs de nevoeiro, procurando seu companheiro e povoando os bosques com o som de uma vida maior do que eles poderiam sustentar. Em abril, os pombos foram vistos voando novamente em pequenos bandos e, no devido tempo, ouvi os martins piando sobre minha clareira, embora não parecesse que o município tivesse tantos que pudesse me emprestar, e imaginei que eles eram peculiarmente da raça antiga que vivia em árvores ocas antes que os homens brancos chegassem. Em quase todos os climas, a tartaruga e a rã estão entre os precursores e arautos desta estação, e os pássaros voam com canto e plumagem reluzente, e as plantas brotam e florescem, e os ventos sopram, para corrigir a ligeira oscilação dos polos e preservar o equilíbrio da Natureza.

Como cada estação parece ser a melhor, a chegada da primavera é como a criação do Cosmos a partir do Caos e a materialização da Idade de Ouro.

"Eurus ad Auroram Nabathæaque regna recessit,
Persidaque, et radiis juga subdita matutinis."

"O vento leste retirou-se para a aurora e o Reino Nabateu,
E o persa, e os cumes colocados sob os raios da manhã.

O homem nasceu. Desconheço se o Artífice das coisas,
A origem de um mundo melhor, o fez da semente divina;
Ou a terra, sendo recente e ultimamente separada do alto
Éter, reteve algumas sementes do céu cognato."

Uma única chuva suave torna a grama muito mais verde, assim como, nossas perspectivas se iluminam com o influxo de pensamentos melhores. Seríamos abençoados se vivêssemos sempre no presente e aproveitássemos cada acidente que nos acontece como a grama que confessa a influência do mais leve orvalho que cai sobre ela; e não ocupássemos nosso tempo expiando a negligência de oportunidades passadas e fizéssemos o que chamamos de "cumprir nosso dever". Nos demoramos no inverno enquanto já é primavera. Em uma agradável manhã de primavera, todos os pecados dos homens são perdoados. Tal dia é uma trégua ao vício. Enquanto o sol persistir a queimar, o pecador mais vil pode retornar. Usando nossa própria inocência recuperada, discernimos a inocência de nossos vizinhos. O vizinho conhecido ontem como ladrão, bêbado ou devasso pelo qual tinha-se apenas pena ou desprezo e que desesperançava o mundo, hoje, quando o sol brilha forte e quente nesta primeira manhã de primavera, recriando o mundo, ela encontra-se em algum trabalho sereno, e suas veias exaustas, pelos debochas, se expandem com alegria silenciosa e abençoam o novo dia; e ele sente a influência da primavera com a inocência da infância, e todos os seus defeitos são esquecidos. Não há apenas uma atmosfera de boa vontade sobre ele, mas também um traço de santidade tateando para expressar-se, talvez cego e ineficaz como um instinto recém-nascido; e por uma hora curta a encosta sul da colina ecoa sem piadas vulgares. Alguns brotos inocentes preparam-se para brotar de sua casca retorcida e tentarem mais um ano de vida, tenros e frescos como a planta mais jovem. Até ele entrou na alegria do Senhor. Por que o carcereiro não deixa abertas as portas de sua prisão? Por que o juiz não encerra seu caso e o pregador não dispensa sua congregação? É porque eles não obedecem à sugestão que Deus lhes dá, nem aceitam o perdão que ele oferece gratuitamente a todos.

"Um retorno ao bem produzido a cada dia no sopro tranquilo e benéfico da manhã, faz com que, no que diz respeito ao amor à virtude e ao ódio ao vício, nos aproximemos um pouco da natureza primitiva do homem, como os rebentos do bosque que foi derrubado. Da mesma forma, o mal que alguém faz no intervalo de um dia impede que os germes das virtudes, que começaram a brotar novamente, desenvolvam-se e os destrói."

"Depois que os germes da virtude foram assim muitas vezes impedidos de desenvolverem-se, o sopro benéfico da noite não é suficiente para preservá-los. Assim que o hálito da noite não basta para conservá-los, a natureza do homem não difere muito da do bruto. Os homens, vendo a sua natureza análoga a do animal, pensam que nunca possuíram a faculdade inata da razão. Serão esses os sentimentos verdadeiros e naturais do homem?"

> "A Era de Ouro foi criada sem nenhum vingador que
> Espontaneamente, sem lei e acalentava a fidelidade e a retidão.
> Punição e medo não havia, nem foram lidas palavras ameaçadoras
> Impressas em bronze, nem a multidão suplicante temia
> As palavras de seu juiz e sentia-se segura sem um vingador.
> O pinheiro tombado nas montanhas ainda não havia descido
> pelas ondas líquidas para poder ver o mundo estrangeiro,
> E os mortais não conheciam praias além das suas.
> Havia primavera eterna e os zéfiros com brisas suaves de ventos agradáveis
> acalmavam as flores nascidas de nenhuma semente."

No dia 29 de abril, enquanto pescava na margem do rio perto da ponte Nine Acre Corner, de pé sobre a grama trêmula e raízes de salgueiro, onde os ratos-almiscarados espreitam, ouvi um som singular de chocalho, um pouco parecido com o de um brinquedo que os meninos manejam com os dedos, e olhando para cima, observei um gavião muito leve e gracioso, como um falcão noturno, subindo com ondulações e descendo uma ou duas varas, repetidamente, mostrando a parte inferior de suas asas que brilhava como uma fita de cetim ao sol, ou como o interior perolado de uma concha. Essa visão me lembrou a falcoaria e a nobreza e a poesia associadas a esse esporte. Pareceu-me que poderia ser chamado: Merlin, mas não me importo com seu nome. Foi o voo mais etéreo que já testemunhei. Ele não apenas esvoaçava como uma borboleta, nem voava como os gaviões maiores, mas se divertia com orgulhosa confiança nos campos do ar; subia mais e mais soltando sua risada estranha e logo repetia sua queda livre e garbosa, girando e girando como uma pipa, e então recuperava-se do seu tombo altivo, como se nunca tivesse pisado em terra firme. Parecia não ter companhia no universo — divertindo-se ali sozinho — e não precisar de nada além da manhã e do éter no qual brincava. Não era solitário, mas tornava toda a terra, abaixo dele, solitária. Onde estão os pais que o chocaram e alimentaram? E seus irmãos não voam nos céus? O morador do ar parecia relacionado a terra unicamente por um ovo chocado, em algum momento, na fenda de um penhasco — ou seu ninho nativo foi feito no ângulo de uma nuvem, tecido com as cores do arco-íris e as do céu do pôr do sol, e forrado com alguma névoa suave de verão apanhada da terra? Seu abrigo agora é alguma nuvem.

Além de uma exibição, consegui uma rara mistura de peixes dourados e prateados e brilhantes da cor do cobre, que pareciam um colar de joias. Ah! Penetrei naqueles prados na manhã de muitos primeiros dias de primavera, pulando de monte em monte, de raiz em raiz de salgueiro, quando o vale do rio selvagem e os bosques eram banhados por uma luz tão pura e brilhante que teria despertado os mortos, se estivessem dormindo em seus túmulos, como alguns supõem. Não há necessidade de prova mais forte de imortalidade. Todas as coisas devem viver em tal luz. Ó Morte, onde estava o teu aguilhão? Ó Sepultura, onde estava a tua vitória, então?

Nossa vida na vila estagnaria se não fosse pelas florestas e prados inexplorados que a cercam. Precisamos do tônico da selvageria — às vezes vadear em pântanos onde a rã e a galinhola espreitam; ouvir o estrondo da narceja; cheirar o junco sussurrante onde apenas uma ave mais selvagem e solitária constrói seu ninho, e ver a Marta deitada com a barriga rente ao chão. Ao mesmo tempo em que desejamos explorar e aprender todas as coisas, exigimos que todas as coisas sejam misteriosas e inexploráveis, que a terra e o mar sejam infinitamente selvagens, não pesquisados e insondáveis. Nunca podemos ter o suficiente da Natureza. Devemos ser reanimados pela visão do vigor inesgotável; pelas características vastas e titânicas; pela encosta com seus destroços; pelo deserto com suas árvores vivas e decadentes, pela nuvem de trovão e a chuva que dura três semanas e produz inundações. Precisamos testemunhar nossos próprios limites transgredidos e ver outros seres pastando livremente por onde nunca vagamos. Ficamos admirados quando observamos o abutre alimentando-se da carniça, que nos enoja e abate e tirando saúde e força dessa refeição. Havia um cavalo morto em um buraco no caminho para minha casa, o que me obrigava, às vezes, a desviar-me, especialmente à noite quando o ar era pesado, mas a certeza do forte apetite e da saúde inviolável da Natureza era minha compensação por isso. É mito bem ver que a Natureza é tão cheia de vida que miríades podem ser sacrificadas e atacarem umas às outras; que organizações tenras podem ser serenamente eliminadas, reduzidas a pó; que girinos são engolidos pelas garças, e tartarugas e sapos, atropelados na estrada; e que às vezes chove carne e sangue! Sujeitos a acidentes, constantemente, não deveríamos inquietar-nos. A impressão que esse estado causa em um homem sábio é a da inocência universal. Afinal, o veneno não é venenoso nem a ferida é fatal. A compaixão é um terreno muito insustentável. Deve ser breve. Suas súplicas não suportam ser cimentadas.

No início de maio, os carvalhos, nogueiras, bordos e outras árvores, que acabavam de se despontar no meio dos pinheiros ao redor do lago, davam um brilho de sol à paisagem, especialmente em dias nublados, como se o sol estivesse rompendo as brumas e brilhando vagamente nas encostas das colinas aqui e ali. No dia 3 ou 4 de maio, vi mobelhas no lago e, durante a primeira semana do mês, ouvi o noitibó, o tordo, o sabiá, o piui e outros pássaros. Eu já tinha ouvido o tordo muito antes. Um deles já tinha vindo e espiado por minha porta e janela, para ver se minha casa poderia ser uma caverna para ele. Balançando suas asas sussurrantes, com a garras cerradas, como se se sustentasse no ar, inspecionava o lugar. O pólen do pinheiro, cor de enxofre, logo cobriu o lago e as pedras e a madeira podre ao longo da costa; era tanto que poderia encher um barril; esse episódio poderia ser, fazendo troça, chamado de "chuva de enxofre", da qual ouvimos falar. No drama *Sacontala* de Calidas, lemos sobre "riachos tingidos de amarelo com o pó dourado do lótus". E assim as estações foram avançando até o verão, como quem caminha pela grama cada vez mais alta.

Assim completou-se meu primeiro ano de vida na nos bosques; e o segundo ano foi semelhante. Finalmente deixei Walden em 6 de setembro de 1847.

CONCLUSÃO

Aos doentes, os médicos recomendam sabiamente uma mudança de ares e de cenário. Graças a Deus, aqui não é todo o mundo. A castanha-da-índia não cresce na Nova Inglaterra, e o sabiá raramente é ouvido aqui. O ganso selvagem é mais cosmopolita do que nós; ele quebra o jejum no Canadá, almoça em Ohio e passa a noite em um pântano do Sul. Até o bisão acompanha o ritmo das estações, pasta no Colorado apenas até que um capim mais verde e mais doce cresça em Yellowstone. No entanto, pensamos que se as cercas forem derrubadas e o muros de pedra forem empilhados em nossas fazendas, limites serão estabelecidos para nossas vidas e nossos destinos decididos. Aquele que for nomeado servidor municipal, certamente não poderá ir para a Terra do Fogo neste verão, mas poderá ir para a terra do fogo infernal. O universo é mais amplo do que a nossa visão dele.

Deveríamos examinar com mais frequência o balaústre da nossa embarcação, como passageiros curiosos, e não fazer a viagem como marinheiros estúpidos catando carvalho. O outro lado do globo é só lugar em que está nosso correspondente. Nossas viagens são apenas grandes voltas, e os médicos as prescrevem apenas para doenças de pele. Há quem corra para o sul da África para caçar girafas, mas certamente essa não é a caça que ele almeja. Por quanto tempo um homem caçaria girafas, se pudesse? Narcejas e galinholas também podem proporcionar esportes raros, mas acredito que seria um jogo mais nobre atirar em si mesmo.

> "Direcione seus olhos para dentro e encontrará certamente
> Mil regiões, ainda não descobertas em sua mente
> Viaje-as de maneira meticulosa e será um dia
> Especialista dedicado da sua própria cosmografia."

O que a África e o Ocidente representam? Nosso próprio interior está branco no mapa, embora, possa ser negro, como a costa, quando descoberto. Seria a nascente do Nilo, ou do Níger, ou do Mississippi, ou a Passagem do Noroeste ao redor deste continente, que encontraríamos? São esses os problemas que mais preocupam a humanidade? Será Franklin o único homem que está perdido, para que sua esposa esteja tão empenhada em encontrá-lo? O Sr. Grinnell saberá onde ele mesmo está? Seja antes o Mungo Park, o Lewis, Clarke e Frobisher, de seus próprios riachos e oceanos; explore suas próprias latitudes — leve carregamentos de carnes em conserva para apoiá-lo, se necessário, e empilhe as latas vazias até o céu como um sinal. A conserva foi inventada apenas para conservar a carne? Não, seja um Colombo para novos continentes e mundos dentro de você, abrindo novos canais, não de comércio, mas de pensamento. Todo homem é o senhor de um reino ao lado do qual o império terrestre do czar é apenas um Estado mesquinho, um monte deixado pelo gelo. Alguns homens são patriotas sem autorrespeito e sacrificam o maior pelo menor. Eles amam o solo que lhe dá suas sepulturas, mas não simpatizam com o espírito que ainda pode animar seu barro. O patriotismo é um verme em suas cabeças. Qual foi o significado daquela expedição de exploração nos Mares do Sul, com todo o seu desfile e despesas, senão uma declaração indireta de que existem continentes e mares no mundo moral ainda inexplorados pelo homem, é dele um istmo ou uma enseada? É mais fácil navegar muitos milhares de quilômetros passando frio, tempestades e enfrentando canibais, em um navio do governo, com quinhentos homens e jovens a mando de um só, do que explorar o Mar Interior, o Atlântico e o Oceano Pacífico de um único homem:

"*Erret, et extremos alter scrutetur Iberos.*
Plus habet hic vitae, plus habet ille viae."

Deixe-os vagar e examinar os estranhos australianos.
Eu tenho mais de Deus, eles mais da estrada.

Não vale a pena dar a volta ao mundo para contar os gatos em Zanzibar. No entanto, faça isso até que você possa fazer melhor, e talvez encontrar algum "Buraco de Symmes" pelo qual finalmente se possa chegar ao interior. Inglaterra e França, Espanha e Portugal, Costa do Ouro e Costa dos Escravos, todos banhados por esse mar interior; mas nenhum deles se aventurou fora da vista da terra, embora seja sem dúvida o caminho direto para a Índia. Quem quiser aprender a falar todas as línguas; abraçar-se aos costumes de todas as nações; se quiser viajar mais longe do que todos os viajantes; adaptar-se em todos os climas e fazer a Esfinge bater com a cabeça contra uma pedra, deve obedecer ao preceito do velho filósofo: "Conhece-te a ti mesmo". Aqui são exigidos os olhos e os nervos. Só os derrotados e desertores vão para as guerras, covardes que fogem e se alistam. Comece agora pelo caminho distante, no Oeste, que não para no Mississipi ou no Pacífico nem segue em direção à China ou ao Japão desgastado, mas segue tangente a esta esfera: verão e inverno, dia e noite, pôr do sol, descer da lua e, finalmente, ocaso da Terra.

Diz-se que Mirabeau começou a roubar na estrada "para verificar que grau de resolução era necessário para se colocar em oposição formal às leis mais sagradas da sociedade". Ele declarou que "um soldado que luta nas fileiras não requer metade da coragem de um saqueador", e "que a honra e a religião nunca se interpuseram no caminho de uma decisão bem ponderada e firme". Era algo viril, conforme considerava o mundo, e, no entanto, leviano se não criminoso. Mesmo um homem equilibrado, encontra-se, com bastante frequência, "em oposição formal" ao que são consideradas "as leis mais sagradas da sociedade" ao obedecer à leis ainda mais sagradas. É assim que ele testa sua resolução sem desviar-se do seu caminho. Não cabe ao homem colocar-se em oposição aos interesses da sociedade, mas manter-se em atitude que vá ao encontro das leis do seu ser, que nunca serão de resistência às leis de um governo justo, se ele por acaso encontrar algum.

Deixei os boques por um motivo tão bom quanto o que me levou para lá. Pareceu-me que eu tinha várias outras vidas para viver e não poderia perder mais tempo com aquela. É notável como facilmente e sem perceber caímos em uma determinada rotina e fazemos uma trilha batida para nós. Em menos de uma semana meus pés marcaram o caminho da minha porta até a beira do lago; e embora já se passaram cinco ou seis anos desde que o pisei, ainda é bastante nítido. É verdade que outros possam ter passado por e assim ajudado a mantê-lo bem visível. A superfície da terra é macia e fica marcada pelos pés dos homens; é assim com os caminhos que a mente percorre. Quão gastas e empoeiradas, então, devem ser as estradas do mundo! Quão profundos os sulcos da tradição e conformismo! Eu não quis pagar uma passagem de cabine, queria ficar no mastro e no convés do mundo, pois ali eu poderia ver melhor o luar em meio às montanhas. Não desejo descer agora.

Aprendi com meu experimento: se alguém avança com confiança na direção de seus sonhos e se esforça para viver a vida que imaginou, encontrará sucesso inesperado em horas corriqueiras. Deixará algumas coisas para trás, ultrapassará um limite invisível; leis novas, universais e mais liberais começarão a estabelecer-se ao redor e dentro dele; ou as velhas leis serão expandidas e interpretadas a seu favor em um sentido mais liberal, e ele viverá com a licença de uma ordem superior de seres. À medida que simplificar sua vida, as leis do universo parecerão menos complexas, e a solidão não será solidão, nem a pobreza, pobreza, nem a fraqueza, fraqueza. Se construiu castelos no ar, seu trabalho não foi perdido; eles estão onde deveriam estar. Agora coloque as fundações sob eles.

É uma exigência ridícula que a Inglaterra e a América do Norte fazem quando querem que todos falem de forma que eles possam entender. Nem homens nem sapos crescem assim. Como se isso fosse importante e não houvesse mais ninguém para entender os homens senão eles. Como se a

Natureza pudesse suportar apenas uma ordem de entendimentos, não pudesse sustentar pássaros tão bem quanto quadrúpedes, seres voadores e rastejantes. Como se o silêncio e o barulho que Bright consegue entender, fossem o melhor inglês! Como se houvesse segurança apenas na estupidez. Receio principalmente que minha expressão não seja suficientemente extravagante, que não vagueie o suficiente além dos limites estreitos de minha experiência diária, de modo a moldar-se à verdade da qual estou convencido. Extravagância! Ela depende do quanto o cerca. A búfala migratória, que busca novas pastagens em outra latitude, não é extravagante como a vaca que chuta o balde, pula a cerca do curral e corre atrás do bezerro, na hora da ordenha. Desejo falar em algum lugar sem limites; como um homem em um momento de vigília, para outros homens também em seus momentos de vigília. Estou convencido de que não posso exagerar nem mesmo para lançar as bases de uma expressão verdadeira. Quem já ouviu uma música teme falar extravagantemente para sempre? Tendo em vista o futuro e o possível, deveríamos viver de maneira bastante relaxada e destemida, fazendo planos indistintos e nebulosos como nossas sombras que revelam a transpiração sutil quando estamos sob sol. A verdade volátil de nossas palavras trai continuamente a inadequação da declaração de nossas expressões. A verdade delas é traduzida instantaneamente; apenas seu corpo literal permanece. As palavras que expressam nossa fé e piedade não são definidas, no entanto, são significativas e perfumadas como o olíbano para naturezas superiores.

Por que rebaixar sempre a nossa percepção mais enfadonha e elogiá-la como senso comum? O senso mais comum está nos homens adormecidos, que eles expressam pelo ronco. Somos inclinados a classificar aqueles que são dotados como estúpidos, porque apreciamos apenas um terço da sua inteligência. Alguns criticariam o vermelho da manhã, se acordassem cedo o suficiente para vê-la. Dizem, eu ouço, que os versos de Kabir têm quatro sentidos diferentes: ilusão, espírito, intelecto e a doutrina exotérica dos Vedas, mas nesta parte do mundo é considerado motivo de crítica os escritos de um homem que admitem mais de uma interpretação. Enquanto a Inglaterra se esforça para curar a podridão da batata, não haverá nenhum esforço para curar a podridão cerebral que prevalece de maneira muito mais ampla e fatal?

Não acredito que tenha atingido a obscuridade, mas ficaria orgulhoso se nenhuma falha mais fatal fosse encontrada em minhas páginas com a complexidade da contida no gelo do Walden. Os visitantes do sul se opuseram a sua cor azul, que é a prova de sua pureza, como se fosse lamacenta, e preferiram o gelo de Cambridge que é branco, mas tem gosto de ervas daninhas. A pureza que os homens amam é como as névoas que envolvem a terra, e não como o éter azul além delas.

Dizem em nossos ouvidos que nós, americanos, e os modernos em geral, somos anões intelectuais em comparação com os antigos, ou mesmo com os homens elisabetanos. O que isso quer dizer? — Um cachorro vivo é melhor que um leão morto. Deve um homem enforcar-se porque pertence ao grupo dos pigmeus, e não procura ser o maior pigmeu que puder? Que cada um cuide de seus próprios negócios e se esforce para ser sempre melhor.

Por que deveríamos ter tanta pressa para obtermos sucesso e em empreendimentos tão imprevistos? Se um homem não acompanha o ritmo de seus companheiros, talvez seja porque ouça um tambor diferente. Deixe-o caminhar ao som da música que ouve, por mais marcada ou distante que seja. Não é importante que ele amadureça tão cedo quanto uma macieira ou um carvalho. Ele deve transformar sua primavera em verão? Se ainda não existem as condições para realizarmos os propósitos para quais fomos criados, quais seriam as realidades que poderiam substituí-las? Não seremos náufragos em uma vã realidade. Devemos, com esforço, erguer um céu de vidro azul sobre nós mesmos, e, quando isso for feito, ter a certeza de que ainda contemplamos o verdadeiro céu etéreo, que está muito acima, como se o primeiro não existisse?

Havia um artista na cidade de Kourou que estava disposto a buscar a perfeição. Um dia, veio-lhe à cabeça fazer um cajado. Tendo considerado que em um trabalho imperfeito o tempo é um ingrediente e em um perfeito ele não entra, disse a si mesmo: O cajado será perfeito em todos os aspectos, ainda eu não faça mais nada em minha vida. Ele foi imediatamente para a floresta em busca de madeira, resolvido que não trabalharia com material inadequado; e enquanto ele procurava e rejeitava vara após vara, seus amigos gradualmente o abandonaram, pois envelheceram em suas ocupações e morreram, mas ele não envelheceu. Sua singularidade de propósito e resolução, e sua elevada piedade, dotaram-no, sem seu conhecimento, de uma juventude perene. Como ele não fez concessões ao Tempo, o Tempo se manteve fora de seu caminho e apenas suspirou a distância porque não conseguiu vencê-lo. Quando encontrou uma vara adequada em todos os aspectos, a cidade de Kourou já era uma ruína antiga e ele sentou-se em um de seus montes para descascar a madeira. Antes que ele tivesse dado-lhe a forma perfeita, a dinastia dos Candahars estava no fim, e com a ponta do bastão ele escreveu o nome do último dessa linhagem na areia e então retomou seu trabalho. Quando ele alisou e poliu o bastão, Kalpa não era mais a Estrela Polar; e antes de ele colocar a ponteira e a cabeça adornada com pedras preciosas, Brahma acordou e dormiu muitas vezes. Por que conto essas coisas? Quando o toque final foi dado ao seu trabalho, ele subitamente se expandiu diante dos olhos do atônito artista na mais bela de todas as criações de Brahma. Ao fazer o cajado ele havia criado um novo sistema, um mundo de proporções plenas e justas, onde, embora as antigas cidades e dinastias tivessem passado, outras mais justas e gloriosas haviam tomado seus lugares. E agora ele via, pela pilha de lascas ainda frescas a seus pés, que para ele e seu trabalho, o lapso de tempo anterior havia sido uma ilusão, e que não havia transcorrido mais tempo do que o necessário para uma única cintilação do cérebro de Brahma cair e inflamar a pavio de um cérebro mortal. O material era puro e sua arte era pura; como poderia o resultado ser diferente de maravilhoso?

Nenhuma face que possamos dar a um assunto nos responderá tão bem quanto a verdade; apenas ela veste bem. Na maioria das vezes não estamos onde estamos, mas em uma posição falsa. Por causa de uma infinidade de nossas naturezas, supomos um caso e nos colocamos nele e, portanto, estamos em dois lugares ao mesmo tempo, e é duplamente difícil sair deles. Em momentos de sanidade, consideramos apenas os fatos reais. Diga o que tem a dizer, e não o que deveria. Qualquer verdade é melhor do que o faz de conta. Tom Hyde, o funileiro, de pé na forca, foi questionado se ele tinha algo a dizer: "Diga aos alfaiates para se lembrarem de fazer um nó na linha antes de darem o primeiro ponto". O alerta está esquecido por muitos.

Por mais inexpressiva que seja sua vida, enfrente-a e viva-a; não a evite nem afronte-a com palavras feias. Não é tão ruim quanto você. Parece ser mais pobre quando você é mais rico. Quem busca falhas encontrará falhas até mesmo no paraíso. Ame sua vida, por mais simples que ela seja. Existem algumas horas agradáveis, emocionantes e gloriosas, mesmo em um abrigo simples. O sol poente é refletido nas janelas do abrigo tão brilhantemente quanto na residência do homem rico; a neve derrete diante de ambas as portas no início da primavera. Não vejo porque uma mente tranquila não possa viver contente e ter pensamentos animadores, quanto em um palácio. Os pobres da cidade parecem-me, muitas vezes, viver as vidas com mais independência que outros. Pode ser que eles sintam-se grandes o suficiente para receber sem hesitar. A maioria pensa que está acima de ser sustentado pela cidade, mas acontece com mais frequência que eles não estão acima de sustentarem-se por meios desonestos, o que deveria ser mais desonroso. Cultive a pobreza como uma erva de jardim, como a sálvia. Não se preocupe muito em conseguir coisas novas, sejam roupas ou amigos. Reforme as roupas antigas, retorne aos amigos. As coisas não mudam, nós mudamos. Venda suas roupas e guarde seus pensamentos. Deus verá que você não quer a sociedade. Se eu fosse confinado a um canto de um sótão pelo resto dos meus dias, como uma aranha, o mundo seria enorme para mim se eu tivesse meus pensamentos comigo. O filósofo disse: "De um exército de três divisões pode-se tirar seu general e colocá-lo em desordem; do homem mais abjeto e vulgar não se pode tirar seu pensamento". Não busque tão ansiosamente ser desenvolvido nem sujeitar-se a muitas influências exercidas; é tudo dissipação. A humildade como a escuridão revela as luzes celestiais. As sombras da pobreza e mesquinhez se reúnem ao nosso redor, "e eis!, a criação se alarga a nossa visão". Muitas vezes somos lembrados de que se a riqueza de Creso nos fosse concedida, nossos objetivos e nossos meios seriam essencialmente os mesmos. Além disso, quem está limitado em seu alcance pela pobreza, se não pode comprar livros e jornais, por exemplo, confinado apenas às experiências mais significativas e vitais; será compelido a lidar com o material que produz mais açúcar e mais amido. É a vida perto do osso onde ela é mais doce. Será defendido de ser um insignificante. Nenhum homem perde em um nível inferior com a magnanimidade em um nível superior. Riqueza supérflua compra apenas coisas supérfluas. O dinheiro não é necessário para comprar o necessário para a alma.

Vivo no canto de uma parede de chumbo, em cuja composição foi derramada uma pequena quantidade da liga do metal dos sinos. Muitas vezes, no repouso do meio-dia, chega-me aos ouvidos um confuso tintinábulo vindo de fora. É o barulho dos meus contemporâneos. Meus vizinhos contam-me suas aventuras com cavalheiros e damas famosas, e notáveis encontros à mesa, mas não estou mais interessado nessas coisas do que no conteúdo do *Daily Times*. O interesse e a conversa são principalmente sobre trajes e boas maneiras, mas um ganso ainda é um ganso, vista-o como quiser. Eles falam-me da Califórnia e do Texas, da Inglaterra e das Índias, do Exmo. Sr..., da Geórgia ou de Massachusetts, todos fenômenos transitórios e fugazes, até que eu esteja pronto para pular de seu pátio como o Bei mameluco. Eu me deleito em me orientar — não andar em procissão com pompa e desfile, em um lugar visível, mas caminhar até mesmo com o Construtor do universo, se puder —, não viver neste inquieto, nervoso, agitado e trivial século XIX, mas ficar de pé ou sentar-me pensativamente enquanto ele passa. O que os homens estão comemorando? Eles estão todos em um comitê de arranjos e esperam a cada hora um discurso de alguém. Deus é apenas o presidente do dia, e Webster é seu orador. Gosto de pesar, de decidir, de gravitar em torno daquilo que mais forte e legitimamente me atrai; para percorrer o único caminho que posso, aquele em que nenhum poder pode parar-me. Não me dá nenhuma satisfação começar a erguer um arco antes de ter uma base sólida. Não vamos brincar de encantadores de leões. Há um fundo sólido em todos os lugares. Lemos que o viajante perguntou ao menino se o pântano diante dele tinha fundo firme. O menino respondeu que sim, mas logo o cavalo do viajante afundou até a sela, e ele observou ao menino: Achei que você tivesse dito que este pântano tinha um fundo firme. Tem sim — respondeu o menino, mas o senhor ainda não chegou nem na metade do caminho que leva a ele. Assim é com os pântanos e areias movediças da sociedade, mas poucos sabem disso. Só é bom o que é pensado, dito e feito por raríssima coincidência. Não sou um daqueles que insensatamente enfiam um prego em meras ripas e rebocos; tal ação me manteria acordado por noites. Dai-me um martelo e deixai-me sentir a fenda. Não confie na massa. Crave um prego com tanta fidelidade que possa acordar à noite e pensar em seu trabalho com satisfação — um trabalho pelo qual não teria vergonha de invocar a Musa. Então o ajudará Deus, e tão somente. Cada prego cravado deveria ser como outro na máquina do universo dando continuidade ao trabalho...

Em vez de amor, dinheiro e fama, dai-me a verdade. Sentei-me a uma mesa onde havia comida farta, vinho em abundância e serviço ótimo, mas não havia sinceridade e verdade; saí faminto da mesa inóspita. A hospitalidade era fria como gelo. Achei que não precisava de gelo para congelá-los. Falaram-me sobre a idade do vinho e a fama da safra, mas pensei em um vinho mais novo e mais puro, de uma safra mais gloriosa, que eles não tinham e não podiam comprar. O estilo, a casa, os terrenos e o "entretenimento" não passam interesse para mim. Chamei o rei, mas ele me fez esperar em seu salão e se comportou como um homem incapaz de receber com hospitalidade. Havia um homem na minha vizinhança que morava em uma árvore oca. Seus modos eram verdadeiramente reais. Seria melhor se tivesse ido visitá-lo.

Até quando ficaremos sentados em nossos pórticos praticando virtudes ociosas e mofadas que qualquer trabalho tornaria impertinentes? É como se alguém começasse o dia com longanimidade, contratasse um homem para capinar suas batatas e à tarde saísse para praticar a mansidão cristã e a caridade com bondade premeditada! Considere o orgulho da China e a autocomplacência estagnada da humanidade. Esta geração se inclina a se felicitar por ser a última de uma linhagem ilustre; e em Boston, Londres, Paris e Roma, pensando em sua origem, fala com satisfação de seu progresso na arte, na ciência e na literatura. Existem registros das sociedades filosóficas e os elogios públicos dos grandes homens! É o bom Adão contemplando sua própria virtude. "Sim, fizemos grandes proezas, e entoamos cânticos divinos, que nunca morrerão", isto é, desde que possamos nos lembrar deles. As sociedades eruditas e os grandes homens da Assíria — onde estão eles? Jovens filósofos e experimentalistas não somos! Não há um só dos meus leitores que já aproveitou a vida humana integralmente. Estes podem ser apenas os meses de primavera na vida da raça. Se tivemos a coceira dos sete anos, ainda não vimos o gafanhoto dos dezessete anos em Concord. Conhecemos uma mera parte do globo em que vivemos. A maioria não mergulhou nem dois metros abaixo da superfície, nem saltou tanto acima dela. Não sabemos onde estamos. E mais: passamos dormindo quase metade do nosso tempo. No entanto, nos consideramos sábios, mas temos uma ordem estabelecida na superfície. Verdadeiramente, somos pensadores profundos, somos espíritos ambiciosos? Enquanto vigio um inseto rastejando entre as agulhas do pinheiro, no chão do bosque, tentando se ocultar, me pergunto por que ele acalenta esses pensamentos humildes e esconde sua cabeça de mim, que talvez possa ser seu favorecedor, e transmitir a sua espécie algumas informações animadoras, lembro-me do maior Benfeitor e Inteligência que me observa — a mim inseto humano.

Há um fluxo incessante de novidades no mundo e, no entanto, toleramos uma estupidez incrível. Só preciso citar os tipos de sermões que ainda são ouvidos nos países mais iluminados. Existem palavras como alegria e tristeza, mas elas são apenas o estribilho de um salmo, cantado com um som nasalizado, enquanto acreditamos no comum e no mesquinho. Pensamos que só podemos trocar de roupa. Diz-se que o Império Britânico é muito grande e respeitável, e que os Estados Unidos são uma potência de primeira linha. Não acreditamos que uma maré sobe e desce atrás de cada homem e pode arrastar o Império Britânico como faz com uma lasca de madeira se o homem alimentá-la em sua mente. Quem sabe que tipo de gafanhoto de dezessete anos sairá da terra? O governo do mundo em que vivo não foi moldado, como o da Grã-Bretanha, em conversas após o jantar com vinho.

A vida em nós é como a água do rio. Pode subir este ano mais do que o homem jamais viu e inundar as terras altas ressequidas; este pode ser um ano agitado, que afogará todos os nossos ratos-almiscarados. Nem sempre a terra foi seca onde moramos. Vejo, bem para o interior, barrancos que já foram margens que o riacho antigamente banhava; antes que a ciência começasse a registrar suas correntes. Todos já ouviram a história que se espalhou pela Nova Inglaterra: um inseto forte e bonito saiu da folha seca de uma velha mesa, feita com madeira de macieira, que mobiliou a cozinha de um fazendeiro por sessenta anos; primeiro em Connecticut, e depois em Massachusetts; nasceu de um ovo depositado na árvore viva muitos anos antes, como constatou a contagem dos nós no seu lenho, que marcam o tempo. Antes do ovo ser eclodido pela ação do calor, o inseto foi ouvido, por várias semanas. Quem não sente sua fé, na ressurreição e na imortalidade, fortalecida ao ouvir isso? Quem sabe uma vida bela e alada, cujo ovo ficou enterrado por séculos sob muitas camadas concêntricas de madeira, na vida seca e morta da sociedade, depositado a princípio no alburno da árvore verde e viva, que foi gradualmente transformada na sua tumba ressequida — ouvido, talvez roendo, há anos por uma família assombrada, enquanto sentavam-se ao redor da mesa festiva —, inesperadamente surja, em meio aos móveis mais triviais que servem à sociedade, para desfrutar o perfeito verão da vida!

Não digo que John ou Jonathan perceberão tudo isso, mas tal é o caráter desse amanhã que o mero lapso de tempo não pode fazer nascer. A luz que turva nossos olhos é escuridão para nós. Só amanhece o dia para o qual estamos acordados. Há mais dias para raiar. O sol é apenas uma estrela da manhã.

**ENCONTRE MAIS
LIVROS COMO ESTE**

Camelot
EDITORA

CamelotEditora